魚の耳で海を聴く

海洋生物音響学の世界——
歌うアンコウから、シャチの方言、海中騒音まで

Sing Like Fish
how sound rules life under water

アモリナ・キングドン［著］
小坂恵理［訳］

築地書館

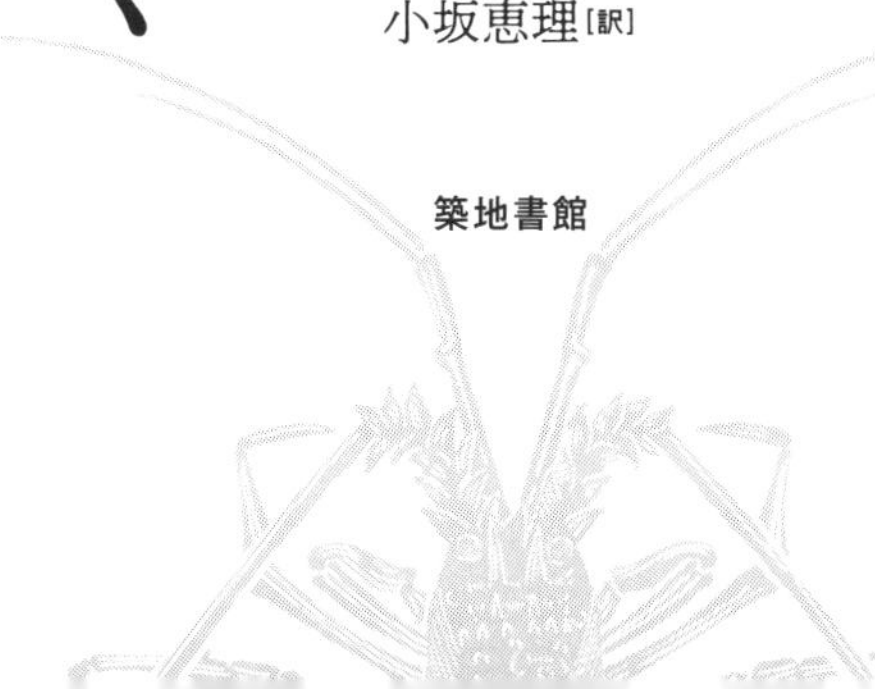

本書を私の家族に捧げる

Japanese translation published by arrangement with Amorina Kingdon
c/o The Marsh Agency Ltd, acting in conjunction with Gillian Mackenzie
Agency LLC through The English Agency (Japan) Ltd.
Japanese translation by Eri Kosaka
Published in Japan by Tsukiji Shokan Publishing Co., Ltd., Tokyo

はじめに

　まだ子どもだった私と兄はある夏の日、家の前に広がる湖に波止場からおもちゃのトラックを放り投げた。私たちの目の前で、ミニチュアの黄色いグレーダー（地ならし機）とコンクリートミキサーは二メートル下の湖底に沈んでいった。それを見届けた私たちは、あとを追いかけて湖に飛び込むと、湖底でトラックを走らせた。時々水から顔を上げると、慌ただしく息継ぎをした。オンタリオ州の田園地帯のでこぼこの地面や森から、水中へ遊び場の範囲を広げた。浅瀬の産卵場の小石をじっくり観察し、ヒルムシロやノコギリソウなどの水草をブルドーザーでなぎ倒し、湖底を平らにならした。パワーショベルを使い、シルトの塊をダンプカーに積み込むのも楽しい。やがて私たちは会話を試みたが、水中では音の伝わり方が違うことを発見した。

　兄はすぐそばを泳ぎ、大声を上げているが、ゴボゴボと水中を伝わって私の耳に届くころには、不明瞭な音がかすかに聞こえるだけだ。私も大声を上げているつもりだが、それを兄は聞きとれない。そこでふたりとも、普段は許されない下品な言葉を遠慮なくわめきちらした。

　藻にびっしり覆われた岩の上をコンクリートミキサーが走るとき、車輪はガタガタと音を立てた。それは間違いないが、手に持っているコンクリートミキサーとその音をなぜか結びつけられなかったことを覚えている。音はどこかから突然降ってわいてきたとしか思えなかった。あるいは、モーターボートが湖面を駆け抜けるとき、エンジンは空気中で派手な音を立てるが、水中ではスズメバチというより、蚊の羽音のようにしか聞こえない。そして、ママが手を振っているシルエットが波止場に現れても、声はまったく聞こえない。お昼の時間よと（それしか考えられなかった）、手招きしている姿が見えるだけだった。

水中のトラック遊びは楽しかったが、それも一日か二日が限界だった。ほどなく兄と私はトラックを水から引き上げ、本来の遊び場所である砂場に移動させた。水中では必要なことが聞こえず、自分の行動に自信が持てなかった。これではコミュニケーションが不可能だが、トラック遊びを楽しむためにコミュニケーションは欠かせない要素である。

私はこのときはじめて水中の音に注目したが、同じようなことをほとんどの人は経験している。シャンプーを洗い流すために頭を浴槽に突っ込んだとき、あるいはプールで足を蹴りながら泳ぐときには、普段とは違う音がかすかに聞こえるだけだ。その程度の音には有益な情報がほとんど含まれていないとしか思えない。そして、水中で音は機能しないものだと決めつけてしまう。音を感じ取らない世界に音が存在するとは、簡単には想像できない。人類の歴史の大半において、耳で聞きとれる音の範囲は限られていた。人類の耳は、水中で機能するようには進化しなかった。

一九五六年に公開された『沈黙の世界』は、カリプソ号のクルーによる海底アドベンチャーの記録映画で、監督のジャック＝イヴ・クストー船長がフランス語なまりの心地良い英語で進行役を務めている。海洋学者でもあるクストーは、第二次世界大戦中にレギュレーターを共同開発した。おかげで人間は、海に潜っているあいだも加圧タンクに充塡された空気を吸いながら、普通に呼吸ができるようになった。クストーは、スキューバ（「自給気式水中呼吸装置」の頭字語）とも呼ばれるこの装置を水中ビデオと組み合わせた。そして、水泳パンツをはいただけで背中に酸素ボンベを括り付けたスリムなクルーと一緒に、サンゴ礁のなかを泳ぎ、クジラや魚など海の生物と出会い、海の奥へと潜っていった。「これまで私たちは、海の表面を観察するだけで満足していた。だがいつの日か、深海に目を向けるようになるだろう。その沈黙の世界では、新しい発見の数々が待っている」と、クストーは映画の最後に語る。映画は評判になるが、それと共に、海は沈黙の世界という比喩が定着した。

しかし一九世紀から二〇世紀にかけて、戦争や商業活動、さらには好奇心に促された研究の結果、ハイドロフォン——水中の音を聞くための特殊なマイクロフォン——などの技術が生まれた。そしてその結果、水中には驚くほど多彩な音が存在することがわかった。人類はずっとそれに気づかずにきたが、ハイドロフォンのおかげでようやく聞きとれるようになった。水生動物の多くは、視覚、味覚、嗅覚、触覚がしばしば水のなかで衰えるが、聴覚だけは強化される。

水の上と同様に水中でも、音は暗闇のなかで障害物を回避しながら長い距離を伝わっていく。ただし水中で伝達するスピードは速く、空気中の四・五倍にも達する。適切な条件下で適切な音を出せば、海を横断して伝わることも可能だ。音は重要な情報を含んでおり、貴重な相互作用を仲介する。

クジラは、私たちの想像以上に多くの音を発している。社会性が高いクジラの一部は、群れごとに異なる方言を使う。ほぼ確実に独自の「文化」を持つ群れもあり——人間と他の動物にとって、文化という言葉が持つ意味の違いについては激論が交わされている——仲間に呼びかけるだけでなく、歌も介して文化を伝える。

いまでは魚に聴覚があり、たくさんの音を奏で、日々合唱までしていることが確認されている。一部の魚は交尾の相手を見つけるために筋肉を収縮させて浮袋を振動させるが、そのときに筋肉を収縮させるスピードは動物界でもトップクラスだ。

さらに、サンゴやタコやロブスターはほとんど音を立てないような印象で、耳と呼べるものを持っているとは思えないが、実は水中で音を感知していることが最近になって明らかになった。生まれたばかりでまだ小さく、生きるために快適な海岸を見つけなければならない幼生も例外ではない。海岸から発せられる音を聞きとり、安全な住処を見つける。

テクノロジーが発達したおかげで、一部の動物は人間が知覚できない周波数の音で交流していることがわかった。地震を感知するための装置を使えば、ナガスクジラが発する低音域の声を聴きとれる。一方、イルカやネズミイルカなどのハクジラ亜目は、高周波のクリックを発し、その反響音を聞き分けながら海を回遊する。クリックは人間が聞きとれる範囲には到底収まらないほど高く、海軍の水中音波探知機でも未だに音を拾うことはできない。

水中の多くの動物が世界について学び、コミュニケーションを交わすために、音は最善の方法になっている。いまではその実態が徐々にわかってきた。

生物学者のハル・ホワイトヘッドとルーク・レンデルは、つぎのように記している。「情報の移動は生物の基本だ。情報が伝達されるからこそ生命は誕生し、生き物は進化する」。水中では、情報はしばしば──常にではないが、しばしば──音によってきわめて正確にやり取りされ、長い距離を迅速に伝わっていく。要するに、水中では音が生命の仲介役になっている。

水中の動物にとって、音はなぜそんなに重要なのだろう。空気中と水中では音の伝わり方はどのように異なるのだろう。人間はどうして、波の下の音にいつも耳を傾けようとしないのだろう。聞いたら何を学べるだろう。聞かなければ、何を逃してしまうのか。本書はこうした疑問に答えていく。

クストー自身、沈黙の世界というステレオタイプに反論している。『クストーの海底世界』シリーズの一環として一九六八年に放送されたあるエピソード（Savage World of the Coral Jungle）には、カリプソ号のクルーが音楽の夕べを楽しむ場面が登場する。そこでクルーがギターを弾きながら歌っているあいだ、クストーは離れて座り、海から聞こえてくる音にヘッドフォンを通して耳を傾けている。

ナレーターのクストーはつぎのように語る。「私にとって、これは別の種類の音楽だ。その音は海底から聞こえてくる。実は沈黙の世界は、たくさんのノイズであふれている。エビも甲殻類も、魚も哺乳類も声を出している。そして音波探知機（ソナー）の信号と海洋哺乳類のけたたましい鳴き声を除けば、ノイズのレベルは概して低い。感度の高いハイドロフォンと［……］増幅器がそろいさえすれば、海のノイズを記録して特定し、分析することができる」

　私たち人間は、海のなかでも自分の声が聞こえる。船に乗り、器具を持ち込み、潜水艦で海に潜り、水中で音を発し、ある意味では海の哺乳類になった。しかし私たちの声が、海の動物に非常に奇妙な印象を与えるのは間違いない。音波探知機は耳障りだろう。地質構造のイメージングのために地震を起こすエアガンはけたたましく、杭打ち機（パイルドライバー）はドカンと音を立てる。モーターボートは唸り声をあげ、船舶向けの広帯域通信は轟音を響かせる。私たち人間はおびただしいノイズを発しているのだ。

「ノイズ」は専門用語だ。望まれない音を意味し、重要な音響信号に干渉する。そして、ボリュームや音源によって区別されない。そもそも海は、過去も現在も音のない場所ではない。動物は一定の温度のもとで暮らし、一定のものを食べるように進化したが、それと同様、一定のサウンドスケープ（音風景）で生きられるように進化を遂げた。人間が水中で音を発しても、常に問題を引き起こすわけではない。しかし、望まれないときに発するとノイズと見なされる。

　船舶が世界の海で引き起こすノイズは、一九六〇年から二〇一〇年にかけて一〇年ごとに倍増している。二〇世紀に入ると、地震探査【訳注／人工的に起こした弾性波動を利用して地下構造を調べる】やソナーといった技術が登場し、水中で騒々しい音が鳴り響くようになった。それはサウンドスケープに変化を引き起こしているが、私たちがその事実を理解しないうちに、様々なノイズの音源が拡散してしまった。

　これまで水中でノイズがもたらす影響に関する研究の多くは、海洋哺乳類に焦点を当ててきた。海洋哺乳類が深刻な被害を受けて、傷ついたり命を落としたりするケースに注目してきた。しかしいままでは科学者は、意外にも聴覚を持つ生き物を研究対象に含めるようになった。魚、カニ、ホタテ貝、さらには海藻にまで注目し、これらの生き物の生命にノイズがおよぼす影響を研究している。なぜなら水中で音響空間は貴重な存在であり、ノイズは侵害行為に他ならないからだ。ノイズはコミュニケーションだけでなく、交尾、戦い、移動、絆の形成にも様々な形で巧妙に影響していることが、徐々にわかってきた。なかにはノイズが動物などの生物種にとって最大の脅威になるときもあるが、それよりはむしろ、気候変動や汚染など、他の脅威と結びつくときのほうが多い。

しかし目下、水中のノイズについては規制が無きに等しい。国際基準はまだ考案中であり、国際機関はこの問題を検討しているところだ。

水中の音は、範囲が広くて多面的なトピックである。本書では、音と動物の関係について科学のレンズを通して探究していく。したがって、「歌」や「言語」や「文化」など、哲学や人類学の範疇に収まるコンセプトについては論じない。

ところで世界各地の沿岸住民や先住民の共同体は、太古の昔から海と密接な関係を築いており、海について造詣が深い。いまではようやく一部の場所で、伝統的な生態学的知識（ＴＥＫ）【訳注／先人が何百年にもわたる環境との関わりを通じて培い、新しい世代へと受け継がれてきた知識】を利用しながら、欧米の科学者と先住民の共同体が協力し合うようになった。科学には、研究対象となる土地の価値を認めて尊重する姿勢が求められる。

科学の研究では共同作業が大きな比重を占める。一方、本書のような物語は、しばしば個人に焦点を当てる。そのため、選択や発見の重要な瞬間に大きなコミュニティが深く関わっている事実をどうしても正確に伝えられない。しかし研究にはチームの関与が必要であり、その功績を無視すべきではないことを補足しておく。

これまで海をテーマとした科学の研究は多く、本書でも海の物語を紹介する（温帯と熱帯の海について詳しく取り上げるが、北極海の生態系はいまや研究の最前線として注目されている）。しかし淡水の湖や川の生物種、たとえばアマゾンのピラニアやマラウイのシクリッドに関しても、興味深い研究が進められていることは指摘しておきたい。

海の生命や音に関する研究は、現実的な問題に促されて進められるケースが多い。深海底採掘、北極の航路、海洋保護区、海洋掘削などをきっかけに始められる。しかしこうした問題に取り組むなかで集められたデータからは、これまで想像もできなかった音の世界を垣間見る機会がつぎつぎ提供される。そんな新たな発見は驚くほど素晴らしい。

魚の耳で海を聴く　目次

第1章 水の森のなかへ

海のなかの感覚

誰もが海に夢中になる。その理由が、実際のところ私にはわからない。海は様々に姿を変えるし、海に差し込む光や海を進む船もまた姿を変えるから、心を惹かれるのだろうか。いや、私たちはみんな海から生まれたからかもしれない。その証拠に、生物学的に興味深い事実がある。人間の血管を流れる血液には、海水と同じ濃度の塩が含まれる。血液にも汗にも涙にも、塩は含有される。私たちと海との結びつきは深い。要するに海に戻るときは――航海するにせよ、眺めるにせよ――生まれた場所を再び訪れているのだ。

ジョン・F・ケネディ。一九六二年九月一四日、アメリカズカップのクルーのために催したディナーでの発言

アンカーチェーンがアルミニウムの船首を強打して、耳をつんざくような音を立てた。錨がバークレー・サウンドの海底に沈められると、海上はいきなり静かになった。静寂を破るものは、近くの岩をゆっくりと洗う波の音だけ。早朝の太陽は、九月のどんよりした雲のなかに隠れている。

「じゃあ、始めようか」とキーラン・コックスは、伸びをしながら言った。

彼はアンカーチェーンを摑むと、ロールトップ式のドライバッグと牛乳ケースを飛び越えて船尾に向かった。牛乳ケースのなかには、ネオプレン（合成ゴム）製のダイビングギアと測量機器が詰め込まれている。三三歳のコックスは血色がよく、赤みを帯びたあごひげをたくわえており、肩はアスリートのようにたくましい。グ

リーンのフィッシャーマンズセーターを着て、デザートブーツの紐をきちんと締めている姿は、昔ながらのフィールドサイエンティストをちょっぴり連想させる。

コックスは、高さが一メートルあるポリ塩化ビニール製の白いパイプスタンド脇に移動した。これは、前の晩遅くまでかけてキャビンで手作りしたものだ。そこには、コーラ缶サイズの小さな黒いハイドロフォンがふたつ固定されている。水中でどうやってスイッチをオンにするのと私が尋ねると、コックスは「もうオンになっている。いまも音を拾っているよ」と答えながらニヤリと笑い、私に向かって目を大きく見開いた。

リバー・エロ号、略してリビーは、バムフィールド海洋科学センターが所有する長さ六・五メートルの調査船でありダイビングボートだ。バムフィールド海洋科学センターは、バンクーバー島の西岸に位置するバークレー・サウンドに面したリサーチキャンパスである。リビーは六月以来、コックスとその同僚を乗せてサウンド周辺の入り江を巡り、およそ二〇カ所の調査現場をまわった。今回訪れた岩の小島の沖合もそのひとつだ。実際、一〇〇以上の小島が入り江には点在している。島々の斜面は、水上はブリティッシュコロンビア特有のトウヒとモミの木に覆われ、水面下にはケルプ（昆布）が繁殖している。

ケルプは大きな茶色の海藻だ。バークレー・サウンドではふたつの種が大きく生長し、海中林を形成している。どちらも最大で三〇メートルにまで伸びて、見上げるほど高い。ブルケルプ（*Nereocystis luetkeana*）は、シンプルな美しさが目を引く。岩に固着するひだ状の付着器からは、牛追いの鞭のような一本の長い茎状部がすっと伸びている。先端にはこぶし大のふくらみがあり、その先からは長くてしなやかなブレード（薄くて平らな部分、葉状体）がいくつも枝のように広がり、海面をゆらゆら漂っている。この洗練された構造のケルプは、波が泡立ち砕け散る場所、すなわち高エネルギーの冷たい水がある場所ならばどこでも繁殖する。一方、ケルプのなかでも世界最大のジャイアントケルプ（*Macrocystus pyrifera*）は、丸まったブレードが茎状部にびっしり連なっている。

ケルプの遮音効果

ケルプの森は世界の海岸の三分の一以上で生長し、ブリティッシュコロンビア州ではほとんどの海岸で見ることができる。実際、温帯の沿岸生態系を理解したければ、ケルプを理解しなければならない。ケルプの森は海の様々な動植物に対し、適切な環境や避難所や食物を提供している。ただしコックスは、ケルプの森のもうひとつの恩恵に興味を持っている。この森は迷惑なノイズを吸収し、サウンドスケープを守ってくれるのだ。

本人によれば、コックスは音響学、すなわち音の研究が専門分野の科学者ではない（かつて私には、「音に興味がある」だけだと語った）。若手の海洋生態学者であり、サンゴ礁から藻場まで、ケルプ以外にも水中の群集を幅広く研究している。

それでもコックスがケルプの群集を理解するためには、音について考慮する必要がある。なぜなら光や温度と同様に音は、多くの水中動物にとってきわめて重要であることがいまではわかっているからだ。音の研究のためには、つぎのような問いかけが必要になる。ケルプの大きな葉状体や柔らかい茎状部は、迷惑な音をどれくらい吸収したり弱めたりしてくれるのだろうか。

海洋では、ボートや船などを発生源とするノイズに悩まされる場所が多くなり、ノイズの量も増える一方だ。特に沿岸部では被害が深刻だが、ブリティッシュコロンビア州では沿岸部にケルプの生態系が発達している。一方、いまではケルプの森そのものが減少している。ではこうした状況は、ケルプの森やその周辺のサウンドスケープにとってどんな意味を持つのか。ノイズはケルプのなかをどのように移動するのだろうか。集められたデータにはギャップがあり、コックスはその解消に努めている。

夏のあいだじゅう、コックスはケルプの森に潜り続け、そこに生息する生物の調査を行なってきた。林立する茎状部のあいだにハイドロフォンを取り付けたスタンドを設置して、近くでノイズを出し、その録音に耳を傾ける。この日、調査船の船尾にはブリジット・マーヘルとクレア・アトリッジの姿があった。コックスは現在、バンクーバーのサイモンフレーザー大学の博士研究員で、博士号はビクトリア大学で取得した。そしてかつての指導教官のひとりだったフランシス・ファネスや研究室の同僚たちと、いまでも協力関係が続いている。マーヘルはファネスのラボの主席研究員で、アトリッジは同じラボに所属する修士課程の大学院生だ。バムフィールドのような臨海実験所の多くは、様々な研究者やラボや大学が協力しやすい環境が整っている。

彼らは全員、冷たい海に潜るコールドウォーター・ダイバーだ。海洋生物学者の多くにとって、コールドウォーター・ダイビングは欠かせない。一時間以上も冷たい海に潜るとき、肌にぴったりフィットする標準的なネオプレン素材のウェットスーツはふさわしくない。ドライスーツを着用する必要がある。ドライスーツはゴワゴワした防水性の素材で、首と手首の部分には密着度の高いシールを巻いて、水の侵入を防ぐ。そして、なかにはウールのインナーを重ね着する。船上でこれだけの準備をするのは一苦労だ。

コックスとアトリッジはセーターを脱ぐと、ドライスーツに足を入れて着用を始めた。長年の練習の賜物で、その動作は手際が良い。ふたりとも重い空気ボンベを背負い、そこにホースをつなぐ。マーヘルはぴったりしたフードに髪の毛が引っかからないように、予め襟足をきれいに剃っている。そしてアトリッジの髪の毛を三つ編みにしてあげて、長いブロンドをフードのなかに器用に押し込んだ。毎日、複数の場所で何回も潜らなければならない。したがって、スキューバダイビングの安全を保つためには潜る順番を決めて、水中での時間が長すぎないように配慮する必要がある。一〇メートルの深さまで一時間潜るときは通常、一時間程度の休みをはさみ、ダイビングを再開する。コックスとアトリッジは一日を始める準備が整った。

マーヘルはふたりのボンベの酸素濃度を記録する。これはあとからラボに提出される。コックスは準備運動をしている。

「じゃあ、水に入ってもいいかな」とコックスは大げさに問いかけると、リビーのデッキから海に飛び込んだ。そのあとにアトリッジが続く。彼女はオレンジのフラギングテープとクリップボードを手に持っている。クリップボードには防水性の紙をはさみ、鉛筆が紐につないである。海の世界全体に、森林調査員のように目を光らせているが、ある意味、アトリッジは森林調査員のようなものだ。チームは音の実験を始める前にかならず、ケルプの森のなかで魚や無脊椎動物の調査を行なう。ケルプが繁殖する豊かな海には、どちらもたくさん生息している。

一キロメートルほど離れた海上で霞のような水煙が立ち上り、シューという音がかすかに聞こえた。

「ザトウクジラよ」とマーヘルは言うと、目に手をかざした。

私はこの一年間、小さなハイドロフォンを持ち歩いてきた。そうすれば海を訪れたときにいつでも、水中の音を聞くことができる。そこで、船から水中にハイドロフォンを投げ入れて、イヤフォンで音を拾おうとした。しかしクジラの歌は聞こえない、誰かが喘いでいるような荒い息遣いしか耳に入ってこない。そう、音源はダイバーだった。コックスかアトリッジか、どちらかの息遣いである。ふたりが吐く泡は数十メートル離れた海面にさざ波を立てているが、音はきちんと聞こえる。音を拾う装置があれば、水中で音が聞こえる範囲は広がる。

マーヘルは、複数のパイプスタンドにそれぞれハイドロフォンを結びつけた。ダイバーはこれらをケルプの森まで運び、その一部を森の外縁に設置する。ここは船のノイズが障害物に妨害されずに伝わってくる。一方、葉状体の茂みを五メートル入った場所に設置されたスタンドもあり、ここではハイドロフォンと音源のあいだにたくさんのケルプが存在する。ふたつの場所の音響レベルをコックスが測定して比較すれば、ノイズが森のなかをどのように伝わるのか、そしてケルプがどれだけの音を吸収するのかわかる。マーヘルはどのスタンドにもゴープロを取り付け、魚などの動物が音に反応する様子を録画できるようにした。

コックスがこの実験のために選んだ音源のひとつが、乗船しているリビー号だった。ブリティッシュコロンビア州のこの地域の沿岸では、水上タクシーや漁船やレジャーボートが頻繁に利用されているが、リビー号はこれらの船と大きさや馬力が同じだ。今回の実験では、実験場を何度も行き来する。

他にもこの地域では、地元のフェリーやタグボートや艀《はしけ》がノイズを出している。数キロメートル沖合では、海上交通路を貨物船やクルーズ船が航行している。コックスは、こうした大型船がケルプの森を通過するときに音がどのように聞こえるのかも確かめたかった。しかしそれは無理なので、代わりに航行するときの音を水中スピーカーで録音したものを使うことにした。スピーカーは大型船のノイズを正確には再現できないので、完璧な情報が得られるわけではないが、ある程度のデータは提供される。ノイズが録音されたフリスビー大の黒いディスクを、マーヘルは梱包用の箱から取り出した。ディスクは水中でシンクロナイズドスイミングの選手が音楽を聴くために開発されたもので、それをソニーのMP3プレーヤーに接続する。このプレーヤーは、簡単な操作で音声ファイルをロードできる。マーヘルはそれをテストすると、この日のプレイリストに目を通した。数種類の純音【訳注／ひとつの周波数で構成されている単純な音】と、この海域を通過する船の録音がリストに含まれている。

バークレー・サウンドの海底には、ビクトリア大学のグループによる海中観測ネットワークOcean Networks Canada（ONC）のノード（接続ポイント）のひとつが置かれている。そして、North-East Pacific Time-series Undersea Networked Experiment（略してNEPTUNE。科学者がどんなものからも気の利いた頭字語をひねり出す能力は、決してあなどれない）は、バムフィールドのすぐ北のポート・アルバーニから太平洋までを調査対象にしている。さらに、バークレー・サウンドの最も辺鄙な島々の沖合に位置するフォルジャー・パッセージ・ノードには、ふたつのプラットフォームが設置されている。ひとつは二五メートル、もうひとつは一〇〇メートルの深さにある。今回使われる船のノイズの録音は、九年前にこのノードを通過した船舶のものだ。マーヘルが試しにそれを再生すると、機械が唸りをあげた。ジェットエンジンや掃除機のような音は、船が近づくにつれてゆっくりと大きくなっていく。

コックスとアトリッジは海面に浮上して、濡れたまま梯子を上ってきた。アトリッジが防水紙に作成した表には、鉛筆のメモが書き込まれている（分厚いネオプレン製のグローブをはめているわりに、文字は驚くほど整っている）。彼女はおよそ三五分間のうちに、数十種類の魚やヒトデなどの生き物を目撃した（「ケルプグリン」、「パイルパーチ」「レッドターバン」といった具合に省略されている）。

ふたりのダイバーはマーヘルからハイドロフォンのスタンドを手渡されると、海底に設置するため再び海へ潜った。それから再び船に戻ると、ドライスーツを腰まで脱いでからセーターに袖を通し、録音テストの準備を始めた。コックスはシンクロナイズドスイミング用のスピーカーを海に放り投げ、スイッチを入れた。すると、パチパチといやな音が聞こえてくる。そこでワイヤを小刻みに揺すってみるが、水がシールの隙間から侵入し、回路をショートさせたのは間違いなかった。

「これだから野外調査のシーズンは長くなるんだよな」と言いながら、コックスは片手を顔の上でなでるように動かし、ちょっぴり不満をぶちまけた。そしてそのあとは、つぎのように決断を下した。今日のノイズの実験はリビー号だけで行ない、スピーカーは使わない。スピーカーはあとからアクアシール（補修材）で修理する。

記録をとるためのデータポイントはもうひとつ必要だ。ボートや船が発するノイズは、速度を増すにつれて大きくなる。コックスは操舵室の支柱にスマホを結びつけ、カメラを動画に設定すると、操作装置にピントを合わせてチャートプロッター【訳注／ナビゲーション目的で搭載される電子機器】の録画を始めた。プロッターにはリビー号の速度が表示される。

つぎに船は錨を上げた。コックスは舵を巧みに操り、それまで係留していた小島と最寄りの小島のあいだの狭い水路に針路を向けた。スロットルレバーをがっちり摑んでギアを入れると船は動き出し、ハイドロフォンが設置されたケルプの森を三ノット（一ノットは時速およそ一・八キロメートル）で通過していく。狭い水路のはずれまで来ると、コックスはリビー号を旋回させてスピードを上げた。無理やり針路を変更された船は泡を立てながら、V字形の軌跡を描いていく。今度は、先ほどよりスピードを上げ、大きなノイズを出している。上げ潮で複数の砂州が水面下に隠れているため、コックスは測深機から目を離さなかった。

コックスが操縦する船はケルプの森を何度も往復し、そのたびにノイズのボリュームを上げていった。ボートや船が水中で発するノイズの音源の多くはプロペラである。いまリビー号のプロペラはケルプの森にノイズを発散させ、待機しているマイクロフォンの前を通過していく。どのくらいのノイズがケルプの硬いブレードにぶつかって跳ね返るのだろう。柔らかい茎状部にどれくらい吸収されるのだろうか。

最後に通過したあと、コックスは笑顔でこう言った。「最後は一八ノットまでスピードを上げたよ」

私は二〇一六年、ブリティッシュコロンビア州セントラル・コーストの沖合に浮かぶカルバート島を訪れたとき、初めてコックスと出会った。まだ若い大学院生だったが、すでに上昇志向が強く、会話の相手を質問攻めにした。「もし～だったら」と畳みかけてくる質問は、いつか実験の対象になる可能性があった。彼は午前四時半にドックに一番乗りすると、潮位が最も低い海の干潟を調査した。こんな早い時間には、ことのほか会話が弾んだ。

あるとき、コックスは音を立ててぬかるみを歩きながら、自分は魚の声を研究していると教えてくれた。私は驚いた。魚が声を出すなんて、それまでまったく知らなかった。魚は声を出すだけでなく、場所によっては合唱するのだと、コックスは熱っぽく語った。「魚は鳥のように歌うと言われるよね」。だが厳密に言うと魚は、鳥を含む陸生動物より何百万年も昔に進化した。コックスによれば、「鳥が魚のように歌う」のである。

ブリティッシュコロンビアの海のなか

サンプルの収集が終わると、マーヘルは船の上で用具を整理して、みんな一緒に軽い食事をとった。これでようやく、一日中待ち望んでいた絶好のチャンスが訪れた。私はウェットスーツに体を押し込み、シュノーケルマスクを頭からかぶった。そしてネオプレンのグローブをはめた二本の指でマスクを顔に押し付けると、リバー・エロ号のアルミニウムのレールに身を乗り出して、後ろから太平洋に飛び込んだ。

ブクブク泡が立ち、シルバーグレーの九月の空は見えなくなり、新しい感覚の世界へと誘われた。シュノーケルとウェットスーツで体を保護しながら水中の世界をつかの間訪れた私は、いっさいの助けをかりずに生まれ持った感覚で海を経験した。つい最近まで、人間は五感しか使わなかった。いや、五感しか使えなかったと言ったほうがよい。

先ずは触感を経験する。ブリティッシュコロンビアの海の水温は常に摂氏一〇度で、それがウェットスーツの継ぎ目だけでなく、鎖骨や手首や喉にポタポタ落ちてくる。手を動かしてみるが、触れることができるのはセルリアンブルーの水だけだ。

つぎに、海の強烈な臭いが鼻を突いた。シュノーケルのゴム製のマウスピースは塩の味がする。

そして耳を澄ましても、自分の呼吸しか聞こえない。

周囲はもやがかかっている。バークレー・サウンドは生命の営みが活発で、その影響から水がどんより濁っている。ごく小さな植物性プランクトンは光合成を行なう藻類で、海洋食物網の土台を支えている。他にも何十種類もの動物の幼生や、小さな動物プランクトンが漂っている（この日は、脱皮したエボシガイの残骸が浮かんでいた。半透明で長さはまつ毛ほどしかなく、形は小エビに似ている）。これだけ濁っていると視界はきかず、ケルプの森がどこにあるのかわからない。影がぬっと現れ、気がついたら森のなかを進んでいた。丸まった赤銅色のケルプを急いで払いのけ、体をよじりながら生い茂った茎状部のあいだを泳いでいく。まだ銀色のサケの稚魚が、私の目の前をサッと泳いでいった。

私は息を吸い込み、足を蹴ってさらに潜った。視界は一層悪くなる。光はみるみる弱くなり、四メートル下の小石の海底では日没後の薄明かり程度しかない。目を細めてよく観察し、障害物を避けなければならない。色鮮やかなミドリイソギンチャクはこぶしほどの大きさがある。ムラサキウニは私の頭と同じぐらいの大きさで、ケルプの茎状部のあいだからデリケートな棘を突き出している。

耳を澄ましても、何も聞こえない。

これは、私たちが考える通りの水中の世界だ。人間の五感を介すると、このようにしか経験できない。触感は陸上と同じで、摩擦、圧力、温度が感じられる。方向感覚も変わらない。嗅覚と味覚も同じで、動物のフェロモンや人間が生み出す汚染物質などの化学物質によって運ばれ、地上の空気に混じるのと同様、水と混じり合う。しかし厄介なのは視覚だ。現代人のほとんどと同様、私はあらゆる感覚のなかで視覚に最も頼っている。したがって、濁って見通しの悪い場所や光が弱い薄暗がりは快適に感じられない。そして音は、水中にまったく存在しないとしか思えない。

だが、自分の感覚を信じてもよいのだろうか。大気中から水中に移動すると、そこでは情報が普段と異なる形で伝達される。この単純な事実は、五感の機能にとって深い意味を持つ。しかし、私にはもっと興味をそそられる疑問がある。水は、光や音や化学物質の形でどれだけの情報を伝え、それを五感はどれだけ引き出すのだろうか。

たとえば水が水晶のように澄み切っていても見通しは悪く、十数メートル先までしか見えない。なぜなら、水は大気よりも速く光を吸収するからだ。だから晴れた日でも海は薄明かりに照らされたような状態で、水面からちょっと潜れば暗くなる。あるいは、私はマスクを剝ぎ取って海水を舐めることも、海の臭いを吸い込むこともできるが、海が化学物質を伝えるスピードは大気よりも遅い。

しかし、音は違う。実際、私のまわりには音があふれているのだが、私にはそれが聞こえない。音の一部は海が発する。気泡も海流も音を立てるが、波のホワイトノイズ【訳注／広範囲で同程度の強度となるノイズ】に邪魔されて聞こえないだけだ。ウニは下面の真ん中にある口でケルプをバリバリかみ砕く一方、音をそっと立てながら、棘を自在に動かして海底を移動する。カニは小石の表面をこすり、かぎ爪を叩きつける。ケルプの森の住人のなかには、意図的に音を立てるものもいる。ワームは顎を鳴らし、カジカは低い唸り声を上げる。嘘ではない、怯えたときは声を上げる。海底に生息して寿命が五〇年にもおよぶメバルは、交尾の相手に印象付けるために低い音でハミングをする。ザトウクジラの近くで立ち上る水煙からは、クジラが時々仲間に呼びかけていることが推測される。でも私には、どの音も聞こえない。

長い時間をかけて、人間の耳は水中の音を遮断してしまった。そして音が聞こえなくて静かなのは、現実を反映していると多くの人たちは考える。

私の耳は大気に適応している。それは肺も同じで、そろそろ苦しくなってきた。そこで足を蹴って水面を目指し、沈黙とは無縁の世界に戻ることにした。

コックスの狙い

私たちは用具を歩み板【訳注／乗船や下船に使用される可動式のボード】におろして小屋まで運ぶと、ドライスーツにホースで水をかけて海水を流した。それから腰を落ち着ける前に、ケルプの重量と長さを計測した。チームが集めてきた茎状部や葉状体のデータをコックスが見れば、ケルプの森の密集度を把握することができる。すべてのケルプが同じ構造をしているわけではない。幅の狭いブルケルプの茎状部は、ふさふさしたジャイアントケルプよりも吸収する音が少ないのだろうか。密集した森のほうが、すかすかの森よりもたくさんの音を吸収するのだろうか。モデルが確立されれば、ケルプの森が変化や縮小を経験している他の海岸にも、コックスはデータを応用することができる。

マーヘルとアトリッジとコックスは、ぬるぬるしたケルプをメッシュの収集袋から取り出すと、木製のドックの上に広げた。濃げ茶色のケルプは、縮んでくったりしたように見える。コックスが各サンプルを小屋に運び、小さな秤で計測する準備を整えると、何やらブツブツつぶやいている。文句があるのではなく、野外活動のシーズンがほぼ終了してほっとしているのだ。何日も繰り返し行なわれた調査も、ようやくこれで終わる。やがてコックスはこう言った。「僕はこの計画を立てた。オープンデータを使ってもよかった。理論もモデルも確立されているけれど、そんなものに頼っても退屈だったな」

退屈というコンセプトが、コックスほど苦手な人物を私はなかなか想像できない。彼が育ったオカナガンは、海岸から遠く離れている。場所はブリティッシュコロンビア州南部の奥地で、砂漠のなかの温暖な渓谷は農業とワインで有名だ。本人によれば、高校時代はまずまずのスポーツ選手だったが、学校では問題児だった。「本は一冊も読まなかったと思う」。大学ではバスケットボールをやって、人間運動力学を学んでもよいと考えた。ところが一九歳になった二〇〇七年、カンボジアを訪れてダイビングに挑戦すると、その面白さに目覚め、もうすっかり魅了された。滞在中は、浜辺に建てられた小屋で開かれるダイビングの講座を何回か受講して、プロのダイバーになることも考えた。しかし、ダイビングのインストラクターでは食べていくのが難しいと忠告された。

オカナガンに戻っても、いったん決めた計画にこだわった。大学に進学したあとは、オカナガンで地元のダイビング・レスキュー隊に加わった。そこでたくさんの魚を観察し、たくさんのゴルフボールを回収した。東南アジアでの経験とは比べ物にならなかったが、それでもドライスーツでのダイビングを学び、レスキューの訓練も数多くこなした。やがて大学で最初の学期を終えても、ダイビングで生計を立てたいという気持ちを抑えられなかった。ではどんな方法が、最もやりがいがあるだろうか。

「考えたすえ、海洋生物学者に挑戦することにした」。だがコックスはそれまで勉強に力を入れてこなかったから、遅れを取り戻す必要があった。

「二〇歳を過ぎてからマス12［一二年生レベルの数学］を学ぶなんて、恥ずかしいよね」とコックスは笑った。「でも猛烈に頑張った。そうするしかなかったからね。小さな町のアスリートは、とにかく大逆転を狙わないと。ジムには毎朝六時四五分に通い、毎晩六時四五分に学校を出た。死に物狂いで努力する方法を学んだ。いまだって、ほとんどの人より勉強している」

そんな頑張りが実を結び、コックスは二年後にビクトリア大学に入学し、学士号を取得する準備が整った。ビクトリア大学での一年目、彼はフランシス・フアネス教授について耳にした。教授は水中音響に関する論文を発表していた。コックスはこのテーマに興味を持ち、魚の卵の成長に音がおよぼす影響をテストするプロジェクトをイーメールで提案した。教授はコックスのアイデアと熱意に良い印象を持ち、翌年には彼をバムフィールドに招いた。コックスは初めて訪れた場所で修士号を取得するための勉強を始め、その後はさらに博士号を目指した。それから一〇年が経過して博士号を取得しても、相変わらず海に潜り続けている。自分が水中の世界に魅惑されるきっかけとなったコミュニティを理解するだけでなく、守りたいという熱意は衰えない。そして相変わらず音への関心が強い。いまでは多くの海洋生物学者がそう考えているが、彼もまた、音響は生態系の基本的な要素だと確信している。

ケルプを計測して用具を洗うと、私たちはキャンパスの坂道を上った。多くの臨界実験所と同様、バムフィールドも実益を重んじる半面、知的レベルが高い。ガラス窓付きの会議室の横にある小さな駐車場には、錆びたボートトレーラーとロープが置かれている。ぐるぐる巻かれたロープは、海に浸かって白く変色している。会議室では、誰かが静かにピアノを弾いている。国旗を掲揚する本館には、エリザベス二世の死に哀悼の意を示して半旗が掲げられている。

傾斜の緩やかな丘の頂上には彫刻があった。それはメッシュ素材の地球儀で、高さは三メートルあり、経度線と思われる金属棒が縦に走っている。近くでよく見ると、金属棒は腐食したケーブルで、私の手首と同じぐらいの厚みがある。錆びたワイヤを何本も撚り合わせて作られており、一〇〇年以上前にここに敷設された潜水艦用の通信ケーブルを意識している。

バムフィールド海洋科学センターは一九七二年に活動を始め、当時はバムフィールド臨海実験所と呼ばれていたが、建物は一九〇一年から〇二年にかけて完成された。太平洋に最初の電信ケーブルが敷設されたとき、ここが東側のランディングサイト（ケーブルを陸に引き上げる拠点）に選ばれたのだ。ケーブルは専用の船を使って敷設された。それは植民地時代のイギリスが手がけた一大プロジェクトで、バムフィールドからオーストラリアまで、太平洋に点在するイギリスの領土が順番に結ばれる予定だった。バムフィールドを出発点とするケーブルは、ファニング島（現在はキリバス共和国のタブアエラン島）までくねくねと伸びた。その距離は六四〇〇キロメートルで、当時としては世界最長だった。

ケーブルが敷設されたあとは、先端に重りをつけた長い針金の「測鉛線」を海底まで慎重に垂らして水深を測った。深さを読み取るのは常に時間がかかった。一〇年も経つと、測鉛線の代わりに測深機が使われるようになった。測深機は、短い高音を海底に向かって発射して、反射した音波で海底の地形を把握する。今日ではほとんどの船にこれが搭載されており、リビー号も例外ではない。

翌朝は冷たい霧が立ち込めるなか、リビー号は南西に針路を取ってバークレー・サウンドの河口を目指した。

ゆっくりとした悲しげな音が聞こえてくる。それはブイが発する警笛で、これから波が大きくなり、油断していると浅瀬に乗り上げる恐れがあることを、リズミカルな調子で船乗りに伝えている。私たちはボルドレーという小島で船を停泊させた。茫洋たる太平洋にいちばん近い岩の小島だ。灰色の岩が島をぐるりと取り囲み、その上には風の影響で生長の止まった常緑樹が生えている。太平洋の波がこの高さまで迫ることには驚かされる。地元で見られる二種類のケルプのうち、波の高エネルギーに適応するブルケルプのほうがこのあたりでは繁殖している。艶やかで丈夫なケルプは水中で鞭のようにしなり、周囲を圧倒している。海面のあちこちに、先端がリボンのように漂っている。

ここには温血哺乳類も生息している。ゼニガタアザラシは海藻でヌルヌルした岩の上でくつろいでいる。二頭のトドがケルプの森の外縁を巡回しており、馬車を引く二頭の馬さながら、調和のとれた動きで水面と水中を行き来している。そして一頭のラッコが、波の上に頭をぴょこんと突き出している。

科学者は、海の哺乳類の聴覚について他の動物よりも詳しく研究してきた。そのため、ノイズが海洋哺乳類に影響をおよぼす可能性については理解されている。そこでコックスは、この日のように哺乳類が頻繁に目撃されるときには、スピーカーから音を出さず、リビー号をあちこち移動させないことも決めていた。

その代わりにアトリッジとマーヘルは海に潜り、六月に設置した温度ロガー【訳注／温度を測定し、そのデータを記録・保存する計測器】を探すことにした。これは腕時計ほどの大きさをしたプラスチック製の灰色のディスクで、白い土嚢に結束バンドで留められていた。しかし土嚢は波に洗われ、ほぼ確実に海底のどこかでひっくり返っている。だから探しにいかなければならない。

アトリッジとマーヘルは装備を付けて、リビー号の船べりから後ろ向きで海に飛び込んだ。コックスはふたりに向かって定期的に指示を出している。

「おーい、クレール！」とコックスは、片方の腕を右に大きく動かしながら叫んだ。「もう少しこっちに行けない？　岩が水面に現れているだろう。その前を何回か通り過ぎてくれるかな」。黒いフードの頭が遠くでうなずき、再び海のなかに潜った。つぎにマーヘルが海面に姿を現した。

「クレールはこの岩のほうへ向かった」と、コックスはジェスチャーを交えて叫んだ。

「きみもあの方向に行ってくれない？　調べてみる価値はあると思うよ」。そう言いながらコックスは落ち着かない様子で、目に見えて小刻みに震えている。海はたびたび大切な装置を容赦なく呑み込んでしまう。私はこの数日間でそれを学んだ。そして、コックスは扱いにくい用具を回収する能力に大きな誇りを持っていることも、この数日間で学んだ。

「できれば自分がダイビングギアを身に着けて、海に飛び込みたいよ」とコックスはつぶやいた。しかしその代わりに仲間に指示を出し、試しにもう一度潜ってもらうことにした。

温度ロガーが水中音響の研究にどのように関わっているかは、一見するだけではわからない。

かつて一九七〇年代から八〇年代にかけて、科学者のルイス・ドゥリュールとパークス・カナダ【訳注／カナダの環境・気候変動省の管轄下にある省庁】は、ここバークレー・サウンドでケルプの地図の作成と調査を行なった。ブリティッシュコロンビア州の海岸に関する調査としては、それまでで最も期間が長く、記録も最も細かいものになった。こうして過去に作成された地図と今日の状態を比較してみると、ブルケルプやジャイアントケルプの森の一部は以前と変わらず、拡大しているところもあるが、小さくなっているところのほうが多い。その最大の理由は温度だ。「世界の海は確実に暖かくなり、我々人間は食物網を混乱させているのだから、ケルプが減少するのも無理はない」とコックスは語る。ケルプは一定の水温に適応するが、温度の上昇は許容範囲を超えている。

世界の平均海面水温は、西暦二一〇〇年までに数度上昇すると予想される。

「これから温度が二、三度上昇したらどうなるのだろう」とコックスは、バークレー・サウンドをはるかに見渡しながら問いかけた。「すでにここまで上昇している場所は多い」

バークレー・サウンドの内海の水温は、陸地の外側に広がる外海と比べ、もともと二度ほど高い。「バークレー・サウンドの内海の奥に生息するケルプは、立ち枯れ病の被害がかなり深刻なようだ」とコックスは語り、こう続けた。「外洋に近づくほど被害は軽い。これは温度勾配【訳注／ふたつの地点のあいだの温度の変化率】ともきれいに一致する」。バークレー・サウンドからは、水温が上昇した未来の海の姿が垣間見えるとも言える。海の生物種や音、そして貢献度が、どのように変化するのか知る手がかりになる。

生態学には、「生態系サービス」というコンセプトがある。それによれば、マングローブや湿地や海辺は、高潮や波から海岸を守り、人類のために貢献している。森は空気を浄化して、大気から炭素を取り除いてくれる。

汚染源としてのノイズ

ケルプの森も多くの貢献をしている。波のエネルギーを吸収し、人間のために海岸を守るだけでなく、動物にも貢献している。アザラシからカニまで、あらゆる動物に避難所や食物や生息場所を与えてくれる。さらに、水生植物の尖った葉っぱに固着した様子がまるでコケのようなコケムシも、ケルプから恩恵を受けている。そしてコックスの考えでは、ブリティッシュコロンビア州の広大なケルプの森にはもうひとつ大事な役割がある。ボートや船のノイズを和らげてくれるのだ。動物は海のサウンドスケープにうまく適応した結果、メッセージを伝え、相手のメッセージを聞くことができるが、そんなサウンドスケープをケルプは守ってくれる。

こうした貢献は、しばしば枠にはめられる。少なくとも科学を一般大衆に説明するときはその傾向が強く、人間への貢献がドルで表現される。こうすれば、人間主体で自然を枠にはめることができる。一方で科学者は、研究に影響力を持たせるため、しばしばこの方法に頼らなければならない。

政策立案者は、コックスが作成するようなデータを利用して決断を下す。もしも彼が、ノイズの吸収にケルプがどれだけ貢献しているか具体的な量で表したうえで、海温の上昇と共にケルプの貢献がどのように変化するか示すことができたら、ノイズの被害を制限すべき場所を決定する規制関係者にとって貴重な助言になる。あるいは海洋保護区の設計者に対し、ケルプの森がこのまま縮小し続けると、船のノイズがどれだけ海に侵入してくるのか教えることも可能だ。ただしそのためには、調査を行なうすべての場所でノイズや水温の充実したデータを集める必要がある。

だから、コックスは例の温度ロガーをどうしても見つけたい。

水中のノイズには、強制力のある規制が世界にほとんど存在しない。だが、それもまもなく変化するだろう。国際海事機関（ＩＭＯ）は加盟国を対象に、船舶が引き起こすノイズに関するガイドラインをアップデートしている。造船技師は船の設計を見直し、費用対効果の改善に力を入れている。国際標準化機構（ＩＳＯ）も例外ではない。水中ノイズの計測に関するガイドラインを策定しつつある。良質で明快なデータが一刻も早く必要とされる。

ノイズは汚染源として規制するのが難しい。廃プラスチックと違って目には見えない。流出した油のように漂い続けるものではないし、全部でどれくらいのノイズが発生しているのか簡単に計算できない。二隻の船が発するノイズの合計は、一隻の船の二倍にならない。そして、すべてのノイズが問題というわけではない。同じ音に影響される動物もいれば、まったく気づかない動物もいる。このようにノイズは複雑きわまりない。研究して計測するのも難しいのに、どうやって規制すればよいのか。

たとえば、影響が変化する様子を示す同心円はよく使われる。射撃で狙う標的のようなもので、ノイズの音源が円の中心に位置すると考えればよい。音源に非常に近いゾーンではノイズがとてもやかましく、動物の耳や器官に物理的なダメージを引き起こす可能性がある。それより少し離れたゾーンにいる動物は、一時的に聴力が低下するかもしれない。さらに離れたゾーンでは、重要な音にノイズが重なり、交尾相手を探す鳴き声や捕食動物が接近する音が聞こえにくくなる。それよりもさらに外側のゾーンでは、ノイズへの反応の結果として、行動に変化が引き起こされる。逃げ出したり近寄ったり、水中に潜ったり水面に上昇したり、呼びかけの音量を増やしたり、あるいは声を出さなくなる。要するに各ゾーンには、動物がノイズに妨害されないかぎり選択しない行動が大まかにまとめられている。あるいはノイズのせいで必要な行動をとらず、必要なものが感じられなくなる。

しかし、同心円から提供される情報には限界がある。外側に行くほど影響はわかりにくく、研究は難しくなる。さらに、ほとんどの研究は海洋哺乳類を対象にしていることも問題だ。生物種によって聴力は異なるのだから、音源を中心に描かれる同心円は動物によって異なると、観察眼の鋭い研究者ならば指摘するだろう。実際、動物はそれぞれ非常に異なった形で音を認識する。

海洋哺乳類が持っているような耳は、水中の動物が音を感じる器官のひとつにすぎない。その事実を科学者が解明するまでには時間がかかった。魚にも耳はあるが、それは海洋哺乳類の耳とまったく異なる。無脊椎動物（そして多くの魚）は、音圧の変化ではなく、粒子運動によって音を感知する。つまり、ほとんどのハイドロフォンは音を計測すると言っても、多くの動物にとって無関係な側面を対象にしている（これについてはあとで取り上げる）。

何かが音を知覚して影響されるとき、アトリッジのリストに掲載された生き物はそれをどう受け止めるのだろうか。多くの生き物にとってリビー号の音は、私ともザトウクジラとも同じには聞こえない。「聴覚」という言葉を使うのも正しくないかもしれない。

そして、水中の多くの動物にとって聴覚はどの感覚よりもはるかに重要だということを認識したら、聴覚の

「影響」に関する直感は本当に正しいのか自信がなくなる。

しかも、状況はさらに複雑だ。音響学で水中の音を理解するために、空気中の音に関する知識は役に立たない。水中では、音は異なる。空気中に比べ、水中では音が遠くまで速く伝わり、ゆっくりと減衰する。波長ごとに、浅い場所と深い場所では伝わり方が異なる。そして長い距離を進むうちに、音は進路を変えたり屈折したりする可能性がある。その結果、音波が伝わらない「シャドーゾーン」や、音が伝達しやすいサウンド「チャネル」や「ダクト」が形成される。

では私たちはどのようにして、水中の音を本当に聞きとるようになったのか。人間と水中音響を取り上げた科学のストーリーは範囲が広い。ビクトリア朝時代のあやしげな道楽科学者から、ソ連の潜水艦のような不愉快な音を立てるクジラまで、様々なことが含まれる。

本書では先ず、私が最初に抱いた疑問について取り上げる。そもそも聴覚とは何だろうか。

第2章 耳に届くもの

水中で音を聞く仕組み

鍵穴から覗いているような状態の私には、太陽から降り注ぐ光の三〇パーセント程度しか目に入ってこない。残りの七〇パーセントは赤外線と若干の紫外線で、どちらも完璧に見える動物は多いが、私には見ることができない。網膜神経節細胞のネットワークはすごい。こちらが知らないうちに準備を整え、目に入ってくる映像を切り刻んで継ぎ合わせる。こうして編集を終えたあとで、視覚情報は脳に伝達される。ドナルド・E・カーの指摘によれば、単細胞動物の感覚印象は、編集されないまま脳に伝達される。「これは哲学的な見地から興味深いが、なんだか悲しい。なぜなら、宇宙のありのままの姿を知覚できる生き物は、ごく単純な動物に限られてしまうのだから」

アニー・ディラード『ティンカー・クリークのほとりで』

熱帯のサンゴ礁は生命で満ちあふれている。巨大なものからごく小さなものまで、夥しい数の生物種がここで誕生しては、生を営み死んでいく。そこにはたくさんの魚も含まれるが、その一部は不思議な一生をおくり、ラムスプリンガ【訳注／敬虔なキリスト教徒が、通過儀礼として俗世を経験する期間】の魚バージョンのような時期を経験する。配偶子【訳注／成熟した性的生殖細胞】を体内から水中に放出し、そこから小さな仔魚が孵化しても、まったく注意を払わない。仔魚は大洋のなかに勝手に漂っていく。

これは自殺行為のように見えるが、実際には安全策である。生命で満ちあふれるサンゴ礁の群集では、捕食動物の個体密度が他よりも高い。仔魚にとっては、十分に成長して持ちこたえられるようになるまでは、大洋を漂っているほうが安全なのだ。十分に成長したら、新月の夜にサンゴ礁に戻り、そこで成魚に変身する準備を整える。モザンビークやモルディブやオーストラリアを含む南半球では、こうした「回帰」は一一月の新月に当たる。しかし仔魚が生まれたサンゴ礁からどのくらい遠くまで離れ、どのように戻ってくるのか、科学者にはつい最近までまったくの謎だった。

サンゴ礁へ回帰する仔魚とサンゴの幼生

スティーブ・シンプソンは大学院生だった一九九〇年代末、仔魚にサンゴ礁への回帰を促すきっかけについて研究を始めた。いま彼は細身の筋肉質で、茶色い髪の毛は縮れているが、それは当時も同じだった。そして、何が仔魚にサンゴ礁への回帰を指示するのか研究するために世界各地を訪れた。魚はとても小さく、海はとても広いので、「海流に身を任せるしかない」と、当時は一般に考えられていた。海に運ばれた場所に落ち着くと思われていた。

ところが一九九九年、ふたつの研究が彼の発想を根底から覆した。どちらの研究も、性能の高いケミカルタグを使って仔魚の旅程を追跡した結果、仔魚の少なくとも半分は、海を泳いで生まれ故郷のサンゴ礁に戻ることを証明した。それを知ったシンプソンは、自分はランダムなプロセスを研究しているのではないのだと認識した。仔魚は何らかの合図に導かれ、目的地を選択するのだ。何らかの感覚を働かせている。では、一体何を感じ取るのか。

仔魚には目がついている。味覚と嗅覚、さらには触覚も発達している。おまけに小さな耳もある。しかし仔魚は、長距離を移動しても衰えない感覚に頼らなければならないのだから、その条件に合わない触覚と味覚をシンプソンは候補から外した。では、光か音か化学物質のいずれに反応しているのだろうか。仔魚は、ふるさとのサンゴ礁を見ることができない（サンゴ礁への回帰が月の相と同調しているのだから、光は一定の役割を果たすと考えられるが）。臭いは細く長く海のなかに痕跡を残すが、進む速度は遅く、しかも海流の影響で蛇行する。そして音に関しては、シンプソンはそもそも最初から考えなかった。ジャック・クストーの『沈黙の世界』を見ながら成長した世代の人間には、海に音など存在するわけがないというバイアスが定着していた。そしてその発想は、シンプソンにも影響を与えたのである。

　シンプソンは魚の感覚について悩み続けたが、一九九〇年代末になると水中音響に関して新たな事実が判明し、海洋生物学者たちは俄然注目した。

「一九五〇年代頃から行なわれてきた報告が、機密扱いを解除され始めた」とシンプソンは、イギリス訛りの英語で夢中に語った。「すると、海軍で使われていた初期のハイドロフォンが、生物が発するノイズを拾っていることがわかった」

　第二次世界大戦や冷戦をきっかけに、水中で潜水艦の音を聞きとるための極秘のネットワークが構築された。そこからは音響に関してかつてなかったほど大量のデータが集められ、海底や動物の不思議な音に関する報告が数多く寄せられた。報告は数十年にわたって機密扱いされてきた。しかし冷戦が終わると、シンプソンのように軍隊とは縁のない海洋生物学者にも、海がどんな音で満たされているのか聞くチャンスがようやく与えられたのである。

海は決して音のない場所ではない。

地球が地震で揺さぶられるとき、海は最も低い周波数の音を立てる。海底谷では堆積物が地滑りを起こす。

中央海嶺が左右に引っ張られると岩がミシミシときしみ、海底火山の噴火音が鳴り響く。二〇一一年三月、アラスカ州のアリューシャン列島に設置されたハイドロフォンがものすごい轟音を記録した。一五〇〇キロメートル離れた日本の沖合で、大地震（東日本大震災）が発生したのだ。

そして、風や波の音が海には満ちあふれている。波頭が砕けると無数の泡が発生し、ゆらゆら揺れ、ポッとはじけ、風が強くなると怒号を上げる。一方、海に降り注ぐ雨粒は、小さな泡をさらにたくさん作り出す。雨が激しくなれば音は騒々しくなり、三五デシベルも増加することがある。実際、科学者は音を聞くだけで、嵐の進路を予想し、風速や雨粒の大きさを予測できる。雪が降り注ぐ音も、一九八五年に初めて確認された。場所はブリティッシュコロンビア州のカウチャン湖で、偶然にも、バークレー・サウンドから僅か一〇〇キロメートル内陸に入ったところに位置する。ある冬の日に音響学者のジョセフ・スクリムガーは音の研究のため、ハイドロフォンで雨の音を聞いていた。やがて雨は雪に変わったが、彼はそのまま記録を取り続けた。そしてよく耳をすませると、どの雪片も水に落ちるとき微かな衝撃音を立てることがわかった。空から降ってきて、水に落下するとごく小さな泡を作る雪片の九〇パーセントは、微かに超音波の金属音を上げていた。

外洋は風と雨の音に支配される。ここに設置されたハイドロフォンは、絶えず鳴り響く大きな背景音を記録する。一方、海岸の近くでは潮流と打ち寄せる波がシューッと音を立て、波と一緒に海底の沈殿物が行きつ戻りつする。

北極では、流氷や定着氷【訳注／岸と陸続きで動かない海氷】の下で波はほとんど音を立てない。しかし海氷に亀裂が生じるときには、ギシギシ、ドシン、ガラガラと音を立てる。一九九七年には、アメリカ海洋大気庁（ＮＯＡＡ）の科学者が低周波の音を聞きとり、「ブループ」と名付けて有名になった。そのあと、南極のあちこちに設置されたハイドロフォンが記録した音を研究したすえ、ブループは氷震【訳注／氷河などに亀裂が生じたときに発生する地震のような揺れ】によって生じる可能性が高いという結論に達した。

南極大陸のまわりを囲む南極海では、氷河や棚氷から分離した氷山が立てる低い音によって海に震えが走る。氷山が海底をこすると、ギシギシと何かをすりつぶすような音が響き渡り、何かに衝突するときは調和振動型微動が発生する。ちなみに科学者は、A53aと呼ばれる氷山が五五キロメートルにわたって移動するあいだ、音を観測し続けた。氷山は二〇〇七年の春にウェッデル海（南極海の一部）から漂い始め、同じ年の夏には一二四メートルの海底にある岩にぶつかり、六日間にわたって回転しながら海底を削り取った。そのあとも別の浅瀬に乗り上げて風車のように回転した。最後は北に向かって漂流し、二カ月かけて粉々になるあいだ、ガタガタバリバリと恐ろしい音が鳴り響いた。

サンゴ礁の音は数十キロメートルにわたって水中を伝わり、最後は消滅する。サンゴ礁で、小エビはパチンとはさみで音を立てる。ブダイは海藻を歯で噛み砕きながら食べて、バリバリと威勢の良い音を響かせる。魚は浮袋のあたりでグウグウと音を鳴らし、顎からは歯ぎしりが聞こえる。一九七〇年代にオーストラリアの科学者は、サンゴ礁が奏でる「コーラス」を記録した。時間帯は、コーラスが一日のピークに達する夜を選んだ。「健康なサンゴ礁は音がやかましい」とシンプソンは語る。そして戦時中のハイドロフォンの記録が機密解除されたいま、こんな疑問を抱くようになった。大洋で長い距離を移動する仔魚は、音を頼りに回帰するのではないか。

その可能性はある。聴覚を介すれば、遠くのものもほぼ瞬時に確認できる。音は物体を迂回しながら、暗い場所でも伝わっていく。そのため警告を発したり、方向を定めたり、誰かを見分けるために、聴覚は大いに役に立つ。実際、遠くからの刺激に対して真の驚愕反応を誘発できるのは、五感のなかでも聴覚だけである。夜中に目が覚めるときも、何かを聞きとっている可能性が最も高い。進化の観点からは、耳に音が入らなければ不利な立場に置かれる。

一九九八年までにオーストラリアの科学者は、サンゴ礁からの音が聞こえると仔魚が泳ぎ方を変えることを突き止めたが、音が聞こえる方向とこの変化を関連づけることはできなかった。翌年にはニュージーランドの研究者が、夜のコーラスの録音で仔魚を引き寄せた。だが、仔魚は音を頼りに方向を定めるのだろうか。どのくらい遠くから聞こえるのだろう。そして、この現象は広く普及しているのか。すべての仔魚が同じことをするのだろうか。

シンプソンは二〇〇三年一一月、グレートバリアリーフの北に位置するリザード島を訪れた。毎年の恒例行事、すなわち大洋を漂流していた仔魚が生まれ故郷のサンゴ礁に回帰する時期の直前を選んだ。彼は同僚と一緒にライトトラップを準備した。トラップの箱が夜に光れば、ガがランプに誘引されるように仔魚は引き寄せられる。一部の箱からは、シンクロナイズドスイミングのスピーカーを使って「健康な」サンゴ礁の音を流し、残りの箱にはこうした操作を加えず、回帰してきた仔魚に音の選択肢を与えた。三カ月のあいだに四万一六一匹の仔魚が戻ってきたが、そのうちの六七パーセントは音の出るトラップに向かった。スピーカーは自然界のサンゴ礁の音を完璧には模倣できなかったが、仔魚は明らかに音のあるほうを好んだ。その後、シンプソンらがこの研究をまとめた論文には、「音の道しるべ」という素敵なタイトルが付けられた。どのくらい離れた場所から仔魚は音に惹きつけられるのか、正確な距離はわからなかったが、仔魚の回帰に音が大きな役割を果たしているのは間違いなかった。

しかし、この話にはまだ先がある。

サンゴ礁には、卵を水中に産卵する生き物が他にも生息している。カニ、そしてサンゴもそんな生き物だ。ただし同じ海にいても、魚（とその仔魚）には耳がついているが、サンゴには耳がない。サンゴの群体の骨格は、サンゴ礁の物理的構造を形成する。ごく小さな動物だが、シンプソンによれば「脳も中枢神経系も持たない」。

サンゴの幼生は、繊毛と呼ばれる小さな突起を使って泳ぐことができる。潮流に逆らって前進することは大してできないが、繊毛を動かしながら器用に浮いたり沈んだりする。仔魚と比べ、サンゴの幼生がサンゴ礁からどれだけ離れて移動するのか正確にはわからない。しかし海を漂い、何とか良い場所を見つけると、十分に成長するまでそこに落ち着く。

二〇〇〇年までにシンプソンは、オランダを拠点としてキュラソーでサンゴを調査している研究者マーク・ヴァーメイと共同研究するようになっていた。このラボに所属し、ヴァーメイとシンプソンが指導していた学生のひとりは、フレンチグラントという魚が音に惹きつけられる仕組みを研究していた。実験ではチョイスチェンバーと言って、これといった特色のないツールが使われる。名前から想像できるように、ここでは魚に選択をさせる。予め丸いプールの縁に沿って、化学物質やライトのような刺激物が設置される。プールの中央にいる仔魚は、そのなかから興味を惹かれたものを選び、そこに向かって泳ぐことができる。ちょうど部屋の中央にいる子犬が、好きな人のほうへ引き寄せられるのと同じだ。研究チームは魚の研究にこれを使っていたが、学生たちがふとした思いつきでサンゴの幼生をチェンバーに入れて、サンゴ礁の音を流してみた。

すると、耳のない幼生は音に向かって移動した。だがどうしてだろう。

一方ニュージーランドの研究者も、サンゴと同様に耳のない動物であるカニの幼生が、音に向かって移動するだけでなく、音を合図に変態して成体になることを発見した。この場合も、どれだけ遠くから聞きとれるのか明らかではないが、音が一定の役割を果たしているのは間違いなかった。

「要するに様々な分類群に属する無脊椎動物が、音を頼りにサンゴ礁への上陸を控え、捕食動物から逃げている。しかも準備が整ったら、今度は音を利用してサンゴ礁に上陸し、そこを自分の住処にする」とシンプソンは回想した。「驚くような発見の連続だ」

シンプソンの研究について初めて知ったときは驚いた。水中ではたくさんの動物が、耳がなくても音を感知しているようだ。だが、耳のない動物がどうやって音を聞きとるのだろうか。そもそも聞いているのだろうか。そして、戦時中の極秘の傍聴ネットワークが聞きとった音も気になる。幼生やサンゴ礁の音に関する発見に関係者があっと驚いた理由を理解するためには、過去を振り返らなければならない。それも大昔を。

音を感じる能力の誕生

一〇億がどれだけ大きな数字なのか、理解するのは難しい。一〇億は、一の後ろにゼロが九つ続く。では、一〇億がどんなものか思い描いてみよう。本書を積み上げて全部で一〇億ページになると、高さはおよそ一三キロメートルになる。あなたの年齢が一〇億秒に達したときは、三二歳六カ月になる。地球は、およそ四五億年前に誕生した。そして地球上で最初の単細胞は、およそ三五億年前に進化したと考えられる。まだ若い地球の海で、「原始スープ」のなかに有機分子が徐々に集まり、そこから生命が誕生した可能性が高い。最古の細胞は時間と共に変化して、光合成など新しい能力を発達させた。こうした新しい能力のおかげで、細胞は増殖や多様化を進め、最終的に今日のような生命が出来上がったのである。最古の単細胞は海を漂いながら、エネルギーの消費や再生を繰り返した。こうした単細胞が初めて手に入れた「感覚」は、触覚だった可能性が高い。水中で様々な化学物質に触れて区別する能力を手に入れたと思われる。それからおよそ二〇億年かけて単細胞は徐々に寄り集まり、多細胞生物へと進化を遂げた。その結果として誕生した後生動物（metazone。ギリシャ語で meta は「複数」、zoa は「生命」を意味する）には、複数の感覚器官が備わった。

最初に登場した小さな柔らかい動物については、あまり多くが知られていない。骨や殻があれば容易に化石化して痕跡が残るが、そうした硬い部位はなかった。水中に生息し、繊毛のような特殊な構造を使って移動したことぐらいしかわからない。ところがおよそ五億四〇〇〇万年前、動物は猛烈な勢いで進化を遂げたようだ。

カンブリア爆発と呼ばれる比較的短期間に、新しい動物が一気に誕生する。大きな脊椎動物が登場し、その身体構造の特徴については、今日まで残された化石でほとんど知ることができる。

今日ほとんどの科学者は、生命を六つの界に分類する。植物、動物、菌類、バクテリア、古細菌、原生生物の六つだ（最後の三つはいずれも単細胞である）。そしてどの界も、門という複数のグループに分類される。門には様々な生物が含まれるが、どれも重要な特徴を共有している。現代の動物はおよそ数十種類の門に分類されるが、その多くはカンブリア爆発のあいだか前後に最初に登場した。たとえば海綿動物門（海綿）、環形動物門（体が複数の部分に分かれている生物）、軟体動物門（タコ、イカ、二枚貝）、節足動物門（昆虫、クモ、甲殻類）などがある。人間は脊索動物門に分類され、ここには魚、鳥、爬虫類、両生類など、背中に神経索のあるすべての動物が含まれる。そのなかでも背骨を持つ属は、脊椎動物と総称される（脊椎動物に該当しない脊索動物は被嚢《ひのう》類とナメクジウオだけで、このふたつの海洋動物は原索動物として知られる）。

化石を利用するだけでは、耳など体の特定の部位が進化した過程も、異なるグループ同士の関わり合いも復元するのは難しい。しかし科学者には別のツールがある。現代のふたつの異なる動物の遺伝子の類似点や相違点を見つければ、いつ頃まで共通の先祖を持っていたのか明らかになり、ひいては系統樹が分岐した時期を正確に特定することもできる。

私たちの脊索動物の祖先はカンブリア爆発が終わるまでに、背骨を持つようになっていたことが化石の記録からは推測される。そのあと数百万年をかけて魚が登場し、その一部が陸に上がって枝分かれした結果、両生類、爬虫類、鳥、哺乳類が誕生した。

ただし、脊索動物はひとつの門にすぎない。地球上のほとんどの動物は脊索動物門には属さず、科学者からは無脊椎動物（「背骨がない」動物）と総称される。植物と動物を合わせた生物種の全体の約七五パーセントは昆虫で、意外にもその圧倒的多数を甲虫が占める。そして海では、生物種のおよそ九〇パーセントが無脊椎動物である。

ほとんどの動物の体には何らかの対称性が備わっている。人間と同じく脊索動物も体の構造が左右対称で、中心に線を引いてみると左半分と右半分がそっくり同じになる。こうした対称性を持つ動物のほとんどは、体の前後に神経が張り巡らされ、前には耳などの感覚器官が左右に発達している。だからシンプソンが、カニやサンゴなどの無脊椎動物にとって音は特に重要ではないと考えたのも無理はない。カンブリア爆発のあとには、現代の耳のような器官はまだ進化していなかった。その代わりほとんどの動物門は、機械刺激受容型有毛細胞という特殊な構造を発達させた。この有毛細胞は、見たところ繊毛に似ている。

有毛細胞が無脊椎動物のなかでいつ進化したのか、あるいは進化を何度繰り返したのか明らかではない。複数の形態があるが、どのバリエーションも毛のような突起がひとつ（または複数）、細胞から突き出している。この繊毛のような「毛」が曲がると、その動きによって電気信号がニューロンをつぎつぎ流れていく。

今日の海洋無脊椎動物のなかでは、刺胞動物や節足動物や軟体動物など様々な門に有毛細胞が確認されている。有毛細胞が体の表面にあるときは、水粒子の動きによって繊毛が曲がり、何かが近くを通過したことを刺激として受け止める。

あるいは、方向やバランスや重力を感じる器官に有毛細胞が存在する無脊椎動物もある。こうした器官は平衡胞と呼ばれる。

平衡胞は袋状の構造で、石のような高密度の塊（平衡石）と、無数の感覚毛から成り立つ。動物が近くを行ったり来たりすると、平衡石は慣性の法則で感覚毛を圧迫する。すると感覚毛が傾き、その結果としてニューロンに信号が伝わり、方向に関する情報が動物にフィードバックされる。こうした構造があれば、無脊椎動物でもほぼ確実に一部の音を感じ取ることができる。

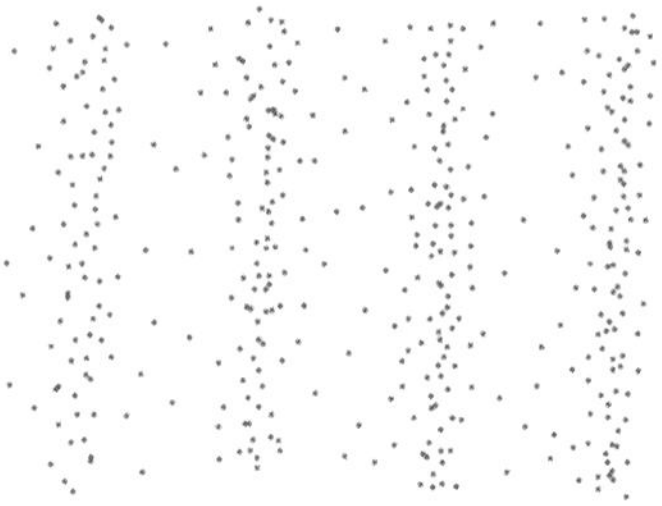

音は媒質の分子のなかを伝わりながら、このケースでは左から右へと圧力波を形成する。

私たちは、周囲に関する情報のほとんどを波の形で受け取る。たとえば音は、エネルギーが音波となって伝わったものだ。音波は圧力の変化の波であり、空気、水、さらには固体など、振動によって僅かでも圧縮される可能性があれば、どんなもののなかも伝わっていく。空気や水や個体といった媒質のなかで音源が振動すると、音波は伝わり始める。音源が分子にぶつかって振動を起こすと、それによって今度は隣の分子が振動し、そのプロセスがどんどん繰り返される。デスクオブジェのニュートンのゆりかごで、金属球の衝撃がつぎつぎ伝わっていくところを想像するとわかりやすい。どの分子もバネのように揺れてもとの場所に戻るが、つぎの音の振動が伝わると再び隣の分子に衝突する（メリアム＝ウェブスター辞典には、もう少し専門的にこう定義されている。音をはじめどんな波も「干渉やバリエーションを交えながら、エネルギーをつぎつぎ伝えていく」）。

波には様々な種類があるが、音は縦波である。要するに、波が移動する方向に沿って分子が前後に動く。ちょうど、スリンキー（ばね状の玩具）が圧縮解放されるときの動きのようだ。一方、横波は、波の伝わる方向に分子が正しい角度で上下に動くときに発生し、水の波や光が該当する。波には他にも種類があり、たとえば地震のときには分子がS字や楕円の形で動く。しかし音は（通常）、シンプルな縦方向の圧力波である。

音の振幅とは分子の上下の揺れ幅のことで、大きな音ほど振れ幅が大きい。概して人間が知覚する音の大きさは、波の幅の大きさと比例する。

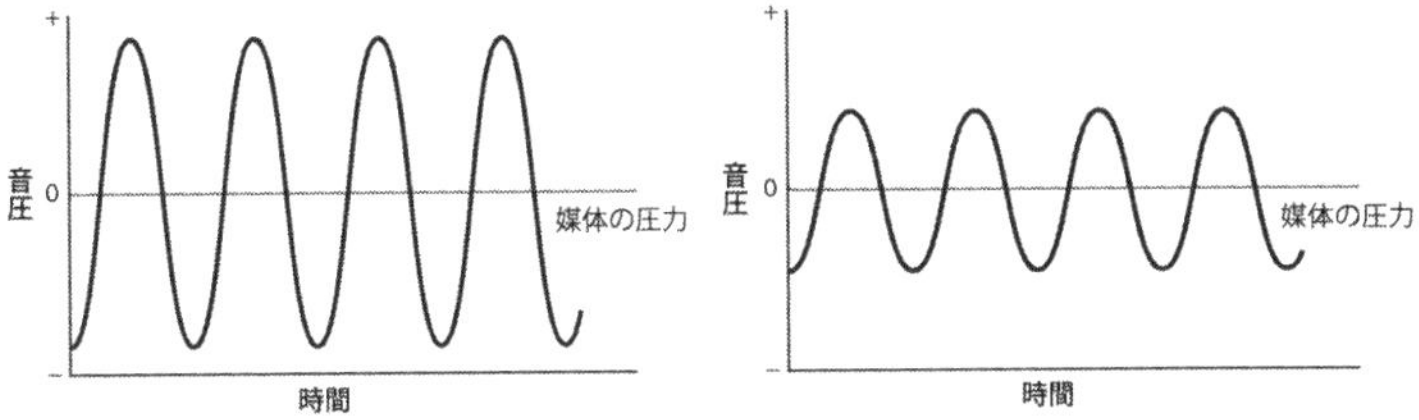

移動する音の振幅が異なれば、音圧は変化する。

周波数は、波が一秒間に往復する回数のことだ。何かが振動する回数と、それによって生み出される波の数は同じだ。周波数はヘルツという単位で測定され、一ヘルツならば一秒当たりの振動が一回になる。そして振動のスピードが速くなるほど、周波数は高くなる。周波数が二〇ヘルツに届かない音波は超低周波音と呼ばれ、人間には聞こえない。周波数が二万ヘルツ（二〇キロヘルツ、kHz）は超音波と呼ばれ、これも人間には聞こえない（耳の良い若者は、二〇ヘルツからおよそ二〇キロヘルツ〈二万ヘルツ〉までの音を空気中で聞きとれる。中央波〈ピアノの中央にあるドの音〉は二五〇ヘルツ。人間の声はおよそ二〇〇ヘルツから最大でおよそ数千ヘルツの範囲内だ）。

ほとんどの海洋動物は硬い部位を除けば、体密度が水に非常に近い。したがって、音波の透過率が水中とほぼ変わらない。水中では、動物の体の動きは水と一体化している。

大きな音が発生し、近くにいるサンゴのポリプやカニなど無脊椎動物の体を音が透過しても、密度が高い平衡石は惰性で動かないだろうが、残りの部位は音と一緒に動く。有毛細胞の繊毛が平衡石のまわりを動いて倒れると、それをきっかけにニューロンが発火する。

ケンブリッジ大学の生物学者リチャード・パンフリーは一九五〇年、聴覚に関する簡潔で秀逸な論文を執筆し、無脊椎動物は音を聞くことができるかという問題に取り組んだ。有毛細胞の繊毛の束がつぎつぎ倒れると、重力や音は神経インパルスに変換されて感じ取られる。そこからパンフリーは、こう結論した。「比較生理学

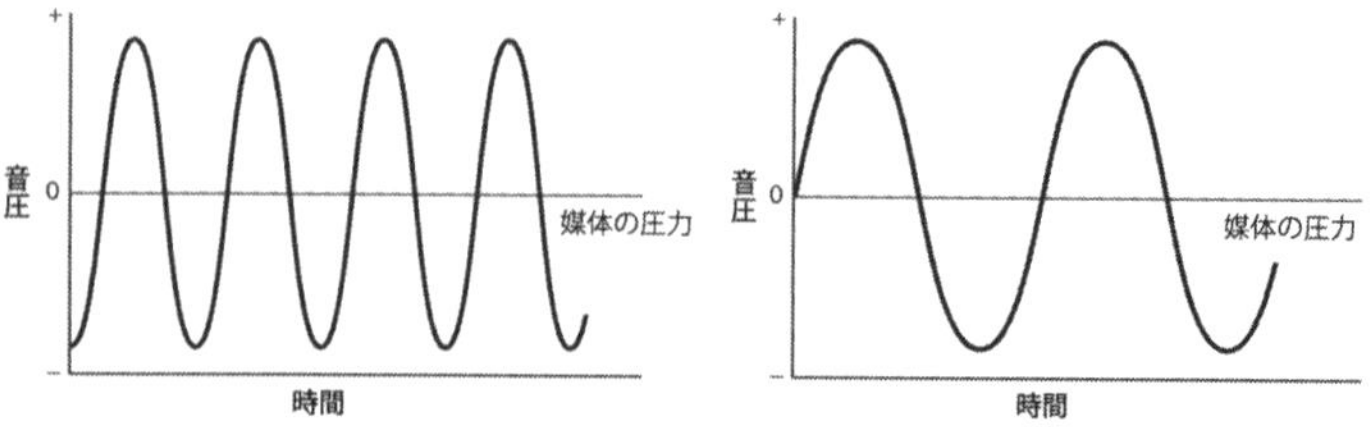

通過する音の周波数が異なれば、音圧は変化する。

に関する現代の著書を読むかぎり、水生無脊椎動物のほとんどは重力に反応するが、音が聞こえないという印象を受ける。しかし私はつぎのように強調したい。「水生動物は音が聞こえないかぎり、重力に反応できないと結論するほうが妥当ではないか」

軟体動物には機械刺激受容型有毛細胞やそれに類似する細胞が、体や平衡器のなかに発達している。なかには腹感覚器官（ＡＳＯ）に感覚有毛細胞が生えている種もある。カニの種の一部は、有毛細胞がびっしり生えたポケットが頭のなかにあって、そこに砂を入れて間に合わせの平衡胞を創造する。脱皮するたびに体の一部を取り替えるよりは、そのほうが手軽な解決策である。甲殻類などは、関節の構造を使って音を検知することができる。関節はほかにも、自己受容感覚【訳注／自分自身の体が空間のどこにあるか把握する能力】を備えており、自分の動きを感じ取ることができる。

実際、クレア・アトリッジがバムフィールドで海に潜って調査した無脊椎動物のほぼすべてが、いま紹介したツールを使っている。赤ウニ、ヒトデ、カリフォルニアナマコ。アワビとマゼランツキヒガイにはＡＳＯが発達している。シロクラゲ、ヤドカリ、そして十脚甲殻類は平衡胞を準備しているだけでなく、音が関節に共鳴する。では私の水面での呼吸、フィンが水を蹴る音、ネオプレンがカサカサ立てる音は、こうした海の動物にはどのように「聞こえる」のだろうか。

現代の無脊椎動物は、近くで起きる振動や水の粒子運動に最も敏感に反応することが多い。近くを捕食動物が通るときにあげる水しぶきや、海岸やサンゴ礁の音など、「少しだけ離れた場所での何らかの接触」を感じ取れれば、生存に有利に働く。

そのため無脊椎動物は、そこから音への感度を進化させた可能性が考えられる。そして無脊椎動物の「聴力」を理解するためには、音圧と粒子運動の違いについても考慮する必要がある。

音波は、水の分子を圧縮したり膨張させたりしながら伝わっていく。音が伝わるときには、水の分子は音波の動きと平行に前後に動く。圧縮と膨張の量によって、音圧は決定される。音圧が高いほど、音は大きくなる。

一方、水中の粒子運動（粒子速度としても知られる）の場合には、音波が水の分子をつぎつぎかき分けながら水中を伝わっていく。音が伝わるときに水の分子は、波が移動する方向に沿って前後に動く。水中マイクロフォンは音圧を計測するが、魚や無脊椎動物を含む多くの海洋動物は、分子の動きによって音源を検知して特定する。したがって水生生物が音をどのように知覚するのか理解するには、分子の動きを計測することが欠かせない。

そしてこれは、耳のない幼生サンゴが水中の音をどのように感知するのか解明する手がかりにもなる。動くものは動かさなければならない。幼生サンゴは体に繊毛が生えている。この細胞は、無脊椎動物の平衡器官で重要な働きをする有毛細胞と同じではないが、物理的な原理は似ており、音の粒子運動に反応するシステムであることが確認されている。つまり繊毛がサンゴ礁の音に反応するので、幼生サンゴはそれに導かれて生まれ故郷のサンゴ礁に帰還できるとも考えられる。

魚の聴覚

では、稚魚はどうなのか。

魚類など背骨を持つ脊椎動物の祖先は、体の複数の部位に有毛細胞があった。ただし無脊椎動物の有毛細胞とは大きく異なり、一度だけ独自の進化を遂げた可能性が高い。たとえば魚にはニューロンが発達した。そのため「有毛細胞」が倒れると神経インパルスが発生し、それが平行に伝わっていくおかげで、有毛細胞の動きに方向性が備わる。

さらに魚は、側線と呼ばれる独自の構造も進化させた。側線は、体の側面に頭部から尾部まで連なる直線で、今日でもほとんどの魚種の体に肉眼で確認できる。側線には有毛細胞が連なっており、それが何かに触れたとき、あるいは水が勢いよく押し寄せたときなどに、魚が敵と味方を区別できるように警告する手段として発達したものだと考えられる。

一方、魚の先祖の頭のなかでは、新しい平衡感覚の構造が進化した。平衡石の入った平衡胞の代わりに、液体で満たされた感丘という感覚受容体が発達した。最終的に魚の先祖は三つの感丘を進化させた。構造は同じだが、それぞれ別の場所に分布している。感丘に閉じ込められた液体は、感度が高い大きな塊のように作用する。魚が上下や左右に移動したり向きを変えたりすると、感丘のなかの液体が動く。すると、底の部分に並んだ感覚毛が倒れ、感丘から頭へと情報が伝えられる。

したがって、魚の側線は振動を感じ取るだけでなく、ひょっとしたら低周波の音の一部も感じているかもしれない。さらに、感丘のおかげで魚は速度や重力の変化を察知できる。ただし感丘のほかにも、魚の内耳は三つの耳石器を進化させた。耳石器はどれも、有毛細胞が連なるチェンバーのなかに耳石と呼ばれる小さな石が詰まっている。平衡胞のなかにできる平衡石と同様、耳石は魚よりも密度が高い。そのため、音が魚に接近して体内に伝わっても耳石は動かないが、有毛細胞は動いて耳石にぶつかる。すると有毛細胞は倒れ、音が神経インパルスに変換される。大昔にこのような形で発達した耳石器は、おそらく比較的低周波の音を伝えたのではないか。この構造が主に音を聞きとるために進化して、最初の耳が誕生したとも考えられる。

シアトルのバーク自然史・文化博物館は、魚の耳石のコレクションが充実している。おそらくその規模は世界最大だろう。一一月末のある雨の日、バークで魚担当の学芸員を務める若くてエネルギッシュなルーク・トーナビーンが、ツイードのジャケット姿で私を出迎えてくれた。ピンクのセーターを着た長身の女性が付き添っているが、彼女は魚類コレクション責任者のキャサリン・マスレニコフだ。ふたりに案内されたラボは換気ポンプがやかましい音を立て、テーブルには段ボール箱と小瓶が散らばっている。どの小瓶にも一対の白い石が入っている。キャサリンはこれらの耳石のいくつかを小さな皿に取り出し、手に取ってみてみたらと私に促した。

耳石は美しい。青白く、月のような色をしている。私がつまみ上げたのは、ラベルによればホキ【訳注／タラ目の深海魚】のものだ。ホキは目が大きく、体長は人間の大人の身長に匹敵する。耳石は粉々に砕けそうなので、慎重に取り上げた。「石」という単語から受ける印象とは正反対で、耳石は平たく、キスマークのような形をしている。ただし、キスマークよりは小さいと思う。そして魚の頭のなかで時間をかけて成長する。海水に溶けているカルシウムなどのミネラルを蓄積しながら、木の年輪のような輪紋を毎年刻んでいくのだ。薄っぺらい耳石を観察すれば、こうした輪紋を確認できる。カルシウムとたんぱく質を主成分とする耳石は耐久性が高く、表面は滑らかな物体で、冷たい雰囲気を漂わせている。その美しさには目を惹かれるが、同時に恐ろしさも感じる。私がいま手にしている耳石は、広大な太平洋に生息する魚の頭のなかでゆっくり成長して出来上がった。

私はテーブルに沿って移動しながら、様々な形の耳石を眺めた。平たいもの、厚みのあるもの、縁が波打っているもの、湾曲したものなどバリエーションが豊富だ。観察しながら、クラゲやスペースインベーダーやレンズ豆を連想した。耳石の大きさは、生物種の体のサイズと常に相関するわけではない。大きな魚の耳石がごく小さい可能性も、ごく小さな魚の耳石が大きい可能性も、どちらも考えられる。

トーナビーンは、自販機に挿入するコインのような耳石の縁をつまみ上げ、魚の頭のなかにこんな形で入っているのだと説明してくれた。魚の耳には三種類の耳石が一対ずつあって、いちばん大きな石は扁平石と呼ばれる。テーブルの上の小瓶には、扁平石が一対ずつ入れられている。

どの扁平石も、どの船によってどこで捕獲されたどの魚種のものか、箱にきちんと記録されている。ホキ、コマイ、メバル、メルルーサなど、様々な魚種のものを目にした。どれも貴重な研究材料だ。

私が標本をほめても、キャサリンはかまわず歩き続け、大きな倉庫をあとにした。倉庫の内部は、映画『レイダース／失われたアーク《聖櫃》』の最後の場面に似ている。見上げるほど高く積み上げられたスチールラックが遠くまで連なっており、そこに収納された箱には乳白色の耳石を入れた小瓶が入っている。一万七〇〇〇個の箱があって、それぞれに一四〇個の小瓶が入っているのだから、全部でおよそ二五〇万対の耳石が集められたことになる。

魚は時間をかけて耳石を徐々に形成するので、科学者はこれらの石を貴重なデータとして利用できる。魚がどこにいたのか、何を食べてきたのか、生息場所はどんな水質だったのか、知る手がかりが与えられる。

では一体、海の動物は何を聞いているのだろう。人間の耳は、自分たちが発する声の周波数を中心に音を聞きとり、きわめて敏感に反応する。つまり自分たちの声が聞こえる範囲内で、コミュニケーションは聴力の進化を大きく促した。では魚はどうか。大昔に耳が最初に進化したとき、何が聴力の発達に影響をおよぼしたのか。

アーサー・N・ポパーは、すでにメリーランド大学（カレッジパーク校）を退官している。聴力と生物音響学に関して数多くの論文を執筆し、たくさんの学術書を編集した。さらに、水中音の計測に関する国際標準の作成にも協力した。

動物が最初に聴力を進化させたのは、周囲の世界で重要な情報を知覚するためだったと、ポパーと同僚のリチャード・R・フェイはかねてより主張してきた。

「考えてもみてよ」とポパーは語る。「娘たちが小さかったとき、家の状況をどのように把握したと思う？　音を手がかりにした。音を利用する目的はコミュニケーションよりも、むしろ周囲の世界を知ることなんだ」

魚のなかには、聴覚の感度を高める構造を進化させたものもある。多くの魚は体内に浮袋と呼ばれる空気の詰まった袋があって、浮力のコントロールに役立てている。そして音が魚の体を伝わるとき、音圧の変動によって浮袋は振動する。一部の魚、たとえばタラや大型イットウダイの浮袋は頭蓋骨まで伸びており、振動が耳のすぐ近くまで伝わる。浮袋がこのように進化したのは、高周波の音を聞きとるために有利だったからかもしれない。耳だけでは、聞こえる範囲はせいぜい数百ヘルツから一〇〇〇ヘルツまでに限定される。

「聴覚のスペシャリスト」は淡水魚にもいる。鯉、ナマズ、金魚などはたくさんの小骨が連なっている。実はこれは脊椎骨が変形したもので、それが浮袋から耳まで途切れずにつながっている。

ただし、スペシャリストか否かを問わず、すべての魚が最も敏感に聞きとる周波数を使ってノイズを出すわけではない。金魚など、まったく声を出さない。そうなるとコミュニケーションが大きな圧力となって、魚が聴覚を進化させた可能性は低い。

考えてみれば、無脊椎動物の多くは音でコミュニケーションを交わさないことが知られているが、音を間違いなく感知する。そこからは、魚をはじめとする動物が周囲の空間について認知する能力を高めるために、聴覚は進化した可能性が考えられる。誰が何をどこで行なっているのか明確に把握するために、聴覚は進化したのではないか。自分から声を出す生物種の場合、聴覚の進化にコミュニケーションは確実に影響をおよぼしたが、聴覚が動物に提供したものはそれだけではない。

「音は世界を与えてくれる」と、ポパーは私に語った。

音を感知する有毛細胞

動物は感覚器官の発達によって概念の世界を拡大させたが、およそ四億年前の陸上への進出は、地球の生命の進化にとって大きな転機になった。食べ物を探し、お腹をすかせた捕食動物から逃げることが目的だったかもしれない。暗くて冷たい水を離れ、光や放射エネルギーや活性酸素が満ちあふれる地上にやってくると、環境は変化した。そんななかで体の特定の部位が陸でも機能し続けるためには、海の要素を体内に持ち込む必要があった。そのため目は水分を含み、血液は塩分を含み、内耳ではリンパ液が作られるのだ。生物学者であり哲学者のピーター・ゴドフリー゠スミスは、つぎのように記した。「生命の化学的性質は、水の化学的性質と等しい。我々は大量の塩水を体内に持ち込んだからこそ、陸上で何とか生きていくことができる」。陸にあがっても、内耳は液体で満たされている。そしていまや脊椎動物は、空気を伝わってくる音を湿った内耳に伝える必要が生じた。しかしこれは思ったほど簡単ではなかった。その理由は、音響インピーダンスと呼ばれる現象だ。

　簡単に言うとインピーダンスとは、特定の媒質のなかでの音の伝搬のしやすさを数値で表したものだ。インピーダンスが大きく異なる媒質のあいだでは、音は伝わりにくい。音の粒子はほぼすべてのエネルギーを失い、前進する代わりに、すでに順調に通過してきた媒質に向かって跳ね返る。要するに、音は壁にぶつかる。

　動物が進化を遂げて海から陸に進出したあとも、脊椎動物の耳にはおよそ一億年のあいだ大きな変化がなかった。おそらくそれは、最初の陸生動物が地面から伝わる振動を、地面に触れた顎から直接感じ取ったからだろう。しかしある時点で耳は、空気から音を取り込む導管（耳管）を進化させた。耳管は、耳全体にドラムのように広がる薄い膜――鼓膜――に最後はつながっている。そして鼓膜は、音圧がかかると細かく振動する。

空気に適応した耳は、音の粒子の動きではなく、圧力を感知するようになった。

こうして陸生動物は、振動を増幅して内耳に伝える複数の小さな骨を進化させた。これらの小骨は、もともとは動物の顎の骨の一部だった。何百万年もかけて骨は小さく縮み、小部屋のような中耳が出来上がった（中耳が顎の骨から進化した事実は、登場して間もない陸生動物が地面から伝わる振動を顎で感じ取っていた可能性を裏付ける強力な証拠になる）。哺乳類の場合は、三つの小さな骨が鼓膜からの振動を伝える。リンパ液で満たされた内耳の窓に伝わるまでには、鼓膜から伝わるエネルギーはおよそ二〇倍に増幅される。三つの小骨はそれぞれ形にちなんでツチ骨、アブミ骨、キヌタ骨と呼ばれる。

化石記録からは、魚が両生類に進化した可能性が暗示される。両生類は、魚から進化した最初の重要な分類群だ。両生類の一部は爬虫類に進化した。爬虫類の一部は鳥に、一部は哺乳類に進化した。やがて時間の経過と共にどの分類群でも、内耳に並ぶ有毛細胞は長くなっていった。そうなると哺乳類では、脳にはみ出しては困るので、有毛細胞はらせん状に丸まって頭蓋腔に収まった。人間の場合、いまでは内耳のなかの小さな渦巻き状の管、すなわち蝸牛《かぎゅう》のなかで有毛細胞は丸まっている。この蝸牛で音は神経インパルスとなり、脳に伝えられる。

最終的にサンゴから人間まで、驚くほど様々な形状が発達したが、どの動物の場合も、音を感知するために進化した構造のなかには有毛細胞が連なっている。そして先端の繊毛が揺れ動くと、物理的な振動が神経インパルスに変換される。

ブランドン・キャスパーは、コネチカット州グロトンにあるアメリカ海軍潜水艦基地に所属する生理学研究者で、水中音とアメリカ海軍ダイバーの聴覚を専門に研究している。水中では人間に音がどのように聞こえるのか、正確に説明してほしいと私は彼に尋ねた。すると、自分が水中にいて、向き合っている人間が単純な音を出しているところ、たとえばふたつの岩をぶつけているところを想像してみてと言われた（もちろん私は、子ども時代に湖に潜り、兄と向き合っているところを想像した。兄は水中でトンカ社のトラックミニカーを手に持って、小石の上を走らせた）。

「ふたつの岩がぶつかると、騒々しい音が立ち、それが水のなかを伝わる。ひとつの粒子がとなりの粒子にぶつかり、それがまたとなりの粒子にぶつかり、波が水のなかをどんどん伝わっていく」とキャスパーは説明してくれた。ここまでは問題ないが、そのあとが厄介だ。「同じ距離を音が伝わるスピードは、空気中よりも水中のほうがずっと速い」

キャスパーの説明によれば、空気中よりも速く伝わってきた音は、水中にいる私の頭に到達すると、今度は耳のなかで空気を振動させ、それが鼓膜を振動させる。こうして岩の振動は水から空気へ伝わろうとするが、水と空気はまったく異なる媒質である。そのため、水と空気の境界で音のエネルギーはほとんどが反射して、私の鼓膜まで届かない。鼓膜がまったく振動しないというわけではない。「水中では、システムが空気中ほど効率よく働かない」のだ。

キャスパーは海軍のダイバーで実験を行なった結果、水中ではおそらく、音は鼓膜を介して蝸牛に伝わらないのではないか、少なくとも、あまりたくさん伝わらないのではないかと考えるようになった。

「ここには骨伝導が関わっている」とキャスパーは語る。「実のところ頭蓋骨など人間の骨は、音を伝導する能力が非常に優れている。音が頭蓋骨にぶつかると、その音響エネルギーは内耳に直接伝えられる」。音の振動を増幅する小骨や驚くべき鼓膜のメカニズムは、陸で進化したものだ。だから水中では、音はここをほとんど迂回してしまう。

ちなみにネオプレンフードで頭をすっぽり隠したダイバーと、フードをかぶっていないダイバーでは、水中での音の聞こえ方が違う。耳栓をしているかどうかは関係ない。なぜなら、気泡構造で空気が溜まるネオプレンは、一部の周波数の音を遮断するからだ。これでは、音は頭蓋骨まで到達しない。

水中では私たちの声はかすかにしか聞こえない。私がキャスパーにその理由を尋ねると、インピーダンスだと教えられた。「肺や口腔には空気が充満している。ところが、空気や音を水中で何とか伝えようとしても、水は空気よりもずっと密度の高い媒質だから、簡単には伝わらない」

そう説明された私は、子ども時代に水中でトラック遊びをしたときの奇妙な現象をもうひとつ思い出した。音があらゆる場所からいっせいに聞こえてくるように感じられたのだ。するとキャスパーは、音圧の違いを感じ取る耳を持つ動物が、音源という重要な情報を音響シグナルによって特定する方法の影響だと教えてくれた。粒子の動きや進行方向に関するデータが手に入らなければ、音源を確認するために別の方法に頼るしかない。そこで、左右の耳では音が届くまでの時間が僅かに異なる点を利用するようになった。音は空気中を秒速三四三メートルで伝わる。しかし私たちの脳は、左右の耳に音が到達する微妙な違いを咄嗟に区別して、このタイムラグから三角法に基づいて音源を突き止めるのだ。

「これは、両耳間時間差と呼ばれる。左右の耳では聞こえ方が違う」とキャスパーは語る。そして、音量も左右の耳では異なる。頭蓋骨で「音響陰影」という現象が発生するため、右耳では左側よりも右側から聞こえる音のほうが、逆に左耳では右側よりも左側から聞こえる音のほうが少し大きくなる。

キャスパーによれば「このような形で音が聞こえるタイミングと音量を組み合わせて使えば、音源は特定できる」。だから人間は、ノイズの音源が左右どちらにあるのか上手に聞き分けられる。しかし、音源が前後どちらなのか聞き分けるのは得意ではない。前後だと、聞こえるまでの時間も音量も変わらないからだ。

「我々のような陸生動物は、こうした手がかりやテクニックを駆使して音を感知するが、水中ではそれが機能しない」とキャスパーは語る。

だから私は、水中の音について十分に考えなかった。クストーの映画が公開されたあと、「沈黙の世界」というコンセプトは簡単に根づいてしまった。そしてシンプソンは、音が魚は無論、サンゴの生態を知るための重要な手がかりになるとは考えなかった。

では私たちは、どのようにして水中の音を聞きとるようになったのだろう。実は、その能力は僅か数千年で発達した。

第3章 銃、石英、アリア 私たちはいかにして水中の音を聞きとるようになったのか

人間はいろいろな深海探索装置がいつ設計されたのか知るよりは、もっと根本的な問題への答えを見つけるべきだ。人間は深海探索装置を設計することで、どんな科学的疑問に答えたかったのだろう。要するに、人間はなぜ海を研究したがるのだろう。

スーザン・シュリー『The Edge of an Unfamiliar World』〈見知らぬ世界の果て〉

水中の音に言及した西洋の書物のなかで現存する最古のものは、ギリシャの哲学者アリストテレスによって書かれた。彼は紀元前三八四年から三二二年頃までの生涯のあいだに多くの著作を残し、動物、哲学、魂、文学、論理学、神などに関する見解を述べた。紀元前三五〇年頃に執筆した論文『霊魂論』には、つぎのような一節がある。「……音は空気中でも水中でも聞こえるが、水中ではかなり聞きづらい」。泳いだ経験がある人なら誰でも、そんなことはすでに知っているはずだ。

魚の聴覚と知識人

他にもアリストテレスは別の場所で、音を出すクジラや魚について取り上げている。「リラやホウボウ、ニ

べ（これはブタの鳴き声のような音を出す）。アケロオス川ではヒシダイやカワビシャが音を出す。カルキスやカッコウフィッシュも忘れてはいけない。カルキスは笛のように、カッコウフィッシュはまるでカッコウのように鳴く……」。アリストテレスは、棘のあるエラをこすりつけて魚が音を出すメカニズムにも言及し、「腹部のあたりで、体内の何かが関わっている」と考えた。そして、音は「声」ではなく付随的なもので、鳥にとっての翼のようなものだと断言している。

アリストテレスは、動物に耳が必要だとは考えなかった。魚だけでなく、鳥や一部の海洋哺乳類も耳がない点に注目した。「アザラシは、耳があるべき部分に穴が開いているだけで、そこから音が体の内部に伝わっていく。イルカにいたっては、耳もなければ、耳の代わりとなる穴も外から確認できないが、それでも音を聞くことができる」

ローマ人も、魚は音を聞きとることを経験から学んだ。紀元前一世紀までには、一部の別荘にピシーナ——珍しい魚を放流した養魚池——が造られ、可愛いペットの魚は呼びかけると近づいてきた。

アリストテレスの数百年後に登場したローマ人の大プリニウスは、百科事典のような大作を執筆した。紀元後七七年から順番に発表された『博物誌』のなかで、プリニウスはつぎのように記した。「皇帝の養魚池では、様々な種類の魚が名前を呼ばれると集まってくる」。ローマの将軍であり政治家で、ローマで最も金持ちだったと評価されるマルクス・リキニウス・クラッススは、ペットのウナギが死んだときに涙を流したと伝えられる。ある裕福な女家長などは、大切なウナギを宝石で飾ったと言われる。アリストテレスと同様にプリニウスも、魚は音を聞くけれども耳を持たず、耳の代わりとなる小さな穴さえ存在しないと記した。

要するに、ギリシャ人もローマ人も音が水中で伝わることや、一部の水生動物が水中で音を聞きとることを理解していたが、水生動物が発する音について観察する場所は、ほとんど水上に限定された。

水中の音に関していわゆる科学的記録がつぎに残されるのは、かなりの時間が経過してからだった。西暦一四九〇年、ルネサンス時代の博識家レオナルド・ダ・ヴィンチは、つぎのように考えた。「もしも乗っている船を止めて、長い管の先端を水中に突っ込み、もう一方の先端を耳に当てれば、遠く離れた場所にいる船の音が聞こえるだろう」

一五五二年には解剖学者のバルトロマーウス・エウスタキウスが、体の重要な部位について記した。それは人間の耳の蝸牛らせん管、すなわち内耳のなかで音を聞きとる器官だ。一方、ルネサンス時代の解剖学者ユリウス・カッセリウスは、いわゆる魚の耳について早くから指摘していた。一六〇一年に出版された豪華な挿絵付きの専門書『De vocis auditusque organis: historia anatomica』に掲載された魚の頭の解剖図には、三半規管が描かれている。三半規管が内耳の一部であることは、人間の解剖からよく知られている。ところがこの挿絵には、聴力にとって重要な蝸牛が欠落している。つまり初期の解剖学者は、アリストテレスやプリニウスと異なり、魚には耳があるけれども、実際に音を聞くことはできないと主張した。

魚の聴覚に知識人がなぜ大きな関心を抱くのか、不思議に思うかもしれない。おそらくそれは、当時の大きな社会的勢力と関係している可能性が高い。一五四三年にはコペルニクスが、地球は太陽のまわりを公転していると明言した。こうした非常に重要な発見がこの時期には相次ぎ、それをきっかけに科学革命が始まった。そして、一六二〇年にフランシス・ベーコン卿が出版した『ノヴム・オルガヌム』（論理の「新しい道具」）などの特徴である形式的な記述は、科学的手法の確立につながった（ベーコンは、音が水中で聞こえることにも言及している。水中の砂利を長い棒でかき回せば、その音は水上でも聞こえると記した）。

科学革命が進行するヨーロッパでは世界観が一変した。それは決して誇張ではない。従来のキリスト教の世界観によれば、人間はあらゆるものの支配者になることを運命づけられていた。あるいはアリストテレスのスキームでは、動物をランク付けしたヒエラルキーの頂点に人間が君臨した。ところが科学はこれを覆した。世界を理解するために必要なのはもはや神ではなく、観察や計測になった。その結果、神と人間の関係は大きく変容した。生物種のあいだの関係は、解剖や身体の構造や行動から推測されるようになったのである。

一七三五年にはカール・リンネが、二名法によって学名を表記する方法を考案した。今日でも未だに使われている二名法では、生物種が類縁関係に基づいて分類される。チャールズ・ダーウィンの『種の起源』が出版されるのは一八五九年で、まだ遠い先の話だった。それでも二名法をきっかけに人間と動物の関係は、動物の生体構造や能力や行動の観察結果に基づいて論じられるようになった。そこで聴覚の構造が注目されたのは、耳の骨は化石化するので研究しやすいことも理由のひとつだった。

ほとんどの科学者はイルカやクジラには音が聞こえることを認める一方、海の無脊椎動物には音が聞こえないと推測した。しかし魚は謎だった。蝸牛はないのに、一部の音に反応するように見える。魚が本当に音を聞いているなら、音を聞くための手段は蝸牛に限定されないことになる。いずれにせよ、魚が音に反応するのが事実ならば、聴覚に関する理解を改めなければならない。そもそも魚は、科学に基づく生命の系統樹のなかで、どこに位置付けられるのだろうか。

ベーコンは、「魚には音が聞こえる」と考える陣営に属した。アイザック・ウォルトンが一六五三年に出版した名作『釣魚大全』では、ベテランの釣り人ピスカトールが初心者のヴェナトールに対し、音を立てて魚を驚かせるなと忠告したうえで、つぎのように説明する。魚に音が聞こえるなんて、おかしいと思うかもしれない。だが、ほかならぬフランシス・ベーコン卿が、音は水中を伝わるのだから、魚は音に驚くと記している。しかし、ベーコンの見解を持ち出しても相手は納得しない。ふたりは身振り手振りを交えながら、真剣に議論を続けた。

一七六二年にジョン・ハンターは、貴族の友人のポルトガル式庭園にある養魚池のまわりを散歩していた。ハンターはロンドン王立協会のフェローだったが、当時の協会は魚の聴覚を巡って意見が分かれていた。そして彼は庭園を散策中、ここは即興の実験場所にふさわしいことに気づいた。そこでまず、同行している紳士に植え込みの後ろに隠れてもらった。ここなら彼が銃を発砲しても、魚は姿を見ることができない。そして実際に銃が発砲されたあとハンターが魚を観察していると、泥を巻き上げながら池の底を目指して逃げ出した。ハンターはこの実験結果に基づいて、魚は音を聞く能力があると王立協会に報告した。

しかし銃を一度発砲したぐらいでは、議論に決着はつかない。そこで一部の科学者は別の方法に挑戦することにして、ヤツメウナギの内耳から管を取り除いた。それでもヤツメウナギの音への反応は変わらなかったが、音源の方向を確認しにくくなった。やがて一八九六年には、オーストリアの生理学者アロイス・クリードルが、市場の養魚池ではマスに餌をやる時間にベルを鳴らすことを聞きつけた。そこで水槽に数匹の金魚を泳がせ、その近くでベルを鳴らしたり笛を吹いたりしたが、何の反応も示さなかった。しかし水槽を強打したり、手をたたいたり、ピストルを発砲すると、今度は実際に反応した。つぎに微量のストリキニーネを水に加えると、反応はさらに敏感になった。そこで今度は内耳を取り除くと、音への反応に変化はないが、音源の方向がわからなくなったようだった。こうした実験からクリードルは、魚は音を聞いていないという結論に達した。それでも音を感じ取るのは、体の他の部分が反応するからで、ひょっとしたら皮膚に何らかの感覚が備わっている可能性が考えられた。

いまなら、こうした観察結果の間違いはすぐにわかる。なぜなら魚はほぼ間違いなく、側線と耳の両方で音に反応しているからだ。

二〇世紀初めになると科学者は、車の騒音、口笛、ものを強打する音、子どものおもちゃの耳障りな音を魚に聞かせたが、いずれも結果は微妙だった。そのあと一九〇九年になると、ハーバード大学の生物学者ジョージ・パーカーが、ツノザメを対象に一連の実験を行なった。彼は水槽の木の壁に振り子を取り付け、それを揺らしたときのツノザメの反応を確かめた。実験を始める前には、耳と側線と脳をつなぐ神経を切断した。さらに皮膚が音の振動を感じ取らないように、皮膚をコカインで麻痺させた。これだけの準備を整えて行なわれた実験は、耳に損傷を受けていないかぎり、ツノザメは音にきわめて敏感に反応することを示した。そこからパーカーは、他のすべての手がかりを取り除かれても耳さえあれば、ツノザメは音を聞くことができると結論した。

ドイツの動物行動学者カール・フォン・フリッシュと言えば、ミツバチが尻振りダンスと呼ばれる飛行パターンによって、巣の仲間に餌のありかを伝えることを発見した功績が最も有名だろう。まだこの発見で注目される以前の一九二一年、フォン・フリッシュはバルト海に面するロストック大学に勤務していたが、そこで魚の聴覚に興味を持った。ロストック大学の耳科の責任者オットー・ケルナー教授はナマズの研究が専門で、「魚は音が聞こえない」と確信する陣営に属していた。やがてフリッシュは、この問題に興味をそそられた。「この論争がこれほど熱を帯びているのは、根本的な原理が関わっているからだ」と彼は記した。魚の聴覚に関する原理を巡っては長いあいだ議論が戦わされてきたが、そこでは、魚は蝸牛がなくても音を聞くことができるのかどうかが争点になった。音が聞こえると確信する陣営は、この小さな渦巻き管以外にも音を聞く手段があることを何とか証明しようとした。

ケルナーはナマズに様々な音を聞かせた。有名なソプラノ歌手まで呼び出して、水槽に向かってセレナーデを歌ってもらった。魚は反応すると思われたが、実際のところまったく反応はなかった。しかしフリッシュには、魚に音は聞こえないと決めつけるのは短絡的としか思えなかった。自分が魚だったら、やはり反応しないだろう。なぜそうなのか、優秀な行動主義心理学者には説明する責任がある。実は動物は、あらゆる刺激に反応するわけではない。将来の生存に関わる刺激にのみ反応するのだ。オペラは魚の生存に関係がないが、食べ物は生存に欠かせない。

フリッシュは自分でもナマズを手に入れて、ハヴェル（Xaverl）と名付け、両目をくり貫いた。そのうえで水槽のなかに空洞のキャンドルスティックを入れて、「目の見えない小さな生き物」の住処の代用品を準備した。それから数日間連続して、フリッシュはベルを鳴らしながらハヴェルの水槽に肉を落とした。ナマズは肉の臭いをかぐと、食べようとしてキャンドルスティックから外に出てきた。そして六日後、今度は肉を落とさずにベルだけ鳴らした。するとハヴェルは、音の他には合図がなくても、肉を食べようとしてキャンドルスティックの外に出てきたのだ。フリッシュはケルナー教授にこの結果を見てもらうことにした。

温和な老教授は水槽の前に座って実験が始めるのを待っていたが、これは絶対に成功しないと確信していた。私は水槽からいちばん離れた部屋の隅に行って、そっと口笛を吹いた。その途端にハヴェルは、細長いキャンドルスティックから外に出てきた。同時に教授は見るからに落胆し、不本意ながらこう認めた。「間違いない。きみが口笛を吹いたら、魚は近づいてきた」

フリッシュは一九三六年に研究成果を発表し、そのあとはミュンヘンの動物学研究所で、彼の指導を受けた学生たちが魚の訓練に取り組んだ。訓練に使われる複数の手がかりを魚が混同することがないように、学生たちは水槽を様々な部署に分散させた。そして建物のあちこちに準備された張り紙には、こう書かれていた。口笛を吹くことも、歌を歌うことも厳禁。音で魚が混乱します。

フリッシュは、魚が音を聞くことができる理由を疑いの余地なく証明したわけではないが、他の動物がものを感じ取る理由と同じだと考えた。すなわち食べ物を見つけるため、危険を特定するため、選択の拠り所を確保するために、音を聞くのだと推測した。「魚にとって重要な意味を持つものは、外からやって来た人間にはわからないように隠されている。そのため、水のなかは音のない静かな場所だと決めつけてしまう」

一方、他の水生動物の聴覚に注目した科学者はごく一部に限られた。タコやカニや貝が、どうやら音に反応を示すという観察結果が散見される程度だった。博物学者は早くも一九一〇年には、タコが音波に反応するらしいと推測した。おそらくそれは、タコが水族館に展示される数少ない生物種のひとつだからだろう。水族館ならこのような現象にも気づきやすい。こうして第二次世界大戦前夜の時点では、哺乳類が音を聞きとれることはとっくの昔に知られていた。魚の聴覚の問題も解決されたが、無脊椎動物の聴覚が問題として取り上げられる機会は稀だった。

海軍とタイタニック号と音響測距

啓蒙運動をきっかけに、生物学の複数の分野で動物の聴覚が研究されるようになった。一方、物理学者は、動物とは無関係のつぎの問題に取り組んだ。音は水中を伝わるのだろうか。もしも伝わるなら、どのくらいの速度なのか。こうした音速に関する疑問は、人間が水中の音を聞きとるために必要な技術の発達を促した。

数学者のピエール＝シモン・ラプラス侯爵（一七四九年〜一八二七年）は、媒体を伝わる音の速度を密度と圧縮率に関連付けた方程式を作った。ただしこれが成立するためには、音が伝わる前提として媒体が圧縮されなければならず、水は圧縮可能だとは考えられなかった。そのため水中の音の速さの測定には、水の基本的な性質が問題として立ちはだかった。

一七四三年にはフランスの物理学者ジャン＝フランソワ・ノレが、パリのセーヌ川に頭を突っ込んだ。そのあいだ水上では、大声、ベル、口笛、銃声など、あらゆる音が立てられた（そこから彼は音が水中を伝わることを発見し、水には圧縮性があると結論した）。おそらくこれは、水中の音に関する最初の「科学的な」実験だった。

スコットランドの博識家アレクサンダー・モンロー二世は一七八五年、水中で音が伝わる速さの計測を試みた。この実験計画は、雷雨からインスピレーションを受けたと思われる。雷が落ちるところを目撃し、雷鳴が轟くのを聞いた経験がある人なら誰でも、光はほぼ瞬時に伝わるが、音の伝わり方はそれよりも遅いことを知っている。光が空気中を伝わり、ある程度離れた場所で光るまでの時間と、同じ場所の水中で雷鳴が轟くまでの時間の差を測定すれば、音の速さを計算できるとモンローは考えた。

モンローは夜中に湖へ行くと、水のなかに入った。耳は水中に沈めたが、目は水面に出したままにした。八〇〇メートル離れた場所にいる助手が、水中に沈めた瓶のなかで爆発物に点火して大きな音を立てると同時に、火薬を発火させて銃を発砲した。すると、爆発音と銃の閃光はモンローのところまで同時に伝わってきた。それは、八〇〇メートル程度の距離では、音と光のタイムラグが明らかにならないからだった。

成果を伴う実験を行なえるだけの大きさのある水域は、そう簡単には見つからない。一八〇〇年代初めには、フランスの地質学者フランソワ・シュルピス・ビューダンが、マルセイユ近郊の海で実験を試みたが、コンマ差の違いを確認するのは大変だった。このとき彼は、音が水中を伝わる速さは秒速およそ一五〇〇メートルだと推測した。その後、スイスの若い物理学者ジャン＝ダニエル・コラドンはビューダンの著書を読んで興味を持ち、実験の詳細について尋ねた。

そのうえでコラドンは、スイスのレマン湖を実験の場所に選んだ。この湖は幅が一四キロメートルあって、しかも海よりもアクセスがよい。一八二五年には明るい光源をいろいろ試したすえに（打ち上げ花火では手にひどい火傷を負った）、火薬の閃光に注目した。一方、音に関しては、鉄床《かなとこ》を水中に沈めて叩くことにした。翌年には実験道具が改善され、水に沈めたベルやハンマーなどが使われた。しかしどんなに大きな音を立てても、音が聞こえる範囲はせいぜい二キロメートルだった。タイムラグをきちんと確認するためには、湖の端から端まで音が伝わらなければならない。こうして悩んでいるとき、かつて読んだダ・ヴィンチのチューブを思い出した。

注ぎ口のついたじょうろなどの音響聞きとり装置を試したすえに、コラドンは長さ三メートルのブリキ管を準備した。その先端には大きな拡声器が取り付けられた（コラドンの中耳とブリキ管には空気が詰まっているが、片耳を管に押し付ければ、音の一部はおそらく骨を通して内耳に伝わると考えられた）。実験の助手は父親に頼んだ。そして夜になると、それぞれ別のボートで湖へ漕ぎだした（このときは湖の温度も測定し、摂氏八度だった）。コラドンは予め、複雑怪奇なレバーを組み立てていた。このレバーを使えば、火薬に火を点ける動作と水中のベルを叩く動作が同時進行する仕組みなので、人間があわてて行動する必要がなかった。やがてトノンの町の近くをボートで漂っているとき、音響装置を通じてベルの音が聞こえてきた。それは、一四キロメートル離れたロールの近くの水中で鳴らしたものだった。

コラドンはこうした実験のかたわら、フランスの数学者シャルル・スツルムの協力を仰いだ。スツルムは研究所で、実験をサポートするための計測作業に取り組んでくれた。やがて一八二七年にコラドンとスツルムは、水中で音が伝わる速さは秒速一四三五メートルだと報告した。これは空気を伝わる速さのほぼ四・五倍である。

どの媒体でも、音が伝わる速さは安定していた。摂氏〇度の空気中では、秒速およそ三三一・五メートル、常温では秒速およそ三四三メートル。空気よりも密度が大きい水のなかでは、音は空気中よりも四・五倍速く伝わる（鋼鉄のような圧縮性固体のほうが、微粒子が詰め込まれる。そのためステンレスのなかでは、音は秒速およそ五キロメートルという猛烈な速さで伝わる）。一方で音波は、水中では空気中ほど短時間でエネルギーを失わない。要するに水中では、音は空気中よりも速く遠くまで伝わり、その途中で失われるエネルギーの量が少ない。

実験の報告でコラドンは、水中でベルを十分に大きな音で鳴らせば、六〇ないし八〇キロメートルは伝わるのではないかと指摘したうえで、つぎのような可能性を示唆した。「深海底からの反響音を利用すれば、海の深さを計測できる……」。こうした指摘は、将来ソナーが発明される可能性を暗示した。ただしその実現は、まだ遠い先の話だった。

一九世紀の海上交通路には蒸気船が登場し、建国から日が浅いアメリカ合衆国を中心に商業は活況を呈した。海軍には正確な海図が必要とされた。霧や危険な浅瀬が原因で、大事な積み荷を失ってもかまわない商人など誰もいなかった。そして列強はどこも、一年では終わらない大がかりな遠征調査に資金をつぎ込んだ（たとえばキャプテン・クックの第一回目の航海は、天文現象、すなわち一七六九年に予測される金星の太陽面通過をタヒチから観測することと、オーストラリアの南で未知の大陸を発見することが目的だった）。こうした成果を通じて国外の海岸の領有権を主張するためには、地図が必要だった。一方、海戦が勃発する危険は常に存在した。それに備えて海軍力を充実させるためには海洋データが不可欠だった。

アメリカ政府は一九世紀初めに沿岸測量部を、その数十年後には海図装備兵站部を創設した。測量技師は海岸線や海流の地図を作成したが、海の深さは測鉛線だけを頼りに計測した。測鉛線は長いケーブルで、先端には重りとなる「測深機」が付けられている。測鉛線を海に垂らすと、凸形のカップ状の重りが海底からサンプルを収集する。地質学者はそれを手がかりにして、海底の構成成分が泥と砂と岩のいずれなのか判断することもできた。ただしこれは時間のかかる作業で、一回の読み取り作業に一時間かかる可能性もあった。一八七〇年代にある測量船は三年半におよぶ航海のあいだに、一〇〇〇尋《ひろ》よりも深い海底の測量を三〇〇回しか行なえなかった（一尋は六フィートすなわち二メートル弱なので、およそ二キロメートルの深さが読み取られた）。

一八二七年に発表されたコラドンとスツルムの報告を読んで、チャールズ・ボニーキャッスルとロバート・M・パターソンはこう考えた。追加報告で述べられているように「海底から反響音が返ってくれれば、水中を音が伝わる速度から深さを割り出すこと」ができるのではないか。一八三八年八月二二日、ボニーキャッスルとパターソンは沿岸測量部の帆船USSワシントン号に乗り込んだ。船には改造されたストーブの煙突と、標準的な騒音の発生源が持ち込まれた。ピストル、ベル、そしてソフトボール大の爆薬で、これは爆竹と呼ばれる。ボニーキャッスルは、音を聞くために準備した長さ二・五メートルの錫《すず》の管を持って、帆船から四〇〇メートル離れた地点でボートに乗って待機した。そして、水中でベルが鳴らされる音と、海底にぶつかって跳ね返ってくる音を聞き逃さないように神経を集中させた。ところがブリキ管は荒波にもまれ、ベルの音も反響音もかき消されてしまった。

数日後、ふたりは再び実験に挑戦した。すると今度は、音源から一三七メートル離れた管を通して、ふたつの音が三分の一秒の間隔をあけて聞こえてきた。あとから聞こえたのは海底からの反響音だろうか。タイムラグから判断するなら、海の深さはおよそ三〇〇メートルになる。その真偽を確かめるため、船のクルーは昔ながらの測鉛線で深さを測ってみた。すると海中に垂らした測鉛線は、一キロメートル以上も延長された。そこからは、音響では深さを測れないことがわかった。「何かもっと有効な手段が必要だ」とボニーキャッスルは結論した。

一八五九年、海図装備兵站部の責任者のマシュー・フォンテイン・モーリー中尉は、ボニーキャッスルとパターソンの実験を繰り返した。だがこのときも失敗した。管を使うにせよ使わないにせよ、人間が耳で聞こうとするかぎり反響音は届かなかった。一八五〇年代には海底通信ケーブルが初めて敷設されたが、このとき測量士は測鉛線を使い、海底地形の輪郭や水深や敷設地点を調べた。

しかし、海岸の安全を確保するために水中の音を利用することへの関心は高かった。技師のアーサー・マンディは、灯台もしくは灯台船が海上の船に水中警告音を発信することを提案した。そして一八九九年には発明家のイライシャ・グレイと共同で、電鈴とマイクロフォンから成る水中装置を発明して特許を取得した。後にこれが進化して、「ハイドロフォン」が誕生する。一九〇一年にはマンディらが、ボストンを拠点とするサブマリン・シグナル・カンパニー（ＳＳＣ）を創設した。誕生まもないハイドロフォンは、船の下部にボルトで固定された水槽のなかに沈められたため、空気と水の境界に伴う問題は克服された。それでもやはり海は騒々しく、風と波によってベルの音がかき消されるときもあった。

やがて悲劇がイノベーションを加速させた。一九一二年にニューファンドランド島沖のグランド・バンクス周辺で、「不沈」だと思われていたタイタニック号が氷山に衝突し、大西洋の海底に沈んだのである。

一九一四年四月のある肌寒い日、レジナルド・フェッセンデンはニューファンドランド島沖合のグランド・バンクスで、アメリカの税関監視艇マイアミ号の甲板に立って、荒れ狂う海にそびえたつ氷山が接近してくるのを眺めていた。一三階建てのビルに匹敵するほど高い氷山に比べれば、マイアミ号は本当に小さい。そんな船の上でフェッセンデンは、まるで大きなスネアドラムのような装置を船の舷側から水中に沈めた。これは発信器といって、ベルとマイクロフォンのふたつの機能をひとつの装置が兼ね備えている。発信器はすでに電信のテクノロジーに使われていた。そしてこの日フェッセンデンは、音を立てたときに水中の発信器が反響音を検知すれば、水中の物体を、具体的には氷山を確認できるかどうか試す予定だった。というのもこの海域は、二年前にタイタニック号の悲劇が発生した現場だったのである。

タイタニック号の沈没をきっかけに、氷山を回避するための技術の特許申請が相次いだ。たとえば早い時期にハイラム・マキシム卿が申請した「衝突防止装置」は、コウモリの「第六感」をモデルにしたものだ（まだソナーとは呼ばれなかった）。当時、コウモリは羽音を使って目標物までの距離や方向を確かめると思われていた。そこでマキシムは船から低周波の音を発したうえで、氷山からの反響音を聞きとる方法を提案した。ただしこの装置は、空気中でしか使えなかった。そこで電信技士のフェッセンデンは、同じことを水中でもできないかと考えた。そもそも氷山の大部分は水中に潜っている。フェッセンデンはプロトタイプを製作すると、グランド・バンクスで船上からテストする許可を政府に求めた。かくして米海軍のマイアミ号は、霧と悪天候をついて出発した。大きな波が押し寄せるとフェッセンデンはベッドから放り出され、眠ることができなかった。

マイアミ号が氷山から一五〇メートルの地点で止まると、フェッセンデンはオシレーターを海に沈め、音を発した。すると予想通り、正しい距離から反響音が返ってきたようだった。

しかし船から氷山までの距離が一五〇メートルでは近すぎて、せっかくの警告も役に立たない。それに、反響音は氷山と海底のどちらから返ってきたのか。そこで船長は、マイアミ号を氷山から少しずつ遠ざけた。一マイル、二マイル、二・五マイルと離れるたびに、フェッセンデンには複数の反響音が聞こえた。反響音のひとつは距離を伸ばしても変わらず、おそらく海底から返ってくる音だと考えられた。その一方、船が氷山から遠ざかるにつれて、反響音が戻ってくるまでの時間が長くなるケースもあった。「反響音」を使えば水深を測量できるが、「音響測距」ならば、ふたつの対象物のあいだの距離を決定することができる。

タイタニック号が沈没してから二年ちかくが経過してフェッセンデンの努力が実を結び、警告音をただ聞きとるだけの段階から大きく飛躍した。水中の音を積極的に利用すれば、沈黙の海の脅威を——そして海底の様子を——「確認」できるようになったのである。ただし、このあと同じ年に想像を絶する新たな脅威が出現するとは、フェッセンデンもほとんど予想しなかった。

海軍を悩ます敵艦と謎の音

一九一五年、ロシアの電気技師コンスタンティン・ツィオルコフスキーは、スイスのダボスにあるサナトリウムで結核の治療を受けながら、いわゆる潜水艦問題について頭を悩ませていた。第一次世界大戦が始まると、ドイツのUボート（ウンターゼーボート）が海中で隠密行動をとり、最初の数カ月で敵の巡洋艦をつぎつぎと撃沈したのだ。Uボートは見ることも臭いをかぐことも、触ることもできない。エンジンがうなる音を聞きとる以外には、存在を検知する方法はなかった。そしてこれが問題だった。

イギリスの船にはハイドロフォンが装備されていたが、これは性能が悪かった。何か音を聞きとるためには、船のなかにある機械の電源を切る必要があった。しかしそれでも、聞きとれる範囲は限られていた。しかも、音源がどの方向なのか確認するのが難しかった。

音を積極的に利用して潜水艦を探知するのは興味深い発想だ。しかもツィオルコフスキーは、役に立ちそうな装置の存在を知っていた。たとえばフェッセンデンのオシレーターは反響音を積極的に利用して、氷山や海底までの距離を「音響測距」できる。ただし、こうした装置はあらゆる方向に音を出すので、反響音で音源を正確に確認するのは無理だった。

しかしあらゆる波と同様、音波もビームを集束させることができる。その際、高周波の音は波長が短く、低周波の音は波長が長くなる。既存のオシレーターが発する音は波長がかなり長い。しかも、音が水中を伝わる速度は空気中よりも速いので、波長はさらに長くなる。こうした音を集束させるためには、途方もなく巨大な装置が必要とされる。しかし高周波の音ならば、集束波の波長は短い。

さらに高周波の音は、海底や氷山よりも小さな物体にぶつかってきれいに跳ね返ってくる。物体が小さくなるにつれて、反響音が明確に聞こえるために必要な波長は短くなる。波長が物体よりもずっと小さければ音はよく反射するが、逆の場合は反射が悪い。ちょうど湖の波が、島にぶつかれば（きれいに）跳ね返り、大きな石にぶつかれば（一部が）跳ね返り、葦にぶつかっても（まったく）跳ね返らないのと同じだ。当時のUボートは全長がおよそ六〇メートル、幅が六メートル、吃水が四メートルしかなかった。既存のオシレーターは周波数が低いので、反響音はどうしても曖昧になった。

ツィオルコフスキーは高周波の音を作り出すオシレーターを設計し、その採用を提案した。このアイデアはフランスの物理学者ポール・ランジュバンの知るところとなるが、彼もまた潜水艦問題について頭を悩ませていた。ツィオルコフスキーはパリを訪れる。やがてふたりは微調整したオシレーターをセーヌ川でテストして、一九一六年には特許を取得した。

しかし、この装置は完璧ではなかった。音を出したものの、反響音の探知には信頼性がなかった。結局ツィオルコフスキーとランジュバンは袂を分かち、ランジュバンはそのまま研究を続けた。そして一九一七年二月に閃いた。彼はかつてピエール・キュリーのもとで研究を行なっていたとき、圧電効果（ピエゾ効果）と呼ばれる現象を共同発見していた（piezenとは、ギリシャ語で「圧搾する」や「押し出す」を意味する）。石英など天然結晶の一部は圧電効果のもとで、圧縮されると電流を起こす。そこでランジュバンは、ごく薄い石英の結晶が音波の圧力を受けて振動し、その結果として電流が発生すれば、反響音を敏感に受信するのではないかと考えた。

ここでパリ在住の眼鏡職人アイバン・ワーレインが役に立った。彼は長さ一フィート（三〇・五センチメートル）の石英の標本を、たまたま店のウィンドウに展示していた。そこでランジュバンは、この素晴らしい標本を縦と横が一〇センチメートルの（ごく）薄い断片に切り分けてもらった。すると予想通りの成果が表れた。

石英は戦争の遂行にとって不可欠な存在になった。フランスとイギリスの科学者が石英を見つけては買いあさったため、眼鏡屋や宝石商の商品の需要は拡大した。一説によると、イギリスによる潜水艦探知技術開発のリーダーだったカナダの科学者ロバート・ボイルは、フランスのシャンデリアメーカーが抱えていた石英の結晶の在庫をすべて買いつくしたという。一九一八年までには、高周波の石英のオシレーターが八キロメートル離れた場所まで音の信号を送り、五〇〇メートル離れた場所の物体を音響測距できるようになった。同じ年の夏には、距離は一五〇〇メートルにまで伸びた。このオシレーターはイギリスで対潜水艦装置（ＡＳＤ）と呼ばれ、それを研究する学問は「ＡＳＤＩＣＳ」と呼ばれた。終戦の直前の一九一八年一〇月、イギリスはＡＳＤをアメリカと共有した。

一九二〇年代までには、ＳＳＣは音響測深用の「測深機」を販売するようになった。さらに、音響測深技術を使った最初の海底ケーブルが地中海に敷設された。ある船は、大西洋を一度横断するあいだに九〇〇回も深さを計測した。測鉛線と比べると、大きな進歩だ。軍事科学者は音響測距や水中音響信号の改善に競って取り組んだ。そして第二次世界大戦が始まるまでには、この技術は音響航法・測距（sound navigation and ranging）、あるいはその頭文字をとってソナーと呼ばれるようになった。

ところが、こうして人々が水中で長い距離にわたって音を伝え始めると、奇妙な現象が新たに発生した。

そもそも海水は均一ではない。様々な水塊【訳注／海洋中の水温や塩分などが比較的一様な海水の塊】が存在しており、それぞれ温度や塩分濃度などの特性が異なる。こうした特性が水の密度に影響をおよぼすと、音が跳ね返され、音の経路が歪む可能性がある。このような複雑な経路を解きほぐし、音の進み方を予測して上手に活用すれば、水中音を聞くための秘密のネットワークが最終的に構築される。やがて海洋学者やソナー技術者が「午後の問題」の解決に取り組んでいるとき、最初の大きなブレークスルーのひとつが訪れた。

一九三六年、首都ワシントンの海軍作戦本部長は工学局長に送った書簡のなかで、アトランティス号の派遣を要請した。アトランティス号は、ケープコッドに拠点を置くウッズホール海洋研究所（ＷＨＯＩ）が使用する科学探査船だったが、それをキューバのグアンタナモ湾の海軍基地で海軍の潜水艦ＵＳＳセムズ号に合流させたかった。「海水の状態を知るために水中の音の調査を進めていたが」、科学者の専門知識が必要になったのだ。実は、奇妙な問題が発生していた。ソナーで超音波を発信すると、午前と午後で伝わり方に違いが生じたのである。

夜明けに海へ出たときには、音波ビームは目標を完璧にとらえた。ところが正午を過ぎると、標的を外した。当初オペレーターは人為的なミスを疑い、昼食後に気が散漫になったのではないかとも考えた。しかし結局、原因は海そのものだと認識し、海洋科学者の助けを求めたのである。

ウッズホール海洋研究所から派遣された科学者たちは、太陽光と関連して何らかの現象が毎日発生する結果、一日のあいだに水温が変化する可能性を考えた。ある科学者はこう記した。「海洋学の見地から、これはきわめて興味深い。太陽エネルギーが水に定期的に干渉している『あるいはその逆の』可能性がある」。八月までには、アトランティス号とセムズ号は一日を通して音波ビームを何回も発信する一方、様々な深さで水の温度を測った。夜明けには、海水温は表面から深海部までほぼ同じだった。しかし時間が経過すると、表層部では水が太陽によって徐々に温められた結果、温度が一、二度上昇した。

音波が伝わる媒体が途中で変わると、一部が跳ね返されることは知られている。一方、音波が新しい媒体に斜めに進入すると、音は屈折する。そのため、それまでとは異なる角度で新しい媒体のなかを進んでいくが、このとき入射角が変化すると同時に、スピードが落ちる。媒体の密度が少しでも変化すると、スピードは変化する可能性がある。

海水の密度には三つの要因が影響をおよぼす。温度、圧力、塩分の三つだ。もちろんこのなかでは、温度が最も劇的な効果をもたらす。氷点にちかい温度から沸点にちかい温度までの範囲では、水が温かくなればなるほど、音が水中を伝わるスピードは速くなる。だから、午後の問題は不思議な現象でもない。表面層とそれより下では水の温度が異なるので、ふたつの異なる媒体が存在するようなものだ。そのため音波は表面層を出て下の層に移るとき、境界面で屈折する。そして時間が経過して表層部の水が温かくなるほど、屈折角は大きくなる。

午後の問題が解決すると、ソナーのオペレーターは温度の変化の影響を相殺するため音波ビームに微調整を加えた。おかげで、一日を通して音を安定した状態で聞きとれるようになった。ここからは重要な事実が明らかになった。水の状態が一律でないとき、音は屈折したり折れ曲がったりする。

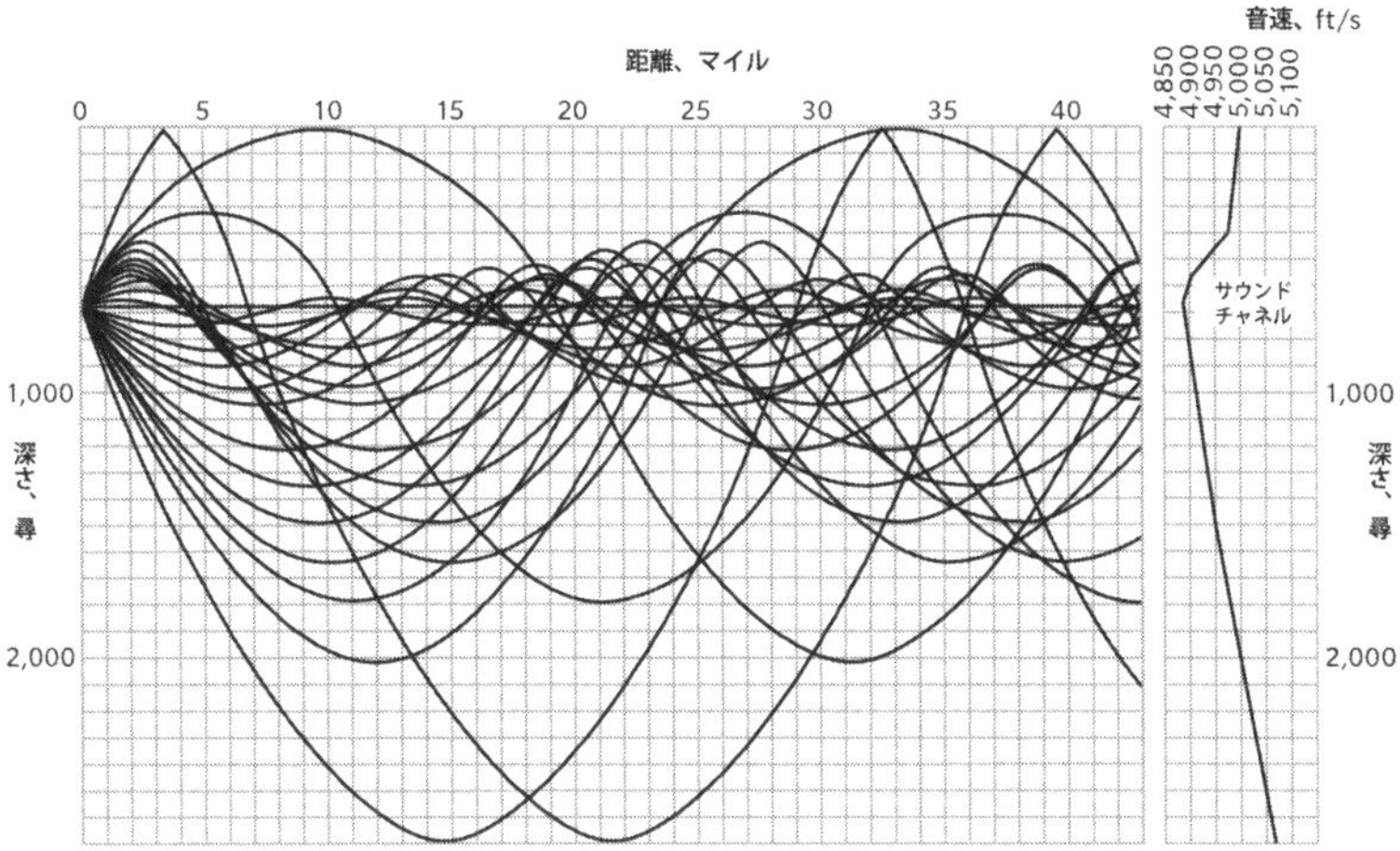

出典：Adapted from Robert Urick's textbook Principles of Underwater Sound (New York: McGraw-Hill, 1973), p. 160, Figure 6.9.

一九三九年、第二次世界大戦が勃発した。ソナー技術者は様々な深さで水温を計測し、「音速プロファイル」を作成した。そしてこれに基づき、ソナー信号の予測経路を大きなグラフに描いた。これはレイ（光線）トレーシングあるいは光路図と呼ばれ、音が水中を屈折しながら伝わっていく様子が曲がりくねった線で表現される。こうしたトレーシングからは、超長距離の音の伝わり方など、軍事的にきわめて重要な現象が明らかになった。

ほとんどの海では、深くなるほど温度は低くなる。最初は急激に、あとからはゆっくりと下がっていく。一方、圧力は一定の割合で上昇し、塩分は（普通は）増加する。なぜなら、密度の濃い塩は沈むからだ。これだけの知識があれば、自分のまわりの海水はどんな層で構成され、そこでは音がどのように屈折するのかおおよその見当をつけることができる。

たとえばマサチューセッツやバムフィールドの沖など中緯度の深海では、表面層の水はやや温かい。深くなるにつれて温度は下がり、やがて一定の温度に落ち着く。するとそこから先は、圧力と塩の効果の影響が大きくなり、塩分濃度が高くなるので、音速は海底に到達するまで再び増加する。そのため温度の変化が止まった層（等温層）で、音速は最小値に達する。暖かい低緯度地方では、この層は概して水面から一キロメートル以上の深さにある。水が冷たい海ではもっと浅く、北極海では表面層に近い。ちなみに音は、音速の遅い方向に曲がりながら伝搬する。そのため音波は、音速の速い上下の層から等温層に向かうことになり、その繰り返しで伝達経路ができあがる。おかげで音波は、信号の損失を最小に抑えながら何百キロメートル、いや数千キロメートルも伝わっていく。

一九四一年、リーハイ大学の地球物理学者のモーリス・ユーイングが、ＷＨＯＩとセムズ号のチームに加わった。ユーイングは、音速が最小値に達する層が想像を超えるほど遠くまで音を伝えることを早くから認識していた。そして、一九四五年にこの理論の正しさを試した。バハマ沖で、彼はＴＮＴ（トリニトロトルエン）をこの層に投下した。三〇〇〇キロメートル離れたセネガルのダカール沖合では、ハイドロフォンが待機していた。やがて爆弾が爆発すると、そのすさまじい音は大西洋の荒々しい波の音をものともせず伝わってきた。

音響伝導にきわめて優れた等温層は、ＳＯＦＡＲチャネルと呼ばれた。これは、SOund Fixing And Ranging（水中測音位置確定）の略語で、洋上で墜落した戦闘機のパイロットの捜査救援のため、海軍が提案した計画にちなんだものだ。このシステムは実現しなかったが、「ＳＯＦＡＲチャネル」という言葉は定着した。

一九四六年、新設された米国海軍研究事務所は、音が猛スピードで伝わる驚くべき海洋層を利用する決断を下した。冷戦が現実味を帯びるなか、世界中の音を聞きとれるＳＯＦＡＲチャネルに注目し、秘密のハイドロフォンをいくつも設置することにした。

一九五二年には、ＡＴ＆Ｔがバハマ諸島のエリューセラ島に最初のハイドロフォン観測所を建設した。引き続きアメリカ東海岸に複数の観測所が建設されるが、その多くは「海洋調査」が口実にされた。海岸に建てられた観測所は、沖合に設置されたハイドロフォンとケーブルでつながれ、送られてきたデータは長いペーパーコイルにつぎつぎ印刷された。何か疑わしい点がないか、技術者はデータの値を慎重に調べた。一九七〇年代までには、ＳＯＦＡＲチャネルの音を聞きとる観測所が各地に建設された。太平洋岸、アイスランド、ハワイ、グアム、ウェールズに点在し、何千人ものスタッフが動員された。このネットワークはＳＯＳＵＳ（Sound Observation and Surveillance Undersea Network〈音響観察監視海中ネットワーク〉の略）と呼ばれ、その存在は秘密にされた。

第二次世界大戦から冷戦の時代にかけて、敵の情報を聞きとるためのネットワークが構築された結果、海の音が私たちの耳に届くようになった。そしてそれまで夢にも思わなかったような、生物が発する音の存在が明らかになった。

一九四二年の冬、敵の潜水艦がチェサピーク湾を北上して首都ワシントンに迫ってくる音を聞き逃さないように、湾の入口に複数のハイドロフォンが設置された。ところが翌年の五月、観測所は突然「原因不明のノイズトラブル」に悩まされた。まるでカエルの合唱のようで、ところどころに太鼓がドンと鳴り響くような音がはさまれた。しかも音にはサイクルがあって、夜になると大きくなり、それが夜通し続いた。

コロンビア大学の科学者は、音が生物由来のものか試すことにした。そしてある晩、ハイドロフォンの近くで五つの雷管を爆発させた。報告によれば、「たちまち耳障りな不協和音は鎮まった。けたたましいサルが押し込まれた檻に、銃を発砲したときのような印象を受けた」。何か生き物が怯えたのだ。しばらくするとノイズは再び聞こえ、この結論の正しさが裏付けられたようだった。

このような音を出す生き物を知らないか、海軍は地元の漁師に尋ねた。すると、春にこの付近で捕獲される「ニベ」について教えてくれた。この魚は体長三〇センチメートルで、水から引き上げるとき、名前（croak かすれた音を出す）にふさわしいグーグーという音を出すことがある。ニベは交配のために毎年春にチェサピーク湾にやって来る。そしてオスは、メスを惹きつけるために大きな声で呼びかける。ニベの鳴き声をハイドロフォンで拾った結果、謎のノイズの音源は確認された。

当時、魚の声を聞くチャンスがあるのは、魚が身の回りにいる環境で多くの時間を過ごす人たち、たとえば漁師ぐらいしかいなかった。世間一般の人たちは相変わらず、海の動物は音を出さず、おそらくクジラが僅かな例外だと決めつけていた。

ところが軍事目的のハイドロフォンからは、パルス、ノック、ピッという短い音など、予想外の音が規則的に聞こえてきた。それを聞くだけでは、どの動物の声なのか見当がつかないが、一部の音はよく聞こえることが報告された。

たとえば、規則的なノックはよく聞こえた。これはソナーのオペレーターのあいだで「大工のノイズ」とか「大工の魚」として知られた。

ほかには二〇ヘルツの鼓動も不思議な音で、時には「BLIPS」と呼ばれた。これは極端な低音で、耳がすごく良い人間にしか聞こえないが、ハイドロフォンのプリントアウトにはきちんと記録される。ブリップ・ブリップ、ブリップ・ブリップと、まるで心臓の鼓動のようにゆっくりと規則的に続く。

頻繁に聞こえ、鬱陶しい音もあった。潜水艦がどこに行っても聞こえ、耳を弄するほど大きくなるときもあった。これはベーコンを焼く音、ブリキの屋根に雨が叩きつける音、あるいは簡単にパチパチ音と呼ばれた。

おそらく最も奇妙なのは音響測深機のパルスが反射した音で、深さ数百メートルの「疑似海底」から頻繁に響いてくる。本当の海底は、ずっと深いことが知られている。カリフォルニア大学の戦争研究部門は、カボサンルーカスからカリフォルニア州のメンドシーノ岬まで広がるこの海洋層を調査した。

戦争の舞台が水面下に移ると、海の「生物」について理解を深める必要が生じた。そのため、ソナーの訓練マニュアルを充実させる目的で、海の動物と水中音響に関する最初の体系的な研究が行なわれた。

サウスダコタ州出身のマーティン・ジョンソンは、プランクトンを研究するためカリフォルニアにやって来た。プランクトンは水中を浮遊するごく小さな生き物で、そこには植物プランクトン、藻類、動物プランクトン、幼生など、水中を浮遊するあらゆるものが含まれる。もともと彼はスクリップス海洋研究所に所属する動物学者だったが、謎の解明に取り組む海軍によって採用された。

プランクトンは光の強さに応じて、一日に何度も水中で上昇と下降を群れで繰り返すことをジョンソンは知っていた。「疑似海底」での不思議な現象は、これが引き起こしている可能性はないだろうか。一九四五年にジョンソンは、およそ三二キロメートル沖合でモーターを回転させ、疑似海底で反響音を二四時間にわたって発生させたうえで、その様子を翌日の正午まで観察した。すると謎の海底は夕方に上昇を始め、水深数百メートルのあたりで上昇をやめた。そして夜中になると大きく広がって面積が大きくなったため、返ってくる反響音は弱くなった。やがて夜が明けると、広がっていた疑似海底は縮み、水中を下降してもとの深さに戻った。下降する速度は分速およそ二メートルで、これは多くのプランクトンが水中を泳ぐ速度に匹敵する。そこでジョンソンは確認のため、軽量のネットを疑似海底の層に沈めた。そのあと回収したネットには、プランクトンがびっしり詰まっていた。ここにはイカなど海洋動物の餌場が創造されていたのだ。ソナーの音は、バイオマスの層に跳ね返っていたのである。

さらにジョンソンは、「パチパチ音」が最も大きい場所にはどんな動物がいるのか調査を行ない、犯人を特定した。それは「テッポウエビ」という親指大のエビで、世界各地の熱帯や亜熱帯の岩底や砂底に生息している。片方のはさみは体に不釣り合いなほど大きく、非常に力強い。はさみを勢いよく閉じると、時速九七キロメートルの衝撃波が放出され、摂氏四〇〇〇度の熱が発生する。その熱で水が瞬間沸騰して気泡が発生すると、その音と勢いにエビの敵は怖気づき、気絶してしまう。

クストーの『沈黙の世界』が公開される一〇年ちかく前の一九四七年に、ジョンソンはつぎのように報告した。「海は長いあいだ沈黙の領域と見なされてきた。しかし現代の水中音響検知機器を使った広範な調査の結果、この見解はもはや通用しないことが十分に証明された」

ニューベッドフォード捕鯨博物館には、しわくちゃになった地図がきれいに伸ばされ、ガラスの後ろに展示されている。灰褐色の陸と白い水は、深くて狭いサグネ川がカナダのケベック州でセントローレンス川と合流する場所を描写したものだ。等深線のところどころには、鉛筆でＴ１、Ｔ２などと記され、丸く囲まれている。上の隅には、シェヴィルという名前が走り書きされている。

ウィリアム・シェヴィルは第二次世界大戦まで古生物学者で、米国海軍とＷＨＯＩで勤務しているうちに海に魅せられた。戦争が終わり、水中音響の目録作成に海軍が資金を提供することを決定して参加者を募ると、シェヴィルと妻のバーバラ・ローレンスは呼びかけに応じた。妻のローレンスも優秀な科学者で、ハーバード大学の比較動物学博物館で哺乳類担当の学芸員だった。一九三〇年代にはコウモリについて研究するため、スマトラとフィリピンを訪れた経験もあった。

シェヴィルもローレンスも、ジョンソンなど他のパイオニアと同じ問題に直面した。すなわち、これまで聞いたことがない音を出しているのがどの動物なのかわからなければ、その音を特定の生物種と結びつけることはできない。問題を解決するには、特定の動物の存在が確認されている場所に足を運ぶしかなかった。そこでふたりは一九四九年ベルーガ（シロイルカ）を観察するためにセントローレンス川を訪れた。

ベルーガといえば北極圏に生息すると思うが、最後の氷河期以来、遺伝的に異なる個体群がセントローレンス川の河口にとどまっており、川が海に注ぎ、水が僅かに塩分を含むところを定期的に訪れる。ここは水深の深いサグネ川の水が、フィヨルドから勢いよく渦を巻いて流れ込み、海の潮流と混じり合う場所でもある。タドゥサックとベサンポール近郊の豊かな水域は、数百頭の根無し草のベルーガに安息の場を提供してくれる。

シェヴィルとローレンスに同行したふたりのタドゥサック住民からは、こう言われた。これまで、クジラの鳴き声がカヌーを通して響き渡るのを聞いたことはあるが、いまハイドロフォンから聞こえてくる鳴き声はそれとは違う。野生のクジラの鳴き声が録音されたのはこれが初めてで、一九五〇年に公表された。

シェヴィルとローレンスは水中音響の聞きとり調査を続けた。そして数年後にシェヴィルは同僚らと、いわゆる大工の魚（カーペンターフィッシュ）の謎も解明した。

シェヴィルにはいくつかの手がかりがあった。というのも同様の水中音について、きわめてニッチな産業で指摘されていたからだ。かつてニューベッドフォードの捕鯨船員だったヘンリー・マンドレー・ジュニアは、マッコウクジラを追いかけているとき、船体を通して衝撃音が聞こえたことをシェヴィルに語った。あるいは一八四〇年には、マッコウクジラの捕鯨船員がクジラの近くから「キーキーと軋むような音」が聞こえたと報告している。しかしどちらの捕鯨船員も、音をクジラと結びつけて考えなかった。

一九五七年、シェヴィルは同僚らとノースカロライナ沖の海を訪れ、マッコウクジラの群れの近くにゆっくり近づくと、ハイドロフォンを水中に沈めた。すると、三つの異なる音が聞こえてきた。打楽器を連続して鳴らすようなドスンドスンという音、錆びた蝶番が軋むような「耳障りなうめき声」、そしてカチッという音の三つだ。いちばんよく聞こえるのは最後の音で、「音量も大きく、音を記録する紙が真っ黒になるほどだった」。そこから、モービー・ディックのようなマッコウクジラが、「カーペンターフィッシュ」の正体であることが判明した（実際のところ、こうした音がマッコウクジラのあいだで何を意味するのか解明するまでには、まだしばらく時間がかかった）。

冷戦の最中の一九六三年には、シェヴィルはウィリアム・ワトキンスとリチャード・バッカスと協力し、海全体にピッピッと鳴り響く低音の謎も解決した。音の正体はナガスクジラだった。ナガスクジラは、シロナガスクジラに次いで世界で二番目に大きなクジラで、海でおそらく最も単調な音を最も規則的に発する。ナガスクジラが仲間に呼びかける声は数種類しかなく、いずれも低周波音だが、遠くまで伝わる。周波数は二〇ヘルツが最も一般的だ。

シェヴィルが二〇〇四年に没すると、W・D・イアン・ロルフはつぎのような追悼記事を書いた。「ビルは冷戦時代、アメリカとソ連のあいだの緊張緩和に貢献した。低周波音は、ソ連がアメリカの潜水艦の位置特定のためのものではないかとアメリカ軍は疑った。しかしビルは、ナガスクジラが獲物を狙っているときの鳴き声であることを証明した」

魚の研究にふさわしいマリー・ポーランド・フィッシュという名前の女性は、長年の謎を解決して科学的名声を獲得した。アメリカウナギの産卵場所がサルガッソー海であることを突き止めたのだ。一九三六年、フィッシュはロードアイランド大学で海洋研究所を立ち上げ、その後は国の機関で魚類を研究する動物学者になった。第二次世界大戦が終わり、米国海軍は生物の音の目録作りを始めると、ユニークな音を出す魚をできるだけたくさん「試聴する」作業をフィッシュに任せた。

フィッシュは魚が捕獲された場所を訪れるだけでなく、沿岸地域をまわってサンプルを収集し、ロードアイランド大学の近くにため池を作って塀で囲った。つぎは、魚にしゃべらせることが課題だった。多くの魚は一定の状況でしか声を出さず、しかもその時間は一日や一年のなかで限られている。しかしフィッシュは独創力があった。正直なところ、彼女が行なった実験の多くは、具体的な内容を読むのがつらい。電気ショックや牛追い棒、そして「手荒な手段」と控えめに表現された方法がいくつも使われた。実験は秘密裏に行なわれ、協力者は厳選された数人に限られた。魚の声の一部は水中で記録されたが、多くは空気中で、魚を手に持って記録された。「試聴した声」はどれもテープに録音され、「低い唸り声」「だみ声」「ハミング」「吠える声」などと描写された（フィッシュは、無脊椎動物の音についてもいくつか述べている。テッポウエビがはさみをパチッと鳴らす音や、ムール貝が岩に吸い付くときに分泌される足糸が鳴らす小さな「カチッという音」などが描写されている)。

どの魚も声を出すわけではないが、フィッシュはカナダからブラジルにかけて一五〇種類以上の発音魚を確認した。しかも声の描写はバラエティに富んでいる。彼女や、そのあとに続いた研究者たちの功績によって、魚は脊椎動物分類群のなかでも発音構造が最も多彩なことがわかった。カジカは、何かをひっかくような甲高い音を出す。フグやイットウダイなどは、浮袋を特殊な筋肉や腱で叩きつけ、ハミングを鳴り響かせたり、うめき声を出したり、ポッという音を立てる。ブルーグラント(イサキの一種)やビューグレゴリー(スズメダイ)は、喉のなかで特殊な歯を噛み合わせたり、歯ぎしりしたりする。なかには、肛門からガスを放出する魚もいる。ニシンはおならの常習犯だ。こうして浮袋を叩きつける音、歯ぎしりなど、魚の発音構造をフィッシュはユニークな言葉で描写したが、驚くことに、これは二〇〇〇年以上前にアリストテレスが行なった魚の描写とよく似ている。

海洋生物音響学の誕生

世界が違っていたら、マリー・フィッシュの発見に触発され、海洋生物学者による研究が一気に進んだかもしれない。しかし彼女のデータは、軍事目的の通信傍受のサポートが目的だった。そして、海の広い範囲で音を拾うことができるハイドロフォンの多くは、冷戦が始まった当時、敵の潜水艦の通信を軍が傍受できる唯一の手段だった。

したがって、ソ連とアメリカの潜水艦が海でお互いに相手を追跡しているあいだは、水中の音を聞きとるために張り巡らされたネットワークの能力も、そこから明らかにされた新しい世界の存在も、ほとんどが秘密にされた。シェヴィルやローレンスやフィッシュのような厳選された海洋生物学者だけが、音響データに密かに関与した。

いまでは不思議としか思えないが、一九五〇年代から六〇年代にかけて海洋動物の鳴き声を対象にした研究分野は存在しなかった。クジラの鳴き声の研究がせいぜいだった。そして一握りの科学者が、魚は何を聞きとるのか、どのように声を出すのかといったテーマに特化して研究を行なった。あるいは人間の聴覚や海洋学など、僅かに関連する学問分野で科学者が独自の研究を続ける過程で、魚に関する新しい事実が発見されることは多かった。お互いに情報交換するわけではなかったが、どの発見も誕生間もない研究分野との関連性があった。たとえば、蝸牛、すなわち哺乳類の耳のなかの小さな渦巻き管の機能について、この時期には新しい発見があった。

生理学者は数世紀前から、哺乳類の蝸牛が音を神経インパルスに変換することを知っていたが、正確な仕組みはわからなかった。やがてゲオルグ・フォン・ベーケーシは、蝸牛の内部にあるコイル状の膜（基底膜）が、異なる周波の音に異なる地点で共鳴することを発見し、一九六一年にノーベル賞を受賞した。低周波の音は狭くて硬い端部（蝸牛の孔側）で振動し、高周波の音は広くて柔軟な基部（蝸牛の入口側）で振動する。ベッドのシーツを揺らすときのようにさざ波を立てながら、音は基底膜を伝わっていく。その過程で、周波数に応じた地点で基底膜を最も大きく変形させると、有毛細胞の先端にある繊毛が最も大きく曲げられる。すると、その繊毛と関連するニューロンが発火して、神経インパルスが起きた場所に応じた周波の情報が脳に伝えられる。この高度な伝達プロセスはプレイスコーディングと呼ばれる。

他にはごく少数の民間の科学者が、偶然にも水生動物の聴覚について研究した。一九六三年には著名な海洋生物学者のスヴェン・ダイクラーフによって、軟体動物の近縁種であるイカが一八〇ヘルツの低音に反応することが証明された。このように、無脊椎動物と音の関連性を裏付けるデータはそろい始めたが、研究は複数の学問分野に分散するケースが多く、科学者は孤独な作業を続けた。

まもなくそうした状況に変化が訪れる。ウィリアム・タヴォルガは水中の動物の音に関する研究に取り組んできたが、一九六三年に入ってこの分野の研究は勢いづいた。この研究分野に関しては軍が詳細なデータを持っていたが、それが手に入らない科学者でも、この分野に関して多くを学べることが認識されるようになった。新たに普及した水族館で動物たちと至近距離で時間を過ごせば、海洋哺乳類の発声がいかに複雑か理解できた。なかにはタヴォルガのように、すでに魚の音響を研究に取り組んでいる科学者もいた。ただし専門分野が異なると、研究について意見交換できないケースがほとんどで、協力する機会に恵まれなかった。さらに、ほとんどの科学者はイルカのような哺乳類の研究に専念していた。しかしタヴォルガはそれまでの研究を通じ、魚に関してまだ多くを学べることを理解していた。それに、海軍でハイドロフォンの研究が秘密裏に進められたからといって、水生動物の音の研究も同じようにする必要はないと考えた。そこで一九六三年、「海洋生物音響学」に関する会議をバハマ諸島で開催した。海洋生物音響学という言葉が使われたのは、これが初めてだった。このあと同じ年には、海洋哺乳類をテーマにした重要な会議も開かれ、こうした機会を通じて新しい学問分野が誕生した。まだニッチではあったが、科学者たちは交流し、お互いの研究の関連性を見出し、新たな問題の探求に取り組むようになった。

一方、タヴォルガは魚の聴力の研究を続けた。そんな彼の画期的な研究のひとつは、同僚のジェリー・ウォディンスキーと一緒にバハマ諸島で行なわれた。ふたりはここで九回にわたって魚の聴力をテストした。魚にどうやって聴力のテストをするのか不思議に思うだろう。もちろん、魚は音が聞こえたと教えてくれないが、音を聞いたときに反応を返すように訓練することはできる。タヴォルガとウォディンスキーは一定の周波で魚に音を聞かせ、まったく反応しなくなるまで少しずつ音量を下げた。そのあと、魚が再び反応するまで音量を上げていった。そして、魚がおよそ五〇パーセントの確率で反応する音が、魚が聞きとれる静かな音の限界と見なされた。このテストは何度も繰り返し行なわれた。つぎに周波をいろいろ取り替えてテストしてみると、聴覚「曲線」またはオージオグラムと呼ばれるU字形のグラフが描かれた。このグラフからは、魚がどんな周波に最も敏感に反応し、ひいては魚にとってどんな音が重要なのか明らかになった。たとえば人間のオージオグラムは、人間の声の周波に最も敏感だ。一方、魚は三〇〇ないし五〇〇ヘルツの音を最も鮮明に聞きとり、一〇〇〇ないし一二〇〇ヘルツが聴力の上限であることが、タヴォルガとウォディンスキーによって発見された。この驚くほど低周波の範囲内で、同じ種類の魚の低い唸り声やだみ声を聞きとるのだ。一方、まわりで高周波の風が吹いたり雨が降ったりしても、魚は大して反応を示さない。さらに、耳石器官は低い音を聞きとる傾向も明らかにされたが、聞きとる音の範囲から判断するかぎり、最も低い音は側線が最も敏感に感じ取る可能性が示唆された。

〈博物学者は注目／この野外調査のシーズンに、ウォディンスキーはペンではなく、鉛筆ですべてのメモをとるべきだと主張した。タヴォルガは奇妙な提案だと思ったが、黙って従うことにした。やがて帰りの飛行機のなかで、タヴォルガがスーツケースにしまっておいた二本のビーフィータージンのボトルが割れてしまい〈バハマでは安く購入できた〉、研究ノートがビショビショになった。インクで書かれたグラフは滲んで判読不可能になったが、鉛筆で書かれたデータは無事だった。私はこのストーリーを聞いてから、本書のための野外調査の内容をかならず鉛筆で書くように心がけた〉。

タヴォルガはニューヨークのラボに戻ると、魚の聴覚を自動的にテストできる水槽「オーディオ・イクチオトロン」を製作した。この水槽で彼は音質を自動的に調整しながら、電子機器を使って魚に弱いショックを与えて訓練を施した。ここでは、数種類の魚の聴覚が計画的にテストされた。どの魚も訓練に数週間をかけ、それからデータを集めるまでに数日を要した。なぜ特定の種類の魚には、特定の周波の音が聞こえるのだろう。感度は時間と共に変化するのだろうか。疑問は尽きなかった。やがてタヴォルガの優秀な学生のひとりが、ある問題を深く掘り下げ、研究に打ち込むことになった。

学部生のアーサー・ポパーは一九六四年頃のある日、ニューヨーク大学のブロンクスキャンパスに向かった。歩いている途中で、それまで気づかなかったペットストアのディスプレイの前を通り過ぎた。このときはバスが来るまで時間をつぶす余裕があったので、店のなかに入った。すると熱帯魚のあいだで、目のない魚が一匹泳いでいるのが目に留まった。店主の説明によれば、これはメキシコ原産のブラインド・ケーブフィッシュという魚だった。メキシコの真っ暗な水没洞窟に生息するうちに、ものを見る能力が失われたのだ。

ポパーは興味をそそられた。目がないのに、どうやって動き回れるのだろう。どんな世界が展開しているのか。彼はこの魚のことを、学部生のアドバイザーであり解剖学者のダグ・ウェブスターに報告した（彼も聴覚を研究していたが、対象は砂漠の齧歯《げっし》動物だった）。するとウェブスターは、ポパーがケーブフィッシュに関するプロジェクトを始められるように手配してくれた。それをきっかけに彼は研究に没頭し、やがてアメリカ自然史博物館の研究者ウィリアム・タヴォルガも、魚の聴覚という変わったテーマの研究に取り組んでいることを知った。

タヴォルガのラボまでは荷物用エレベーターで行かれるが、「らせん階段をのぼっていくほうが面白い」とポパーは回想する。「中間には踊り場があって、巨大なガラパゴスゾウガメの剥製が置かれている。素敵な場所だった。いまでも本当になつかしい」

初対面のあと、タヴォルガはポパーにこう言った。独自のプロジェクトを持ってきたら、学生として受け入れてもよい。そこでポパーはタヴォルガの論文を丹念に読んだ。そして次回会う予定日の直前、つぎの文章が目にとまった。「魚は音源の位置を特定できるかどうか、すなわち音源定位の能力が備わっているかどうか、これまで誰も突き止めたことはない」。要するに、音が発生する場所が、魚にわかるかどうかまだ解明されていなかった。音源定位は聴覚にとって最も基本的な機能のひとつだ。というのも聴覚は、動物が遠くにあるものの所在を特定しやすくするために進化したからだ。ようやくポパーは自分にふさわしいプロジェクトを発見した。

すぐに彼は研究に着手した。一九七〇年にケーブフィッシュのオージオグラムを発表すると、そのあとは研究を掘り下げ、魚の聴覚のパターンや仕組みの研究に取り組んだ。やがて大学院を卒業すると、結婚して間もないポパーは一九六九年にハワイ大学に赴任して、魚の聴覚について教えるかたわら研究を続けた。そしてここで複数の重要な研究者に出会った。

ポパーはかつて講演のあとにゲオルグ・フォン・ベーケーシと会って、何を研究しているのか尋ねたことがあった。すると「魚の聴覚」という答えが返ってきて、すっかり落胆した。ノーベル賞を受賞した人物が関わっている分野に、自分ごときがどんな貢献をできるというのか。やがてハワイに移住すると、教員用アパートのゴミ捨て場でベーケーシと再会した。いまや彼はお隣さんだった。そこで、魚の聴力の研究はどうしましたかと尋ねると、難しすぎるからもうやめたと言われた。ポパーはそれを聞いて、以前とは別の意味で落胆したという。

一九七一年一二月にバーベキューに参加したポパーは、ベーケーシの門下生でポスドクのリチャード・フェイと出会った。彼もまた、プリンストン大学大学院で魚の聴力を研究しており、やがてポパーの生涯にわたる協力者となり親友となった。ふたりは、魚の種類ごとに微妙に異なる聴力の研究に没頭した。

ポパーが大きな関心を持ち続けた問題のひとつが音源定位だった。

水中では、音は空気中の四・五倍の速度で移動する。そのため、音が左右それぞれの耳に到達するまでにかかる時間の違いを脳が区別する余裕がない。ほとんどの魚は人間よりも小さいのだから、区別するのはさらに難しいはずだが、音源の方向を何とか特定しなければならない。聴覚で大切なのは、離れた場所にある世界を音で感じ取ることだ。音源をピンポイントに特定できる能力がなければ、聴覚は役に立たない。そしてそれまでに行なわれた数々の実験からは、魚は確実に音源の方向を区別できるようだった。

一九七五年、ポパーは走査型電子顕微鏡を使った実験を行なった。この顕微鏡は非常に強力で、シロマスの有毛細胞の立体画像を見ることができる。ポパーは顕微鏡を覗きながら、有毛細胞の揺れ方はひとつに統一されていないことに気づいた。魚は最初に耳を進化させた動物だった。そのあと高度に発達した脊椎動物の耳では、基底板が振動すると、その上に並んだ有毛細胞の毛が揺れ動く。

シロマスには、有毛細胞が並ぶ基底板が数種類あるような印象をポパーは受けた。音の刺激を受けた有毛細胞が発火して揺れると、神経インパルスが発生する。もしも基底板の振動が異なれば、その上に並ぶ有毛細胞の曲がり方も異なり、異なる神経インパルスが発生する。これは何を意味するのだろう。もしかしたら、発火した有毛細胞の揺れ方の違いによって、魚の脳は音源の方向を確認できるのではないだろうか。

しかし、この仮説をテストするのは簡単ではない。魚の頭のまわりで様々な角度から音を発生させながら、魚の神経インパルスを計測しなければならない。やがて一九八〇年代に入ると、それを実践できる優秀な装置をフェイが考案した。似たような装置がヨーロッパですでに存在していたので、それを参考にして作られた。

フェイはつぎのように仮定した。水を上、下、横の三つの方向に揺らし、それと一緒に魚が揺れる様子を観察すれば、どの方向のときにどの有毛細胞が刺激されて揺れるのか、「一通り」確認できるのではないか。幸い、彼には航空機の整備士として働く兄弟がいたので、精密加工用の道具は手に入った。

フェイはテーブルを製作し、その上にフリスビーのサイズの小さな水槽を置いた。つぎに、ごく細かい振動を起こす産業用バイブレーターを準備した。そして水槽のまわりにバイブレーターをセットして、九〇度の角度、すなわち時計の文字盤の一二、三、六、九の位置に順番に移動させた。そのつぎは、テーブルをシェーカーの上に置いて上下に揺らした。これで上、下、横の三つの方向での振動が確認される。

こうして準備が完了すると、フェイは水槽の中央に金魚を入れた。そして水槽を左右に細かく振動させたり、上下に揺らしたり、三種類の音をシミュレーションし、それが耳を伝わるときに発生する神経インパルスを計測した。その結果、音の刺激が入って来る方向が異なると、有毛細胞の揺れ方は異なり、異なる神経インパルスが発生することは間違いなかった。そこからは、音が伝わってくる方向が異なると、発生する神経インパルスも異なることが確認された。魚の耳が音の粒子運動を検知したときに有毛細胞が揺れる向きによって、毛様体の曲がり方は異なり、その違いを脳は区別するので、水中でも方向を確認することができるのだ。

一九八七年には、科学者のバーンド・ウルリッチ・バンドルマンとロジャー・ハンロンが、「頭足類はおそらく『耳が聞こえない』わけではない理由」という愉快なタイトルの論文を執筆した。それ以前にもヨーロッパではスヴェン・ダイクラーフなど一握りの研究者が、パイオニア的な研究を行なっていた。しかし一九九〇年代まで、無脊椎動物の「聴覚」に関する研究はほとんどなかった。そのあとようやく、それまで秘密にされてきたSOSUSの音響監視ネットワークの存在が明らかにされた。

SOSUSは二〇年間にわたって世界中で潜水艦を追跡し、潜水艦のプロペラが生み出す音を密かに聞きとってきた。ところがアメリカの知らないうちに、中枢にスパイ網が入り込んでいた。ジョン・ウォーカーとジェリー・ホイットワースというふたりの海軍将校が、SOSUSを含む海軍の能力についての情報を長年にわたってソ連に提供していたのだ。その情報に基づき、ソ連はより静かな潜水艦を設計した。おかげで、黙って聞いているだけでは音を検知するのがずっと困難になった。やがて一九八五年にはスパイ網と情報漏洩が発見され、SOSUSの機密は侵害されていることがわかった。そして一九九一年に冷戦が終わると、ハイドロフォンの存在は機密扱いを解除された。

第二次世界大戦以降の研究報告がようやく開示されると、民間の生物学者の多くは喜んだ。SOSUSのネットワークは、ザトウクジラの歌やナガスクジラの呼びかけや魚のコーラスを世界で初めて録音していたのだ。SOSUSはまだ早い時期にも、存在が広く知られるようになってからも、海洋生物音響学に大きな影響をもたらした。その重要性はいくら強調しても十分ではない。なぜなら情報が開示されたおかげで民間の科学者は、以前よりも音を熱心に聞きとりながら研究に取り組むようになったのである。

二〇二二年にシンプソンのチームは、幼生サンゴがサンゴ礁の音をどのように感知するのか確認しようと考えた。そこで高性能の顕微鏡を使い、自由に泳ぎ回る幼生サンゴの体表に生えている繊毛を（じっくり）観察した。ヒントになる情報は予め持っていた。

シンプソンはつぎのように語る。「幼生サンゴの体表には有毛細胞が生えている。音が幼生サンゴに伝わるとき、有毛細胞は常に同じ揺れ方をするわけではない。音の周波に合わせて動きを調整している」

ここで補足しておくが、幼生サンゴの繊毛は、脊椎動物の耳や無脊椎動物の平衡胞などの器官に並ぶ有毛細胞と同じではない。それでもやはり機械受容細胞であり、水の動きに反応することができる。

聴覚は当初、情報を感じ取るために進化したと考えられる。しかし進化には無駄がない。そのため多くの動物は、生命の基本的な機能を支えるために音を利用する能力を進化させた。その機能とはコミュニケーションだ。サンゴ礁や波に浮かびながら、動物はお互いに音を聞き合いコミュニケーションを交わす。

コミュニケーションは非常に複雑になる可能性がある。しかし根本的には、基本的な情報から成り立つことが多い。どこへ行くべきかメッセージを伝えるために、誰がどこへといった情報をまとめたシグナルが作られる。水生動物は視覚、嗅覚、触覚、味覚でコミュニケーションを交わすが、聴覚もあなどれない。動物にとって音は、水面下でもかなり重要な存在だと言える。

水面下のコミュニケーションの達人の一部は、ごく単純な仕組みの「声」を持っている。たとえば魚は、それでも驚くほど多彩な方法で声を上げ、それを非常に賢く利用する。クジラの声は最も有名だが、魚の声はクジラよりもずっと以前に進化した。実際に魚の声は、コミュニケーションの原理をおそらく最も鮮明に実証している。そんな魚の声に早くから真剣に耳を傾けた科学者のひとりは、すでにここで名前が紹介された人物だ。

第4章 魚と会話する
音の世界でのコミュニケーション

魚の世界では、多くのことが音波によって語られる。

レイチェル・カーソン

第二次世界大戦の前夜、野心的な実業家や映画マニア（レフ・トルストイの孫のイリヤも含む）のグループが、もっと面白い映画を制作しようと話し合い、カリスマ性のあるクジラやイルカが水中を泳ぐ美しい映像が作品の候補にあがった。そこで一九三八年にグループは、フロリダ州セントオーガスティンにある映画スタジオ兼テーマパークのマリンスタジオに資金を提供した。スタジオにはモーテルが建てられ、グレイハウンドのバス停もあった。モービーディック・ラウンジには、ヘミングウェイが時々酒を飲みに訪れた。『大アマゾンの半魚人』という映画の一部はここで撮影された。さらにマリンスタジオは、世界初のイルカ水族館であり、イルカショーが一般向けに行なわれた。

マリンスタジオでは、科学者たちがイルカ以外の生物も研究していた。一九五二年には生物学者のウィリアム・タヴォルガが、妻のマーガレットと一緒にマリンスタジオにやって来た。生物学者であり大学教授のマーガレットは、ハンドウイルカの社会的行動や母性行動を研究していた。一方タヴォルガの研究対象はハゼの一種フリルフィンゴビーで、普段はフロリダの潮溜まりに生息していた。彼はラボに訪問者があると、オスのハゼの水槽にメスのハゼを放り込み、どうなるか見せるときがあった。もしもメスが「妊娠中」で、卵で腹が膨らみ交尾の準備が整っていると、オスはさかんに自己アピールする。体の色は薄くなり、頭をリズミカルに振っているあいだ顎と首はパッと黒くなる。

ある日タヴォルガは、WHOIの同僚であるテッド・ベイラーにこれを見せた。ベイラーは「機械いじりの名人」でオーディオマニアでもあったが、この日はたまたまマイクロフォンとレコーダーとアンプを持参していた。そして魚の行動を観察したあと、タヴォルガにこう尋ねた。ハゼは声を出すのだろうか。「いや、魚は声を出さないよ。それに音が聞こえない」とタヴォルガは答えた。当時、魚の声に関する知識はこの程度だった。しかしベイラーは、魚は音が聞こえると反論した。そこでマイクロフォンで確認することにしたが、水で濡れないように何かをかぶせなければならない。マイクロフォンと大きさや形が同じものは何かと考えたすえ、タヴォルガによれば「大きさも形もペニスとそっくりだから、悩む必要なかった。コンドームで決まった」。

オスが頭を振ると、それに合わせて完璧なタイミングで発する小さな唸り声が、ふたりには聞こえた。それまでタヴォルガは、音を魚の生物学の一部として考えなかったが、いまや好奇心をそそられた。魚の声は生息環境や生活のなかでどのように機能するのだろう。要するに、魚は音をどのように利用してコミュニケーションを交わすのか。

水中で、音はコミュニケーションの優れた手段になる。音は周波、長さ、タイミング、大きさによって様々に変化する。そして動物はそれぞれ聴覚能力に応じて、特定の音の高低や強弱を聞き分けることができる。人間は主に視覚的動物かもしれないが（これは主観的な視点で、おそらく文化の影響を受けている）、それでも重要なコミュニケーション手段に音を利用する。それは言語だ。

水中では、哺乳類の他にもたくさんの動物が音でコミュニケーションを交わしていることが、徐々に知られるようになった。しかし、この重要な能力が魚にとって実際のところ何を意味するのか探究するようになったのは、タヴォルガが行なった実験などがきっかけだった。魚の生態や動機、さらには重要な交尾の儀式を理解するため音に注目したのは、彼の実験が最初だった。

唸り声をあげるオスたち

夏の産卵期、タヴォルガはマリンスタジオに近い海岸の土手道に向かい、潮溜まりからハゼを集めた。全部でオスが二〇匹で、それを一匹ずつ水槽に入れ、壁には床タイルを立てかけて巣のスペースを確保した。多くの魚は親になっても子どもの面倒をみない。例外的に関心を持つ種類もあるが、その場合は主にオスが巣を作って卵の世話をする。タヴォルガは発情期にハゼを観察してそれを知った。このときオスのハゼは別のハゼを見ると、戦いを挑むか求愛するか、いずれかの行動をとる。では、ライバルと潜在的な交尾相手を区別するために、どの感覚が使われるのだろう。そしてそこに音はどのように関わるのか。

コミュニケーションを最も簡単に定義するなら、送り手から受け手に送られる信号となり、信号によって両者とも何らかの利益を得られる。送り手は信号を使って様々な疑問に答えるが、なかでも受け手が知りたいのは、信号を送ってくるのは誰で、どこから送られてくるかという二点だ。音は警告として非常に役に立つ。なぜなら距離が長くても、途中に障害物があれば回避しながら、音は伝わるからだ。そして誰がどこにいるかについての情報は、交尾相手を見つけるためにきわめて重要である。

生殖は、一生のなかで最も重要な機能のひとつだ。魚は生殖のために、別の魚が感じとれる何らかの信号を送らなければならない。誰がどこにいるのか伝えるための何かが必要で、それに別の魚が注目しなければならない。

　魚はコミュニケーションに三つの感覚、すなわち視覚と嗅覚と聴覚を使っているのではないかとタヴォルガは考え、そのすべての謎を解き明かすことにした。先ず、音と化学物質というふたつの要素を除外したうえで、実験用のオスを入れた水槽のなかに、瓶に閉じ込めた別のハゼを沈めた。別のハゼは妊娠中のメス、妊娠していないメス、オスの三種類だ。このとき水槽のハゼは、侵入してきた魚を視覚でしか区別できない。するとオスの反応は、求愛するケース、戦いを挑むケース、どちらの行動もとるケースの三つに分かれた。ただし死んだ魚や麻酔をかけられた魚、別の種類の魚には反応を示さなかった。そこから、視覚はオスが反応を示す合図になるが、具体的にどんな行動をとるべきか確認する手段にはならないとタヴォルガは結論した。

　つぎにタヴォルガは、嗅覚すなわち化学物質が水中で果たす役割を調べることにした。そこで、他の魚から抽出した様々な物質をティッシュペーパーに浸したうえで、それを水槽のオスに近づけた。血液と尿と排泄物からは何の反応もなかった。メスの皮膚や肛門や生殖器のあたりから綿棒で採取した物質にも、ほとんど反応を示さなかったが、ひとつだけ例外があった。それは、妊娠中のメスの卵巣から採取した細胞組織だ。オスはパッと黒くなり、頭を振り始めた。これが化学反応であることを確かめるため、タヴォルガは魚の鼻の孔をふさいだ（そう、魚には鼻の穴がある）。すると求愛行動は止まった。つまり、嗅覚はオスの求愛行動を促すが、正しい目標を選ぶ助けにはならない。ティッシュペーパーにも反応してしまう。では音はどうか。

　そこでタヴォルガはメスに注目した。メスはオスに対し、明確な合図を何度も送るわけではない。唸り声を上げているとは思えないし、体の色も変わらない。しかしオスの合図には反応する。オスの唸り声の録音を聞かせると、音源に向かって移動した。メスがオスとの距離を縮め、自分の姿を確認してもらえるところまで近づくと、オスは頭を振り、体の色を変化させた。おそらくそれは、どこに集中すべきかメスに教えるための合図だと考えられる。

魚は発情期の複数のステージで、三つの感覚をそれぞれ水中で最も効果を発揮する場所で使い分ける。オスはメスの臭いを嗅ぎとり、姿を確認すると唸り声を上げる。するとメスは音のするほうへ近づき、オスは体の色を変化させる。こうしてオスとメスは行動を協調させ、最後は放卵する。

発情期のこの複雑な行動には、協調という目的がある。魚は性的挿入を行なわない。隣り合った状態で配偶子を放出し合う。あなたは水のなかで、特に川や海のように絶えず動いている水のなかに何かをこぼした経験があるだろうか。もしもあれば、放出されたふたつのものが確実に混じり合うためには、同時に行動しなければならないことがわかるだろう。

魚の求愛には実に印象的な音が関わっている。おそらくユニークな音を最も詳しく研究された魚は偶然にも、私が拠点とするサリッシュ海とピュージェット湾の海岸を頻繁に訪れている。

私は何年も前にキーラン・コックスからプレーンフィンミッドシップマンという魚について聞かされた。当時彼は博士課程の学生で、BCフィッシュサウンドプロジェクトという興味深いタイトルのプロジェクトに取り組んでいた。これにはラボの同僚で音響学者のザビエル・マウイも参加しており、水中ハイドロフォンや音響アレイの開発を行なっていた。もしも正しい場所と時間に、すなわちバンクーバー島周辺で春に耳をすませば、ミッドシップマンの声が聞こえるよと、コックスは教えてくれた。それ以来、私はミッドシップマンに会いたいという思いを募らせた。そして幸運にも、ミッドシップマンに関して第一線級の研究者が、私のすぐそばの海岸にいることがわかった。

「昨日はアート（アーサー）・ポッパーと話したよ」とジョー・シスネロスは、一緒にエレベーターを待っている私にさりげなく話す。深みのある声は、特に努力しなくても遠くまで伝わる。パーティーで聞こえてきたら、全員が外のデッキに吸い寄せられるだろう。私は本人の目の前に立っていても、顔の特徴がわからない。

というのも、新型コロナウイルスの感染予防で義務付けられているマスクを着用しているからだ（色はグレーで、紫色のボタンダウンのシャツとグレーのスラックスがよくマッチしている）。そのため私は、彼の声に大きく注目している。マスクによって、ソーシャル・キューに関する私の認識は変化した。顔の大半を見ることができないので、声に以前よりも注意深く耳を傾けるようになった。もしかしたらパンデミックをきっかけに、世界の環境は海に少し近づいたのかもしれない。

シスネロスはシアトルのワシントン大学に所属する生物学者で、プレーンフィンミッドシップマンを研究している。これは西海岸に生息する魚で、よく響く声を出す。タヴォルガの調査の対象になったハゼや、第二次世界大戦中にハイドロフォンのオペレーターを警戒させたチェサピーク湾のニベと同様、ミッドシップマンは求愛する相手を見つけるために低い唸り声を出す。

エレベーターを降りたホールの先にある部屋には水槽がいくつも置かれ、なかでは水がボコボコ音を立てている。私はそのひとつに近づき、じっと目を凝らした。そこには一匹のミッドシップマンが休んでいる。水槽の底に敷いた小石の上でじっとしている。私はセレブに会う前のようにワクワクしたが、実際に見ると興奮はやや収まった。何しろ、まったく冴えない容姿なのだ。

容姿が冴えないのは、声を出すのが夜だからかもしれない。一一月で、外は雨が降って薄暗いが、それでもいまは昼間だ。あるいは、広くて口角が下がった口と丸く膨らんだ目が、常に何かを非難しているように見えるのかもしれない。真顔が不機嫌そうに見えて、可愛らしいとも醜いとも言い難い。水槽のなかのこの小さな魚はウロコがなく、表面がスベスベしている。海岸の泥のような色で、先にいくほど細くなる小さな体と大きな三角形の頭を持っている。そして、花弁状のひれで砂をかき回す。体をひっくり返すと、発光器官が腹部の上から下まできれいに連なっているのが見える。それはまるで海軍士官候補生の制服を思わせ、それがミッドシップマン（士官候補生）という名前の由来になった。しかし私は小さなボタンではなく、この魚の声に興味を持つようになった。
「繁殖期のオスは、メスに呼びかける。声によって自己アピールする」とシスネロスは教えてくれた。ミッドシップマンは一年を海で過ごし、中深層を漂っている。しかし本格的な春が訪れると、オスは浅瀬に移動して、石で覆われた干潟を探す。そして岩の下で、なおかつ低潮線よりも高い場所を見つけたら、体を小刻みに揺らして巣を作る。岩の下に出来上がった巣には水が溜まっているので、滑らかな肌を通して酸素が吸収される。

　オスの大きな体のなかでは、浮袋を取り巻く筋肉が膨れ上がる。春の繁殖期、浮袋の近くの筋肉がどんな状態か、オスとメスのそれぞれの写真をシスネロスは見せてくれた。オスとメスでは、平均的な人間とオリンピックのスピードスケートの選手の太ももほどの違いがある。シスネロスによれば、オスは「ボディビルダーのように逞しくなる」。

　外が暗くなると、海岸や浅瀬で姿をさらすリスクよりも、メスに呼びかけなければという使命感のほうが勝る。水中のどこかで熟した卵を抱えているメスは、オスが声を出してくれなければ存在を確認できない。そこでオスは筋肉を震わせ、低く唸り始める。
「このオスは一秒間に一〇〇回、筋肉を収縮させる」とシスネロスは語った。「しかも、それを一時間も二時間も続ける。これだけの速さでこれだけ長いあいだ筋肉を収縮できる動物は、他には知らない」。さらに、ミッドシップマンの浮袋は耳のほうに延長されており、おかげで音を敏感に感じ取る。ただし聴覚障害にならないように、内耳のすぐ手前までしか延長されない。

　オスの求愛はスタミナの勝負だ。体が大きく、筋肉も浮袋も大きな魚のほうが大きな声を出し、声が遠くまで伝わる。ハゼと同様、ミッドシップマンのオスも卵が孵化するまで巣を守り、そのあいだは餌を食べに離れることもない。メスは、大きくて栄養に富んだ卵を産むことが、次世代のための投資になる。一方オスは、卵を守るために体力と忍耐力で投資する。そして自分の使命を声でわかりやすく、遠くまで伝える。あらん限りの声をいつまでも張り上げて、求愛活動に打ち込む。

音は強烈だ。かつて一九八〇年代半ばの「サウサリート夏の夜」には、サンフランシスコの北に位置するサウサリートのハウスボートのオーナーたちは、この季節になると水中から聞こえてくる大きな低音に悩まされた。それが何なのか誰もわからず、様々な仮説が考えられた（チェサピーク湾では戦時中にニベの声が確認されたが、様々な理由から世間一般には知らされなかった）。ブーブーと単調な低い音が大音量で響き渡るものだから、エイリアン、工業施設、秘密の軍事実験など諸説が飛び交った。あまりにもうるさくて、眠れないときもあった。そして最後にスタインハート水族館の館長のジョン・マッコスカーが、音の正体は魚ではないかと考えた。そこでハイドロフォンを水中に沈めてうめき声を録音した結果、ミッドシップマンが犯人であることを確認したのである。

このうめき声がエイリアンや軍事目的だったと誤解された理由はわかりやすい。実際これは、低空飛行するプロペラ機の音とよく似ている。たしかに強烈な印象を受けるが、私はハチが唸るような単調な音を聞いても、特にロマンチックだと思わない。だが私と違いメスのプレーンフィンミッドシップマンにとって、この音はとても魅力的なのだ。

シスネロスによれば、「メスは先天的に反応するようだ」。

彼は、程よく散らかったラボに私を連れていった。黒いベンチがあり、床はコンクリートで、壁にはエルビスのポスターが貼ってある。ドアを閉めると、四×六インチ（一〇二ミリ×一五二ミリ）の写真が裏側に貼り付けられていた。そのなかのアーサー・ポッパーとリチャード・フェイをシスネロスは指し示した。

二〇〇〇年代初め、シスネロスとフェイは他の仲間と一緒にカリフォルニアを訪れ、ミッドシップマンが集まることで知られる場所に向かった。そして繁殖期のメスを何匹か収集してくると、高音質のスピーカーを取り付けた観察用の大きな仕切りのついた容器のなかに入れた。そのうえでオスの求愛の鳴き声の録音を流し、メスがどこに泳いでいくか観察した。

　どの方向から音が聞こえても、ほとんどのメスはオスの鳴き声が聞こえてくるほうを目指して泳いだ。

　これは注目に値する。なぜならオスはメスに呼びかけているとき、水溜まりや浅瀬にいるからだ。したがって周波数は低く、数百ヘルツしかない。シスネロスはスマートフォンを取り出すと、急いで計算を始めた。その結果によると、オスが発する一〇〇ヘルツの低音が水中を伝わるときの波長は、およそ一五メートルになる。

　水中音響学には、カットオフ周波数というものがある。これは周波数が極端に低く、ひいては波長が極端に長いので、浅瀬では音が簡単に伝わらない。ということは、一五メートルの波長は浅瀬にふさわしくない。

「これは実に興味深い。ミッドシップマンはこんな環境で放卵するのだからね」とシスネロスは言いながら、スマートフォンを指でタップして、荒磯の写真を画面に表示した。そしてつぎに、ミッドシップマンが発する低音の周波の推移を記したグラフを見せてくれた。私は一〇〇ヘルツのピークが一度訪れると思ったが、予想は外れた。グラフの線はリズミカルに急上昇を繰り返し、まるで心臓の鼓動のようだった。

　最初のピークは、基本周波数の一〇〇ヘルツまで上昇する。しかしそのあと何度も訪れるピークでは、周波数は異なる。大きな音を出すたびに、基本となる周波数の何倍もの高調波が生み出されるのだ。もしも基本周波数が一〇〇ヘルツならば、二〇〇ヘルツ、四〇〇ヘルツと高調波が生み出されていく。

「これを見て」とシスネロスは目を輝かせながら言って、一〇〇ヘルツのピークを指さした。「これはここで終わるが、あとから高調波が伝わっていく」。要するにオスが鳴くときには、高調波が浜辺を超えて広がり、メスが待っている深水域に到達するのだ。しかし、すごい話はまだある。

　シスネロスは私に別のグラフを見せてくれた。そこには数本の波線が引かれている。どれもメスのミッドシップマンの聴覚感度を示したもので、一年の異なる時期に観測された。一年の大半、メスの聴力曲線はオスの基本周波数と一致しており、およそ一〇〇ヘルツで最も感度が高くなる。これは、深海部で一〇〇ヘルツの唸り声を聞くには理想的だ。しかし春が進むにつれて、メスが最も敏感に音を感じ取る周波はどんどん高くなっていく。

シスネロスはつぎのように説明してくれた。メスは性ホルモンの分泌量が急上昇するにつれて、実際に耳の感度が変化して、一定の周波数を聞きとりやすくなる。オスのミッドシップマンが音量を上げると、メスの聴覚はシフトして、高調波を敏感に感じ取るようになる。

最後にシスネロスは、私をラボの片隅に案内してくれた。ガラス張りのチェンバーにはリチャード・フェイが使った振動装置が置かれている。彼はこれで、金魚の耳のなかで有毛細胞が音源の方向を感じ取って振動し、引き続き神経インパルスが発生する仕組みを確認した。中央に作られた小さな水溜まりには、スプリングケーキ型ぐらいの大きさの小さな入れ物がある。シェーカーはロールケーキほどの大きさの黒いシリンダーで、それが前後左右に振動する。

「ここでは、いつもまだこれを使っている」とシスネロスは言って、振動装置の後ろに並ぶ古いコンピュータを指し示した。これは振動台制御システムで、未だにDOSで稼働する。ラボでは毎年これを立ち上げる。ただしシスネロスがコンピュータを起動して振動台が動いても、私には何も見えない。振動は細かい音で、肉眼で確認することはできない。

魚の声を聞く

ミッドシップマンの低いうめき声を本来の場所で聞いてみたい。その思いが高じた私は、春に向けて準備を始めた。フィルムの容器サイズのハイドロフォンと一〇メートルのケーブル、それにレコーダーとヘッドフォンを購入する。適切な場所についてはキーラン・コックスに尋ねた。すると、同僚であり音響学者のウィリアム・ハリデイが執筆した論文を教えてくれた。そこには、ブリティッシュコロンビア州のビクトリア近辺でプレーンフィンミッドシップマンのコーラスを聞くことができる日にちと時間が記されていた。

春のある肌寒い日の日没、私は小石だらけの浜辺にしゃがみ込んで耳をすませた。すぐ先の深さ一メートルの水は、水晶のように澄み切っている。すると、編み物で針を動かすときのような、あるいは何かの表面をそっとこするときのような、カチカチという音が聞こえてくる。それは、一〇セント硬貨ほどの大きさの二匹のカニが小石の上で対決している音だった。はさみを持ち上げているが、グレーと黒のまだら模様の体は砂に溶け込んで識別しにくい。ボクサーのように円を描きながら動き、相手に何度も襲いかかる。目で見るだけなら、二匹の動きは絵画の一場面のようだ。しかし音が加わると、これは手に汗握るリアルなドラマになる。

ミッドシップマンのシーズンが近づくと、ハリデイが真っ先にリストアップした場所に私は向かった。それは、ビクトリア北部にある公共の波止場だ。ただし、停泊しているレジャー用ヨットの近くで科学調査用のハイドロフォンを水面下に沈めたら、どう考えても気味悪がられる。頭上のリゾート施設のバルコニーからは、光や音楽や歓声が漏れてくる。水中とは異なった形で配偶行動の儀式が進行しているのだ。しかし水中では、無脊椎動物がカチカチ、パチパチと立てる音が聞こえる。

つぎに、ハリデイがリストアップした他の場所を目指し、一時間かけて海岸を北上した。夕暮れどきに海岸沿いの公園に到着すると、親子連れの姿がちらほら見えた。やがて喫水線に、シスネロスのラボで見慣れた姿を確認した。ミッドシップマンだ。私は慎重に近づいた。しかしこれは死んでおり、体は干からびて乾燥していた。死体をひっくり返してみると、紛れもなく例のボタンが連なっている。再び海岸に立って観察していると、ふたつの岩のあいだを別のミッドシップマンが静かに行ったり来たりしているのが見えた。さらにもう一匹見えるが、どちらも死んでいる。よく見ると、あちこちにミッドシップマンの死体が漂っている。こんな浅瀬や海岸にまでやって来るのが命がけの行為であることを、この痛ましい情景は思い出させてくれる。頭上にはセグロカモメなどの猛禽が旋回している。

結局、公園のゲートが閉まる前に唸り声らしきものを一度か二度、聞くだけで終わった。人間が海の音を聞く機会に恵まれないことには、少なくともひとつ大きな理由がある。海岸への立ち入りはしばしば制約され、費用がかかり、手続きが面倒なのだ。あとでやり直さなければならない。

ロドニー・ラウントリーは、コトゥイット・タウンドックに車輪付きの台車を引きずり上げると、積んであったキット――ペリカンケースに入れたハイドロフォン、オーバヘッド型ヘッドフォン、折り畳み式の椅子、バケツ、釣り竿――をおろした。ラウントリー（着ているスウェットシャツには、「良く晴れた夜には、魚の笑い声が聞こえる」と書かれている）は、黒いメッシュのカニ捕りの仕かけに寄せ餌のイカを詰めて、塩で変色した木の柱に括り付けた。こうして準備された罠をナンタケット海峡にザブンと入れると、ヒューッと音が鳴り、それがハイドロフォンを通して聞こえてくる。六月の夕暮れ、マサチューセッツ州マシュピーの南海岸は、空がピンク色に染まり、私たちのまわりの海ではキングクリップが求愛活動に精を出している。

ラウントリーは、魚の声を聞くフィッシュ・リスナーとして知られる。陽気な性格で頭には白髪が交じり、派手なアロハシャツを着ている。ビクトリア大学の非常勤教授で、フランシス・フアネスや彼のラボとしばしば共同研究を行なう。コッド岬を拠点にして、三〇年以上にわたって魚の声に耳を傾けてきた。彼の方法はいたって簡単。現地に出かけ、ハイドロフォンを水中に沈め、録音するだけ。ボートや海岸線や波止場から、あるいは深海で、そして淡水でも塩水でも、音を聞きとるために数十年を費やしてきた。そのあいだハイドロフォンの配置、録音戦術、場所の選別に磨きをかけながら、フィールド生態学者として「長い時間のかかる単調で細かい研究」に打ち込んできた。

「これはという音を聞きとるため、とにかく全力を尽くす」と、ノースカロライナ出身のラウントリーはゆっくりとした口調で話した。何かが罠にかかったときのために、ペンキの缶も用意してある。先ず、低いビープ音のようなものが微かに聞こえてきた。ラウントリーによれば、音の正体はオイスター・トードフィッシュ（アンコウの仲間）で、ミッドシップマンの近縁種にあたる。しかし最も鮮明に耳に入ってくる信号は、ソコボウズの鳴き声だ。私もそれをすぐに聞きとることができた。スタッカートを刻みながら途切れずに呼びかける鳴き声は、まるで入れ歯をカタカタ鳴らしているようにも聞こえる。

ソコボウズは単一種ではなく、数百種が存在する。海底が住処で、浅瀬から深海の海溝まで世界各地の海に生息している。ウナギのような形をしているが魚で、体長はおよそ二五センチメートル。そしてミッドシップマンと同様、筋肉で浮袋を叩くことで発声する。

日が沈み、ハイドロフォンから何か聞こえてこないか耳をすませていると、ラウントリーが話しかけてきた。この波止場は、付近に生息しているソコボウズを最初に確認した場所で、偶然にも音を録音したのだという。ラウントリーが魚の声に興味を持つようになったのは、ソコボウズがきっかけだった。一九八〇年代末にニュージャージー州のラトガース大学の大学院生だったとき、ソコボウズは鳴くよと、研究仲間から言われた。彼は興味をそそられる。そこで、時々ソコボウズが集まってくる沿岸の原子力発電所の温水給水口で数匹を捕まえてくると、ラボで研究に取り組んだ。ソコボウズは昼のあいだ沈殿物のなかで、あるいは少なくとも浅瀬で時間を過ごし、夜だけ活動する。ところが意外にも、沈殿物のなかに潜っているときに声が聞こえてきた。

ラウントリーは関連する文献を読み始め、先ずはマリー・ポーランド・フィッシュの研究成果をまとめた『Sounds of Western North Atlantic Fishes』（大西洋西北部の魚の音）に目を通した。そして、一九五〇年代にウッズホール海洋研究所の近くでソコボウズの声が録音されたことを知った。ただし当時は、間違ってホウボウのものとして分類された。同じような誤解は、「生物学」が誕生してから研究者を悩ませ続けてきた問題だ。音をひとつの魚に特定できず、しかも音の主の姿が見えなければ、どの魚が音を発しているのか確認することはできない。

二〇〇一年にラウントリーは、プロビンスタウンの北にあるステルワーゲン・バンクをフランシス・ファネスと一緒に調査した。そしてこのとき、数台のハイドロフォンを並べ、魚の鳴き声を三角法で録音するだけでなく、一台のカメラを使うアイデアを思いついた。音だけでは、そしてビデオだけでは、音源を確認することはできない。人間と違って魚は、「話す」ときに口を動かさない。しかし複数のハイドロフォンを一、二メートル間隔で並べ、それと同時に魚の姿をカメラで撮影すれば、音源を三角測量の原理で突き止められる。音声と映像を照合すれば、「音源」で魚の姿を見ることも期待できる。

ラウントリーはステルワーゲンでの調査が終わると、折り畳み式の物干し竿を購入し、その四角いメタルフレームを丸く切り落としてから、端にハイドロフォンを固定してカメラを付け足した。後にこれは改良され、正六面体のポリ塩化ビニールパイプが使われるようになった。ラウントリーによれば、私たちがいままさに訪れている波止場で、こうしたプロトタイプは最初にテストされた。そしてキーラン・コックスは魚の鳴き声について私に初めて教えてくれた二〇一六年、やはりこのプロトタイプのデザインで実験を行なった。

近くのブイのカチャカチャという音が、ヘッドフォンを通して聞こえてくるが、そこに何か不思議な音が混じっている。遠くでコントラバスのような音がした。腹に響く低音の大きさに驚き、ふたりとも顔を上げた。その正体はラウントリーにもわからない。長年にわたってたくさんの音を試聴し続けてきたラウントリーにとっても、未だにほとんどの音は正体がわからない。

最終的にカスクイールが、体をくねくね動かしながら罠に近づいてきた。ラウントリーは水を張ったバケツにこの魚をそっと誘導し、ハイドロフォンに近づけた。それからふたりで耳をすませたが、何も聞こえてこない。ラウントリーは水を手でかき混ぜてから、そっと魚をつまみ上げた。それでも何も変化はない。まあ、仕方がない。どの魚もスターになりたがるわけではない。

そのあとラウントリーの広大な自宅に戻った。大通りから離れた場所にあり、植物が生い茂っている。玄関に続く車道に、ビニールシートで覆われた小さな温室がある。車を止めると、なかにポリ塩化ビニールの白い角材が見えた。かつては水中の音を聞きとる装置のプロトタイプとして使われたが、いまはカバーをかけられ、苗木として再利用されている。

そのあと数日間、私は強い日差しを浴びながら、ケープコッドの砂浜をゆっくり歩いた。ハイドロフォンとケーブルは、いつでも使えるように準備してある。やがてこの季節特有の暖かい雨が降り出すなか、歩き続けてプロビンスタウンの桟橋を半分ほど進んだ。しかしここでは、無脊椎動物がパチパチ、カチカチと音を立てているだけだった。ウエストデニスの海岸沖では、砂と波のシューッという音が聞こえる。ファルマウス・ヨットクラブの近くには、蚊の大群が押し寄せたかのようにたくさんのボートが停泊している。私はバスリバーでパドルボードをレンタルした。そしてハイドロフォンをバックパックに入れると、海に向かって漕ぎだした。

水は濁っていて、なかの様子をほとんど見ることができない。パドルボードを砂州に乗り上げてしまったが、フィンが底をこするまでそれに気づかなかった。河口に近い砂州は膝下ぐらいの深さなのに、なかに入れた足が見えない。こんな場所では、どんな魚もコミュニケーションは音に頼らざるを得ない。

しかしそれも簡単ではない。この日は晴れて暖かく、かなり強い風が吹いていた。こんな日にはモーターボートが絶え間なく往来しており、カヤックや私のようにパドルボードを漕いでいると、どんどん追い越される。そのため数秒ごとに、ぶつかって転覆しないように身構えなければならない。

そんな状況でつぎのモーター音が聞こえてくるまでのあいだに、例の音が聞こえた。何かを叩きつけるような音は、紛れもなくカスクイールのものだ。私はケーブルにつないだハイドロフォンをボードの後ろから水中に垂らし、そのまま川を下った。バスリバー・ヨットクラブのちょうど反対側の船が密集しているあたりで、カスクイールのコーラスは音域が最も高くなった。けたたましい声でコミュニケーションを交わしている。しかもそこにニベのブーブーという低音が加わり、ふたつが重なるとシンセサイザーのような響きが生まれる。なんて美しいのだろう。私は進むのをやめて、しばらく耳をすませた。こんな場所でも魚は歌っているのだ。

もしかすると、魚たちはノイズが気にならないのかもしれない。いや、でもいまは発情期で、水の濁った環境で相手を見つける手段は音しかない。実際のところ他に選択の余地がないのかもしれない。

こうして魚の声を実際に聞いてみると、魚を以前よりも少し理解したような気分になる。だが科学への資金提供の現実は厳しい。素晴らしいというだけでは、普通は研究活動を正当化する理由にならない。資金は潤沢ではないし、研究には厳しく優先順位が付けられる。

たとえばカスクイールは、研究対象として大きく注目される動物ではない。船体を通して独特の声を耳にした漁師が僅かに注目する程度だ。ラウントリーによれば、少なくともこの水域では、一般住民はカスクイールに大した興味を持たない。そもそも「漁獲する魚ではない」。タツノオトシゴやクマノミのようにカリスマ性があるとか可愛らしければ、大衆受けするのだが、そんなわけでもない。そうなると否が応でも、こんな疑問に直面する。カスクイールが歌うことが事実だとしても、誰がそれに注目するのだろう。声はどんな価値を提供するのか。

たとえば、自然保護や環境アセスメントや侵入生物種に関するモニタリングに声を応用すれば、作業は間違いなくはかどる。生物種のモニタリングには多くの人手が必要で、特に水中ではその傾向が強い。しかし声を聞くだけなら、費用も手間もそれほどかからない。

ラウントリーは、自分のハイドロフォンが盗まれるのではないかと心配した。それは新品で、しかも最高級のモデルだ。mp3フォーマットではなくwavフォーマットが使われており、最大で一〇ギガバイトまで録音できる。ところが調査に参加した学生は、この高価な装置を目立つ場所に設置した。ニューヨーク市トライベッカのピア26（水上公園）で、水中に打ち込まれた古い補強材の喫水線の真下に取り付けたのだ。ピア26は、ハドソン川の生態系回復を目的とするリバープロジェクトの一環であり、海洋調査の拠点になっている。二〇〇三年、ラウントリーは指導する学生のケイティ・アンダーソンと一緒に、ここにハイドロフォンをひとつ、そして一五三キロメートル川をさかのぼったチボリ湾にもうひとつ設置した。この有名な川にはどんな魚が生息し、どんな声を出すのか調査することが目的だった。ハイドロフォンは七月から九月にかけて、音を毎晩欠かさず録音した。この時期には魚の鳴き声がピークに達すると予想され、しかも夜中に音を立てて通り過ぎるボートが少ない。一晩じゅうハイドロフォンのケースを放置しておくと盗難のリスクが高まるが、幸いケースは無事だった。

ラウントリーとアンダーソンがデータを引き出してみると、車やサイレンなど都市の騒音がやかましいニューヨークシティの中心部でも、生物の声がたくさん聞こえることがわかった。ラウントリーはデータを確認する前、聞こえるのは騒音だけだと思い込んでいた。しかし「ガラパゴス諸島まで行く必要はない。大西洋中央海嶺まで行く必要もない。ニューヨークシティの波止場に行けば、未知の世界が待っている」のだ。ハドソン川に設置したハイドロフォンからは、四四種類の音が分類された。そのなかで、すでに知られている魚種の鳴き声はふたつだけ。人工的な音も僅かに三つ。それ以外では、（魚ではない）生物由来の音が一五。そして他はすべて、まったく未知の音だった。魚なのか、無脊椎動物なのか、見当がつかない。

その後、アンダーソンは自分の研究に専念したが、ラウントリーは様々な会議でデータを発表した。やがてフロリダで、生物学者のグラント・ギルモアがラウントリーにアプローチして、彼が講演で聴衆に聞かせた「未知の」音のひとつについて尋ねた。ギルモアには、それはニベ科の魚の音のように聞こえた。

淡水魚のニベは、平均するとフットボール大のサイズで、それより大きく成長する可能性もある。アパラチア山脈西部から中米にかけての川に生息しており、ハドソン川を上流まで遡るとは考えられていなかった。ハドソン川で、ニベは外来種である。満潮時、カニ捕獲用のかごに入っているのを漁師が見つけたことはある。あるいは、ロングアイランド沖でプランクトンを調査している生物学者が、ニベの幼生を発見したこともあった。だが、ハドソン川の分水嶺まで遡ってきたケースは、それまでのところ確認されていなかった。

しかし、ここまでたどり着いた経路ははっきりしている。エリー運河を使ったのだ。ニューヨーク州北部を横断するこの運河は、五大湖とハドソン川を結ぶ輸送ルートとして一八〇〇年代に建造された。そのあと鉄道がつながったため、運河は本来の目的を失い、いまは主にレジャーボートが利用している。しかし、ふたつの大きな川が人工的に結びつけられた流域には、ふたつの異なる水界生態系が存在している。そのため、生物種が境界をまたいで移動することも可能だ。

ニベがハドソン川をどこまで遡って侵入してきたのか、誰にもわからなかった。ただしハドソン川流域全体をくまなく監視するのは、野外調査やデータ処理に手間もコストもかかる。そこでラウントリーは、魚の鳴き声を聞くだけなら、時間も費用も節約できるのではないかと考えた。

しかしフィッシュのアーカイブにも他の場所にも、この魚の鳴き声を「試聴」した記録はデジタル形式で保管されていない。そこで鳴き声の正体がニベだと確認するため、ラウントリーは二〇〇三年九月の夕暮れ、テネシー州ナッシュビルを訪れた。そしてスポーツフィッシング用のクルーザーに料金を払って乗せてもらい、ニベのスポットとして知られる場所に向かった。日が沈むと、ニベの鳴き声が聞こえてきた。ラウントリーは、三時間にわたってそれを録音した。その結果、ハドソン川で聞こえた鳴き声と一致することが確認された。

つぎにラウントリーは、ハイドロフォンとヘッドフォンを準備したうえで、シャンプレーン湖からニューヨークまでエリー運河を下りながら調査を行なった。埠頭やボートや海岸の沖で、じっと耳をすませた。アメリカの非常に重要な河川系に外来種がどれだけ侵入しているか、音を使って観察したのだ。

魚の鳴き声を聞いて確認できるのは、コミュニケーションの方法や交尾の儀式の内容だけではない。予想外の場所で思いがけない魚種の存在が明らかにされるので、どんな魚がどこを泳いでいるか理解しやすくなる。これは研究者にとってありがたい。一方、魚のコミュニケーションの活用に伴う経済的価値に注目する産業もある。それは漁業だ。

魚の声と資源保護

タイセイヨウダラは、北大西洋でもきわめて価値の高い魚だ。体長は一メートルを超え、よちよち歩きの幼児よりも目方は重い。タイセイヨウダラはスコットランドで、近縁にあたるハドック（小鱈）と共に巨大な水産業を支えている。一九六〇年代、スコットランドでは新しい漁船が海を定期的に往来するようになった。新しいエンジンの音が鳴り響き、トロール網が海底をあさり、船体から発せられるノイズは魚の低周波の鳴き声に共鳴した。

漁船の音は魚にとって迷惑ではないだろうか。スコットランド政府はその答えを知るため、ふたりの若い研究者にアプローチして実験を依頼した。コリン・チャップマンとトニー・ホーキンスは、どちらもすでに魚の鳴き声を研究していた。

私は二〇二二年初めにホーキンスと会って、当時の研究の内容について尋ねることにした。アバディーンシャーの自宅を訪問したのは嵐のあとで、彼は倒木を片付ける作業の途中で一休みしているところだった。すでにリタイアしているが、威厳のある顔立ちと抑えた口調は、アバディーン海洋研究所の水産研究サービスの責任者を長年務めた人物にふさわしい。ここは水産研究に関して、スコットランドでトップの組織だ。

ホーキンスは、第二次世界大戦が終わってから一〇年が経過した一九五〇年代にブリストル大学を卒業した。彼が魚の鳴き声に大きな興味を持ったきっかけは、ひとりの講師だった。この人物は戦時中にソナーのオペレーターで、魚の鳴き声らしきものを録音していた。そして、ハイドロフォンを使った野外調査を学生のホーキンスに依頼したのである。

ホーキンスはドーセット州プールの沿岸で少年時代を過ごし、若いときからヨットを操っていた。そこで、出身地ドーセット州の海岸に戻り、ハイドロフォンを設置して耳をすませた。そのあと、デヴォン州からコーンウォール州まで調査の範囲を広げ、たくさんの音を聞きとった。しかし、どの魚の鳴き声なのかさっぱりわからない。確認するためには魚と一対一で向き合わなければならず、それには水族館が必要だった。そこで北のアバディーン大学を研究拠点に選び、同じように魚の鳴き声を研究しているチャップマンと出会った。やがてふたりは、水槽に閉じ込めたハドックの鳴き声の録音に世界で初めて成功した。

「コリンと私が魚の鳴き声の研究に取り組んでいることをラボは知っていて、『水中音響に対する魚の反応について、何か研究しているみたいだ』と話していた」とホーキンスは回想した。

一九六四年になるとふたりはイギリス政府の要請を受けて、トロール漁船が海で発する音の研究に取り組んだ。そして先ずは大きな水槽のなかで、ノイズに対する魚の反応を観察することにした。しかし、自然環境での音を水槽のなかでシミュレーションするのは難しい。水槽では、音響に歪みが発生するのだ。（魚が知覚する）粒子速度と音圧が分断されるので、魚が聞いている音をハイドロフォンは正確に記録できない。ホーキンスは「そこで、研究の一部を海で行なうことに決めた」。広い海ならば実験も真に迫る。

スコットランド西部の海岸は氷食（氷河による浸食）が激しく、ノルウェーやブリティッシュコロンビアと似ている。細長く連なる入り江は大量の深層水をたたえている。氷食によって淡水湖が形成された場所はロッホと呼ばれる。海にフィヨルドが形成されれば、シーロッホとなる。ロッホ・トリドンはそんな場所のひとつだ。

ホーキンスによれば、「ロッホ・トリドンを実験場所に選んだのは、海岸の近くで水が深かったからだ」。一九六六年にはたくさんの魚がここで泳ぎ、船はほとんどやって来なかった。調査チームはここで、魚の胃袋に超音波発信機を装着するか、腹部にこの装置を埋め込んだ。この小さな装置はキーンという非常に甲高い音を発するので、ロッホの海底に設置されたハイドロフォンがその音を拾う。ノイズの発生にあわせて魚がどこに移動したか、発信機の音で確認し、結果をグラフにすればよい。魚は逃げたのか、海面に浮上したのか、それとも潜ったのか、昼夜を問わず確かめられる。「おかげで上下左右、すなわち三次元で、魚の動きを追跡することができた」とホーキンスは語った。

この野外ラボで、ホーキンスは相棒らと一緒に実験を行なった。漁船の音やエアガンなどの音に対し、様々な魚はどのように反応し、どこに移動するのか。魚の聴力曲線はどのように変化するのか。魚が仲間に呼びかける声は、ノイズによってどれだけ妨害されるのか、確認された。さらに魚が放卵する時期と場所も、発信機の音から明らかにされた。

魚は春になると、子孫を残すためスコットランド沖に大きな集団でやって来る。この時期の魚は気が散漫なので、網やモーターをうまくかわして逃げる可能性が低いのではないかと、ホーキンスは考えた。漁師は魚の放卵場所を知りたい。わかれば魚をつかまえやすいが、そう考えるのはごく一部だ。ほとんどの漁師は、次世代の魚を確実に残すため、捕獲を控える時期を確認しておきたい。

求愛活動のあいだ、どのオスも海底にとどまって鳴き声をあげる。中間層にいるメスは音が聞こえると、鳴き声が魅力的なオスのところまで下りてくる。それから二匹は上昇を始める。一時間にわたる求愛のあいだ、オスは何度もコツコツと鳴き続け、それはどんどん速くなっていくのがホーキンスには聞こえた。「やがてお互いに相手を受け入れると、どちらも鳴きやんで静かになる。メスは卵を放出し、オスはそこに精子を放出する」という。どちらも同時に配偶子を放出できるように、動きはうまく調整されている。

ハドックの鳴き声に関してホーキンスが一九六七年に発表した論文は、由緒あるジャーナル誌『ネイチャー』に掲載され、放卵中のハドックの線画も添えられた。そこには、二匹の魚が水中をぐるぐる回っている様子が描かれている。

線画のハドックは奇妙な姿だけれども美しい。目は大きく、ひれは葉っぱに似ている。実は、ホーキンスは図表やイラストの腕前を賞賛されている。私がそれを指摘すると、彼は愉快そうに笑った。そう、彼は絵を描くのが大好きなのだ。自分が発表する研究の多くには絵が添えられているし、他人のために描くときもある。

魚が生殖活動の最中であることを伝えるために、音は役に立つ手段である。それを証明するため、「ノルウェー北部の小さな場所に出かけた」とホーキンスは回想する。彼は仲間と一緒に船に乗り、海岸沿いに移動しながら耳をすませた。いまではホーキンスにとって馴染み深いハドックの鳴き声は、実際に群れの存在を特定するための役に立った。そのデータをノルウェー人に提供した結果、翌年の漁獲量を確保するために、この時期の捕獲量を控えることができた。

魚の鳴き声——魚のコミュニケーション——は、魚の生涯を垣間見るための窓である。魚が何を欲し、それをどのように手に入れるのか、理解するための一助になる。さらに鳴き声は、漁師が魚を監視するための貴重な手段にもなり得るし、外来種の追跡にも役に立つ。そして、大きな注目を集める魚だけでなく、カスクイールのような目立たない魚の鳴き声に耳を傾けるだけでも、生態系の健全性を測るきわめて重要な尺度のひとつとして大いに役立つ。

五月末、ブリティッシュコロンビア州ビクトリアの北部はまだ夜で、あたりは闇に包まれている。昨年に引き続き、私はプレーンフィンミッドシップマンの鳴き声を聞くためにここを訪れた。これで二回目になる。この小さな海辺のコミュニティの中心部には、小さな入り江がある。その入り江にある細長い桟橋を目指し、暗い夜道を進んだ。ハイドロフォンはケーブルを巻いてポケットにしまい、ヘッドフォン（ラウントリーの忠告に従い、ノイズを遮断するためにオーバーイヤー型を選んだ）は首のまわりにかけている。午後一〇時で、遠くの音しか聞こえてこない。テラスや停泊したヨットで人々が交わす会話、そして波止場や船体に静かに打ち寄せる波の音ぐらいだ。いまは干潮で、私がつかまっている木の支柱は、海中から大きく突き出している。誰かがここに来て、私が何をしているか見られませんようにと祈りながら、手すりの縁からハイドロフォンを水中に垂らし、どんどんケーブルを伸ばしていった。するとついに、ポロンポロンと微かに音が聞こえてきた。さあ、これから始まる。

やがて、唸り声がはっきり聞こえてきた。間違いない。ここにはプレーンフィンミッドシップマンがいる。嬉しさのあまり口を大きく広げて笑ったため、ほっぺたが痛くなった。聞こえるのは平凡な音だが、それが何を意味するのか私は知っているので、もうゾクゾクした。ハイドロフォンを水から引き上げると、音は直ちに消えた。こんな静かな夜の空気に触れていると、水中でどんなドラマが展開しているのか知る手がかりはまったく見つからない。しかしミッドシップマンは渾身の力を込めて歌っている。もっと深いところでは他の小さな海の住人がカチカチ、パチンと小さな音を立てて日々の生活を営んでいるが、その音はかき消されてしまう。

私たちの知る限りでは、無脊椎動物の多くは声を出さない。しかし例外は存在する。大きなはさみを持つテッポウエビは、縄張りを守るために音を使う。多毛類は顎をポキッと鳴らし、シオマネキは肥大した強力なはさみを大きくパキッと鳴らす。多くの動物が、仲間や敵とのコミュニケーションにいまでも偶発的に音を使う。こうした音による交流が実際のところどれだけの範囲におよぶのか、私たちはようやく理解し始めたところだ。

ところで、動物が音を使う方法はもうひとつある。それはオートコミュニケーションと呼ばれるもので、文字通り自分自身とのコミュニケーションを意味する。陸の動物も水中の動物もこれを行なうが、本書では海洋哺乳類に注目する。その一部は、エコーロケーション（反響定位）という素晴らしい能力を進化させた。

第5章　目標はどこに　エコーロケーションの進化

このような脳がどのように世界を知覚するのか、おそらく私たちには想像できない。

サム・リッジウェイ『The Dolphin Doctor』〈ドルフィンドクター〉

ラザロ・スパランツァーニは問題を抱えていた。一八世紀のイタリア人なら、病気や戦争など生死に関わる問題に直面する可能性があったが、そんな類の問題ではなかった。スパランツァーニは博物学者だった。人工授精は可能かどうか実験を行ない、生命の自然発生説を否定した。さらに、食べ物の入ったリンネルの袋に紐をつけて自ら呑み込み、そのあと食道から引き上げ、消化プロセスの解明を試みた。そんな彼を悩ませたのはコウモリだった。

スパランツァーニのコウモリ問題

スパランツァーニが最初にコウモリの行動に困惑したのは、一七九三年のことだった。このとき彼はろうそくを消して、部屋をほぼ真っ暗闇にしたが、そこにはたまたまフクロウがいた。ところが、フクロウは暗い場所でもよく見えるという評判だったが、真っ暗な部屋で壁に突進した。フクロウは暗闇で目が利くと言われるが、その説にスパランツァーニは疑問を抱いた。そこで好奇心から、このフクロウと数匹のコウモリで実験することにした。そしてろうそくを消した部屋に一羽のコウモリを放り込むと、それだけが障害物を避けて飛行した。どうしてだろう。

スパランツァーニは謎を解明するため様々な戦略を試みた（念のため、おぞましい手法が使われた）。コウモリが確実に見えないようにするため、彼はコウモリの視力を奪った。真っ赤に燃える針金を角膜に突き刺したときも、目玉をくり貫いて腱を切断したときもあった。しかしコウモリは（いったん意識を回復すると）何事もなかったかのように飛び続けた。そこで彼はヨーロッパ各地の友人に手紙を送り、フクロウは家具などの障害物に衝突するのに、どうしてコウモリはうまくかわして飛び続けるのかと悩みを訴えた。この疑問は、スパランツァーニのコウモリ問題として有名になった。ある手紙にはつぎのように書いた。「おそらくきみにも、私が最初に考えた可能性が思い浮かぶかもしれない。視覚に代わる何か他の感覚が機能しているのかもしれない」

スイスの医師ルイ・ジュリネは、スパランツァーニの実験を拡大した。コウモリの視力を奪ったあと、今度は聴覚を遮るために、蠟やテレピン油などの物質で耳をふさいだ。するとコウモリは、方向感覚を完全に失った。そこからジュリネはつぎのように結論した。「物体を発見するうえで、聴覚器官が視覚器官を補っているようだ……」。「コウモリは目ではなく耳で飛行方向を確認する」ことを知って、スパランツァーニは興奮した。

この発見をきっかけに議論が展開された。一七九〇年代末には、著名な古生物学者のジョルジュ・キュヴィエが競合する理論を発表した。彼は動物を分類して化石との比較を行ない、その研究成果はダーウィンの進化論が生まれる基盤になったが、コウモリは触覚で飛行方向を確認すると反論した。コウモリの翼は敏感なので、物体に近づくと空気の微妙な変化を感じ取るのだという。こうしてキュヴィエは、スパランツァーニの「残酷な」実験も、コウモリには「第六感」のようなものが備わっているというアイデアも酷評した。スパランツァーニは一七九九年に没した。コウモリは聴覚で飛行方向を確認するという説を最後まで信じ続けたが、その方法を具体的に証明することはできなかった。

コウモリ問題は二〇世紀になるまで解決されなかった。タイタニック号の大惨事のあとには、船のナビゲーション装置の発明が喫緊の課題になった。そんななかハイラム・マキシム卿は、コウモリの「第六感」をヒントにして、氷山を回避するためのナビゲーション装置を考案した。マキシムは、コウモリの第六感がつぎのように働くと考えた。コウモリは一秒間に数回、翼を動かす。そのとき発生する羽音は低すぎて人間には聞こえないが、コウモリはそれを感じ取り、反響音を頼りに飛行方向を確認する。この仕組みを応用した船には、音響発生装置とマイクロフォンを装備すればよい。そして濃霧が発生するなど海が危険な状態のとき、低周波の大きな音をあらゆる方向に「絶え間なく」発生させれば、反響音によって進路を確認できるはずだ。

反響音を応用するアイデアをひらめいたのがマキシムだったのは、何とも皮肉な話だ。というのも、彼は一八八〇年代に「マキシム機関銃」という初めての機関銃を発明したが、実験に伴う騒音で耳が聞こえなくなったからだ。マキシムの発明は実用化されなかったが、これ（そしてコウモリ）がさきがけとなり、後にフェッセンデン発信器が開発され、水中音のエコーロケーション（反響定位）が人間にも可能になった。しかし、コウモリが実際に飛行方向を確認するために使う音を科学者は記録しようとしたが、人間の耳には何も聞こえなかった。

エコーロケーションの発見

一九三八年になるとようやく生物学者のドナルド・グリフィンとロバート・ガランボスが、コウモリが音を利用する仕組みを解明した。実はコウモリは、低周波ではなく高周波の音を使っていた。グリフィンと物理学者のジョージ・ピアースは、部屋のあちこちにマイクロフォンを設置して、人間の耳には聞こえない高周波の鳴き声を録音した。コウモリは超音波の領域のクリック音を何度も発し、聞こえてくる反響音によって進路を決定した。コウモリは、ソナーの技術に勝る超音波ビームを進化させていたのだ。動物が自ら発する音の反響から情報を収集する能力を、グリフィンらは「エコーロケーション」(反響定位)と名付けた。

動物はただ音を聞くだけなら、音源から音が伝わってくれれば満足する。しかし自ら音を発し、オートコミュニケーションを介して反響音を聞きとるときは、世界を積極的に探索する。日中に部屋をぼんやり眺めるのではなく、同じ部屋の隅やクローゼットを懐中電灯で照らして観察するようなものだ。しかし、そもそも反響音は何を教えてくれるのか。

ギリシャ神話に登場する森のニンフのエコーは、神々の女王ジュノーに呪いをかけられたため、誰かの話を聞いて、その最後の部分を繰り返すことしかできなくなった。自ら言葉を発するのは不可能になった。しかし実際のところ返ってくる反響音からは、周囲の空間に関する新しい情報がもたらされる。鋭い耳はデータをうまく引き出す。たとえばソナーと同様、音が返ってくるまでの時間から目標までの距離を割り出せる。そして、目標との距離が縮まるか広がるかによって、反響音の周波数は微妙に異なってくる。これはドップラー効果と呼ばれる。たとえばコウモリが獲物に近づきながら音を発するときは、反響音の周波数は少しずつ高くなる。音が跳ね返ってくる時間が短くなると、波の間隔が狭くなるからだ。逆に獲物が遠ざかるにつれて、反響音の周波数は低くなる。たとえば救急車が通り過ぎるとき、サイレンの音が変化するのもドップラー効果の影響だ(天体物理学では、光のドップラー偏移に注目する。星や銀河が地球から遠ざかれば赤く、地球に近づけば青く光って見える。こうした色の変化は、宇宙の膨張率を発見するために役立つ)。

エコーロケーション能力が発達した動物は、自ら発した音が戻ってくるまでの時間に基づき、周囲の状況を読み取ることができる。さらに、返ってくる音の高さの変化に注目すれば、目標がどのように移動しているか判断できる。そして、つぎの音を発する前に確認作業をすませるので、クリック、読み取り、クリック、読み取りというリズムが創造される。このエコーロケーション能力は、コウモリ以外の動物、たとえば海洋哺乳類にも備わっているのではないかと、グリフィンは推測した。そもそも海洋哺乳類は、暗くて深い海のなかで移動し、食べるものを見つけ、生き続けなければならない。

「どの動物がエコーロケーション能力をどのように活用しているのか」という質問には、ほどなく回答が寄せられた。というのも、その年（一九三八年）のうちに、マリンスタジオ――イルカショーを始めた最初の水族館であり、後にはウィリアム・タヴォルガがハゼの実験を行なった場所――がオープンしたからだ。

ロナルド・V・（「ロニー」）・カポは漁師であり、誇り高いフロリダ州人であり、イルカを捕まえる腕前は見事だった。マリンスタジオがオープンした翌年の一九三九年、カポはショーに使うイルカの捕獲を始めた。イルカ漁では魚網を使い、浅い入り江や湾にイルカの群れを追い込む。ある日カポは、水族館の館長アーサー・マクブライドに不思議な出来事を報告した。イルカ漁に使う網は目が細かく、網の継ぎ目に僅かに隙間が空いているだけだ。しかしイルカにとってそれほど大変な障害物ではなく、網の縁を飛び越えて逃げてしまう。しかも真っ暗闇で水が濁っていても、イルカはまったく意に介さなかった。

ところが、継ぎ目をおよそ一〇センチメートルにまで広げると、ネットを簡単に飛び越えられるはずのイルカが網にかかった。例外はひとつだけ。一頭のイルカが網に絡まってもがいているあいだに、網の上縁に付けられたフロート（浮き）が水中に没すると、そこに他のイルカたちが押し寄せ、網を飛び越えて逃げていった。

マクブライドはカポと一緒に現場に向かい、自分の目で確かめることにした。水が濁っている海を夜に訪れた。これならイルカの視界はまったく利かない。ところがイルカは、目の細かい網をやすやすと飛び越えていく。暗くて濁った水のなかで、イルカにはどうして障害物が見えたのだろう。そのくせ、粗い継ぎ目はなぜ見えないのか。そしてフロートが水没すると、何が違うのだろうか。

「この行動を見たあと、コウモリは音を出して反響音を聞きとることを思い出した。だから暗闇でも障害物を回避できる」と、マクブライドは一九四七年に日誌に記した。音はイルカにとって間違いなく重要なのだから、イルカは音を使って世界を「見ている」のかもしれない。

マクブライドはこの仮説を自分で検証せず、他の人たちに話すまでにとどめた。そのひとりのウィリアム・シェヴィルは、これをきっかけにエコーロケーションの研究を始めた。このように、音がイルカにとって重要であることをマクブライドらが理解したのは、マリンスタジオのような水族館のおかげで、イルカのクリックやホイッスルに人々が慣れ親しんだことも理由のひとつだ。他にもたくさんのクジラが同じような声を出すが、すべてのクジラというわけではない。

クジラには、根本的に異なるふたつの分類群がある。ヒゲクジラとハクジラだ。ヒゲクジラ――シロナガスクジラ、ザトウクジラ、ナガスクジラ、ホッキョククジラ、セミクジラ――は、濾過摂食を行なう。口のなかに歯はなく、垂直に連なる巨大なヒゲ板を使って餌を食べる。その主成分は、人間の爪と同じたんぱく質である。ヒゲクジラは大量の水を飲みこんだあと、ヒゲ板の隙間から水を吐き出す。すると、微小なプランクトンや魚など、小さな海洋生物が口のなかに残る。濾過摂食はきわめて効率が高く、大量のエネルギーが供給されるので、ヒゲクジラの体は巨大化した。そんなヒゲクジラは主に、低くて大きな声を朗々と鳴り響かせる。一方、ハクジラは有歯類と呼ばれる（ラテン語で歯を意味するodontと、クジラを意味するcetusが語源）。ここにはイルカ、シャチ、アカボウクジラ、ゴンドウクジラ、イッカク、シロチョウザメ、ベルーガなどが含まれるが、いずれも肉食で、魚やクジラ以外の海洋哺乳類を餌にして食べる。

ハクジラには、数種類の鳴き声がある。独特の声を上手に使い分ける種がある一方、ベルーガのように、異なる種類の音を「少しずつ」変化させたり組み合わせたりして、特徴的な鳴き声を出す種もある。ただし通常、鳴き声は三つのカテゴリーに分類される。ホイッスルは純音で、周波数の幅が非常に狭い。そしてミッドシップマンのうめき声と同様、ハーモニーを奏でるときがある。つぎにパルスコール（一部の種では「バーストパルス」）は、鳴き声が断続的に繰り返される。それが私たちの耳に届くときはひとつにまとまり、歓声やうめき声など、様々な種類の音が創造される。最後に、すべてのハクジラはクリックを発する。それが何のためにあるのか、一九五〇年代の時点では正確にわからなかった。しかし以後、エコーロケーションが目的だと考えられるようになり、その正しさを裏付ける証拠も増えてきた。

米国海軍とイルカ

水中音響への関心を持ち続けた米国海軍は、イルカのエコーロケーション能力に特に興味をそそられた。ウィリアム・シェヴィルとバーバラ・ローレンスはセントローレンス湾でベルーガの鳴き声を録音したあと、海軍から資金援助を受けてエコーロケーション現象の研究に取り組んだ。一九五〇年代初めに研究チームは、ウッズホール近郊の海辺のプールに一頭のイルカを連れてきた。そしてイルカが視覚と音声を使いながら、対象物をどのように検知して迷路を進んでいくのか解明を試みた。一方同じ時期には、フロリダのマリンスタジオの心理学者ウィンスロップ・ケロッグが海軍の支援を受けて研究を進め、人間の聴覚範囲外の音がイルカには聞こえることを示した。やがてシェヴィルとローレンスは一九五六年までに、トゥヴァスと名付けた実験用のイルカが目は見えなくても魚の居場所を特定して捕まえる様子を観察し、エコーロケーションを使っている可能性が高いと考えた。

一九六一年には、ロサンゼルスに新たにオープンしたマリンランド・オブ・ザ・パシフィックに勤務する生物学者のケネス・ノリスが、キャシーと名付けたイルカの「視力を奪い」、イルカは超音波のクリック音でエコーロケーションを行なうことを確認し、この実験結果を公表した。かつて魚の視力を奪うためにスパランツァーニは野蛮な方法を使い、フリッシュはナマズのザビエルを残酷に扱ったが、幸いノリスはそんな方法に頼らなかった。キャシーの目をゴム製の吸着カップで覆うだけの、いたってシンプルな方法を選んだ。プールのあちこちで鉛直管が進路を妨害していたが、キャシーはそれをうまく回避しながら何のトラブルもなく泳ぎ続けた。そしてその間、ずっとクリック音を発し続けた。

当時は冷戦の最中だった。そして、優れたソナーを生まれ持つ海洋動物が存在し、しかも調教できることを知った軍の幹部は俄然興味をそそられた。カリフォルニアの砂漠にあるチャイナレイクに建設された海軍武器試験場に配属されたウィリアム・マクリーンも、そのひとりだった。すでにマクリーンは、赤外線誘導式の空対空ミサイル「サイドワインダー」を発明していたが、これはサイドワインダーという砂漠のヘビが赤外線で獲物を見つけることがヒントになった。テクノロジーは動物の能力から学習できることをマクリーンは理解していた。

マクリーンは、イルカを研究するジョン・リリーの噂を聞いていた。彼は著書『Man and Dolphin』〈人間とイルカ〉のなかで、人間とイルカは数十年のうちにコミュニケーションを交わすようになると述べている。それが本当なら、魚雷の設計の改善にイルカは役立つのではないか、イルカのソナーはどのように機能するのか、マクリーンは答えを知りたいと考えた。

ただしイルカを海から移動させ、そのあと囚われの身で健康を維持するのは簡単ではない。マリンスタジオのように、ハンドウイルカを数十年にわたって飼育してきた水族館はあったが、課題はまだたくさん残っていた。たとえばイルカは冷たい水に適応して進化したので、汗腺が存在しない。そのため大気中を輸送しているあいだに体温が上昇する恐れがある。つぎに、濡れた状態を維持しないと、皮膚がすぐにひび割れて剝けてしまう。さらに、水の外では頭蓋骨が体重を支えられないので、移動中に骨折するリスクも考えられる。したがって移動中は全面的なサポート体制で臨み、体を絶対に乾燥させないことが不可欠だった。

そして水槽に入れられると、イルカはしばしば可哀そうなほど動揺する。一九七三年に出版された科学研究の回想録『Marine Mammals and Man: The Navy's Porpoises and Sea Lions』〈海洋哺乳類と人類／海軍のネズミイルカとアシカ〉のなかで著者のフォレスト・G・ウッドは、一九六〇年代半ばに海軍基地でイシイルカを初めて飼育したときの体験についてつぎのように語った。

深さ五〇フィート（一五メートル）の水槽に放り込まれたイシイルカは、壁に突進して衝突した。それを何度も繰り返し、水槽の底を突き抜けようとした。こうした行動が三〇分ほど続いたあと、イルカはハーネスを装着され、ハーネスはロープにつながれた。これなら、イルカが水槽の壁にぶつからないように、大体は飼育係がうまく誘導できる。そして最後に、水槽からひもを伸ばし、そのひもとロープつないだ［……］しかしイルカはすでに重傷を負っていて、早朝に死んでしまった。獣医師のサム・リッジウェイが死体を解剖した。そして死因は、狭い水槽を泳ぎながら壁や底にぶつかって出血し、トラウマを体験したことだと結論した。

リッジウェイは一九六〇年、テキサスA&M大学を獣医師として卒業し、空軍に入隊してカリフォルニア州オックスナード空軍基地に配属された。やがて一九六二年、オックスナードから近いポイント・ムグ海軍基地に移ると、（先ほどとは別の）水槽のなかで死んだイルカの検死解剖を行なった。この役目をうまくこなし、リッジウェイは世界初の海洋哺乳類専門の獣医師となり、これをきっかけにイルカのエコーロケーション能力は本格的に研究されるようになった。タフガイ（あるいは、リッジウェイはタフィーと呼んだ）と名付けたイルカで行なった研究は、回想録『The Dolphin Doctor』〈ドルフィンドクター〉の主題になった。タフィーをはじめとするイルカは、船から海に落ちた機材や爆発物を回収する訓練や、水深数十メートルの場所で作業するダイバーに荷物を届ける訓練を施された（今日でも海軍は、同様の「ヘルパー」としての仕事にイルカを使い、地雷や敵のダイバーを海軍のダイバーが検知する作業を手伝わせている。さらに湾岸戦争をはじめ紛争でも、イルカは役に立っている。いまでは移動するとき、天井から吊るされた湿気箱のなかでフリースにくるまれる）。

一九六八年、米国海軍はハワイのカネオヘ湾に、海軍海洋システムセンターという現地調査所を開設した。そもそも水槽のなかでイルカについて研究しても、野生環境にいる動物を研究するときと同じ結果は得られない。捕獲した動物を飼育するのは費用がかかり、しかも難しい。それに自然界にいるときと同じように行動し、同じものを食べ、同じように鳴くのか確認することはできない。しかし、一九六〇年代に入るとフィールド調査用の機器は改良が進んだ。衛星画像を使った電子タグ付けなども登場し、野生動物の行動を追跡できるようになった。こうして水槽と自然環境のどちらでも研究が進められた結果、イルカの複雑なエコーロケーション能力の詳細は徐々に明らかにされた。

エコーロケーションと耳の仕組み

少なくとも海洋哺乳類に関しては、エコーロケーション能力がいつ進化したのかほぼ理解されている。およそ五五〇〇万年前の始新世には、温度は今日より少なくとも二、三度高く、平均海水位はおよそ一五〇メートル高かった（参考までに、ギザの大ピラミッドは高さが一三七メートル。フロリダ州は最高点での標高がかろうじて一〇〇メートルを超えるが、当時なら水没していた）。現代のクジラやイルカの遠い先祖のひとつは、体長一、二メートルの哺乳類だった。これは現代のカバと同種で、陸を闊歩していた。やがて新しい獲物やより安全な生息地を求めたのだろう。かつてパキスタン一帯に広がっていたテチス海で、遠浅の海岸から徐々に海へと進出していった。そこでこの動物は、パキケトゥスと呼ばれるようになった（ギリシャ語でPakiは「パキスタン」、cetusは「クジラ」を意味する）。

一方、アンブロケタス（「歩くクジラ」）は、およそ四九〇〇万年前に登場した。パキケトゥスもアンブロケタスも、どちらも現代のアザラシやアシカのように水陸両棲生物だった。やがてアンブロケタスの後ろ足は徐々に平べったくなり、それで水を蹴って泳いだ。一方、レミングトノケトゥスには体重を支える四本の足があって、陸地を歩くことがまだ可能だった。しかし耳骨が頭の骨から離れており、すでに海に順応して水中音を聞きとっていた可能性が考えられる。

およそ三五〇〇万年前には、海だけに住むクジラとしては最古のバシロサウルスが登場した。これを共通の先祖として、今日のクジラとイルカは徐々に進化した。クジラが陸から離れると、不要な後ろ足は退化した。そして鼻の穴は顔の上のほうにどんどん移動して、水から上がらなくても楽に呼吸できるようになった。最終的に鼻の穴は噴気孔になる。

およそ三五〇〇万年前は、クジラがふたつに大別された時期でもある。違いはごく基本的なもの、すなわち食事だ。一方のグループは濾過摂食を始め、ヒゲクジラ類になった。シロナガスクジラ、ナガスクジラ、ザトウクジラなどで、いまでは地球上で最大の動物である。

もう一方のグループは歯を失わずに肉食を続け、魚やクジラ以外の海洋哺乳類を餌にした。イルカ、ベルーガ、シャチ、ネズミイルカ、マッコウクジラ、アカボウクジラ、ゴンドウクジラなどで、餌を見つけるために驚異的な能力を進化させた。それがエコーロケーションだ。ただし、この能力が誕生した正確な時期はわからない。

しかし、耳の化石は手がかりになる。蝸牛の長さや渦の数は、哺乳類が音を聞きとる範囲と関連すると考えられる。そして幸い、蝸牛は化石化する。少なくとも蝸牛のなかの小さな渦は化石になって残る。したがって、クジラの耳のなかで化石化された感覚器の渦の数に注目すれば、高周波の音を聞きとれるように進化したかどうか、すなわちエコーロケーション能力が備わった可能性を推測できる。決定的な証拠にはならないが、二五〇〇万年前から三〇〇〇万年前の時期に、ハクジラがエコーロケーションを行なっていたことはほぼ間違いない。

この能力は驚異的だが、トガリネズミやマウス、さらにはアナツバメもエコーロケーションを行なう。そして人間も、これを学ぶことは可能だ。視力を失った人の一部はクリック音を発し、それが周囲の物体にぶつかって跳ね返ってくる音を聞きとることで、部屋のなかを迷わず進んでいく。なかには街で自転車を乗り回すケースもある。

聴覚の驚異的な進化についてもっと知りたくなった私は、ニコラス・パイエンソンに尋ねることにした。彼は首都ワシントンにあるスミソニアン研究所の自然史博物館に海洋哺乳類の化石専門のキュレーターとして勤務しており、『Spying on Whales』〈クジラを偵察する〉の著者でもある。そして、クジラの骨は聴覚の進化について知る手がかりになると記している。彼は早口で情熱的に語るとき、ラテン語やギリシャ語に由来する神秘的で美しい言葉を挿入する。それは骨の名前で、本人はさりげなく語るが、私など、そんなものが存在したのかと驚くばかりだ。

エコーロケーションのような能力の全体像を骨で把握するのは難しい。ただしクジラは、頭蓋骨も顎も耳骨もすべて化石化する。しかもパイエンソンに協力する研究者たちは、化石の分野で詳細なコンピュータ断層撮影（CT）のパイオニアだった。これを執筆している時点はコロナ禍だったため、会いに行くことはできなかった。それでもパイエンソンから、ハンドウイルカの頭蓋骨の3Dバーチャルを見せてもらうことはできた。ロックダウンの最中、私は居間のソファーに座り、首都ワシントンのオフィスにいるパイエンソンと画面越しに対面した。彼はパリッとしたシャツを着て、あごひげはきれいに手入れされている。先ず、私の画面上に映る頭蓋骨を回転させ、頭蓋骨の側面にあるふたつの穴を見せてくれた。かつてここには目があった。つぎに頭蓋骨を器用に反転させると、下側に何となくボール型のくぼみが見えた。ここは耳があった場所だ。さらにパイエンソンは、頭蓋骨の長い吻状突起を指さした。これはボトル型をした鼻のなかの骨で、平たいブレードのように前に突き出している。しかし、私が最も奇妙に思った特徴は額だ。人間の頭蓋骨は外側へ半球型に隆起しているが、イルカの場合は内側に引っ込んでいる。表面はくぼみ、ちょうど顔にお椀をはめ込んだような印象を受ける。パイエンソンによれば、ここは生きている動物ならメロン体がある場所だという。メロン体は、イルカやベルーガの頭蓋骨で額のように隆起している。そして柔らかい脂肪が成分なので、普通は化石化しない。

メロン体があった場所のお椀型にくぼんだ骨の後ろには鼻腔があって、頭のてっぺんの噴気孔と肺をつないでいる。この鼻腔に平行して盲嚢《もうのう》があった(パイエンソンのように専門用語にこだわるなら、鼻憩室となる)。化石化した頭蓋骨のなかには見えないが、生きた動物では、この盲嚢の入口は museau du singe と呼ばれる組織でふさがれている。これは「サルの唇」を意味する(ここではラテン語やギリシャ語ではなく、フランス語が使われている!)。「この部分が振動する」とパイエンソンは教えてくれた。ちょうど、トランペットを吹くときに唇が震えるのと同じだ(最近の研究からは、イルカやオキドンゴウの場合、クリックは右側のサルの唇から、ホイッスルは左側のほうから発せられる可能性が考えられる)。

こうしてイルカの頭をじっくり観察していると、エコーロケーションがどのように機能するのか多少は理解できるようになった。パイエンソンによれば「ハクジラのエコーロケーションは三つの段階から成る」。先ずクリックを発し、つぎに反響音を聞きとり、最後に脳のなかで情報を処理する。

イルカがクリックを発するのは鼻憩室の近くで、ここにはサルの唇という可愛らしい名前が付けられている。クリック音は「ブロードバンド」、すなわち周波数帯域が広い（ピアノの音や口笛など、周波数が変わらない純音とは対照的だ）。イルカのクリックは、人間が聞きとれる周波数の上限――およそ二〇キロヘルツ――から最高で二〇〇キロヘルツまで、広い範囲にわたる。ただしクリックのエネルギーのほとんどは、一〇〇ないし一二〇キロヘルツの周波数帯域に集中する。つまり、人間には周波数の低いクリックが聞こえても、高い周波数帯域の音は聞こえない。しかしクリックが効果を発揮するためには、高い周波数が必要とされる。

ランジュバンの「潜水艦問題」からもわかるように、音が物体から効果的に跳ね返ってくるためには、波長が物体とほぼ同じ大きさか、それよりも小さくなければならない。一二〇キロヘルツの音の波長は、およそ一・二五センチメートル。おいしい魚や空気の詰まった浮袋からは、音がきれいに跳ね返ってくる。したがって、エコーロケーションを行なう魚が音波の指向性を高めるためには、高い周波数が必要になる。クリックの長さは一秒の数百分の一から数千分の一と、非常に短い。イルカのクリック率は様々だが、一秒につき六〇〇回、あるいはもっと多くなる可能性もある。

ハクジラは、クリックによって音波ビームを発生させる。サルの唇は、お椀型にへこんだ頭部、密な結合組織、空気嚢によって取り囲まれている。そして、どこでもインピーダンス不整合【訳注／音の信号が効率よく送られない】によって反射が生じ、音はメロン体へと向かう。ちょうど懐中電灯のカップ型のリフレクターが、一方向に光を進ませるのと同じ原理だ。

しかし、まだこれではビームは発生しない。音はメロン体を通過しなければならないが、パイエンソンによると「これはきわめて毒性の高い脂肪酸鎖で構成されている」。クジラがそんな脂肪をどうして体内に溜め込むようになったのか明らかではない。しかも飢え死にする危険があっても、この脂肪は決して使われない。メロン体の形はクジラの種類によって異なるが、すでにお馴染みの音響インピーダンスがメロン体の進化に影響しているという説が有力だ。一口に脂肪と言っても、ワックス状の固体から油っぽい液体まで、濃度は様々に異なる。そして、メロン体には複数の脂肪が積み重なっている。側面や外側の層は密度の濃い組織で網の目状に覆われているが、なかに入るほど層は薄くなり、中心部は液体になる。こうした構造を持つメロン体は音を湾曲させ、最後はビームが発生し、クリック音は頭を離れていく。「懐中電灯のようにね」と、パイエンソンは手を自分の額に当てながら言った。

つぎは聴覚の説明になる。ここでパイエンソンは、後ろのオフィスから本物の頭蓋骨を持ってきた。なぜなら、ここまで見てきたCTスキャンでは、ごく小さな耳骨が映らないからだ。ほとんどのクジラの耳は頭にしっかり固定されていない。実際、クジラが死ぬと最初に頭蓋骨から外れ、もろい結合組織は腐敗する。パイエンソンは片手に灰褐色のイルカの頭蓋骨を、もう一方の手に小さな箱を持って戻ってくると、小さな骨を取り出した。イヤフォンぐらいの大きさで、ふたつの小さな泡をくっつけたような形をしている。つぎに、頭蓋骨の下に空いたふたつの窪みのひとつに、それをそっと置いた。そして、この小さな骨は耳周骨だと教えてくれた。つぎにふたつ目の小さな骨をつまみ取る。これは「鼓膜だ」。

耳周骨と鼓膜は小さなパズルのようにうまくかみ合い、頭蓋骨のなかに落ち着いているが、固定されているわけではない。生きたイルカの場合は泡構造のなかに浮かんでおり、耳と頭蓋骨は音響学的に孤立している。おかげでクジラは骨伝導の助けを借りなくても、両方の耳で音をはっきり聞きとる。海洋哺乳類の耳は、水中で音源を特定できるのだ。

パイエンソンによると、これらの小さな骨は密度が非常に高く、あらゆる動物のなかでもきわめて高い。音はこれらの骨を通過して、ツチ骨、キヌタ骨、あぶみ骨の三つが連なる中耳へと進み、さらに内耳や蝸牛へと向かう。

音は中耳に到達すると、空気と水のインピーダンス不整合を回避しながら（人間の耳はこれに悩まされる）骨のなかを移動していく。しかし、水から伝わってきた音はどのようにして鼓膜まで伝わるのだろうか。

ハクジラには外耳や鼓膜がない。その代わりに下顎で音を聞く。ここでパイエンソンは三つ目の骨を持ってきた。平たい顎の骨で、おとがい（先端）の近くは細く、頬の近くは広い。そして、端には釘を打ち込んだように歯が連なっている。パイエンソンはこれを持ち上げると、内側を見せてくれた。内側は、頭蓋骨に近い部分が最も広い。そして封筒みたいに、ポケットのような開口部がある。顎の骨はほとんどが空洞だ。パイエンソンによれば、生きたイルカでは空洞に脂肪が詰まっている。端の広い部分に露出した脂肪体は、狭い顎骨の部分を介し、堅くて小さな鼓膜とつながっている。水から入ってきた音は顎に到達すると、脂肪のなかを進み、広くて薄い顎骨から鼓膜へ、そして最後は蝸牛へと伝わる。このプロセスに空気はいっさい関与しない。

最後の三番目のステップはエコーロケーションだ。パイエンソンによれば、蝸牛から送られた神経信号は脳のなかで処理される。エコーロケーションは単にクリックを発するだけではない。クリック、検出、処理というプロセスから成り立つ。そして、最後のこのステップは本当に謎だらけだ。

戦後の数十年間にエコーロケーションを徹底的に研究した科学者は、こんな疑問を抱いた。イルカの聴覚の感度は季節ごとに変化するのだろうか。一部の音は他の音よりも意味があり、行動を促されるのだろうか。しかし、こうした疑問への回答を見つけるまでには多大な努力を要する。ウッドやリッジウェイらによれば、イルカが実際に何を聞いているのか確かめるために行動を研究するのは、決して簡単ではない。多くの人手が必要とされるだけでなく、静かな水槽を準備して、しばしば協力を拒む大型動物に猛特訓を行ない、しかも愛情深く世話しなければならない。

最初に作成されたイルカの聴力図からは、イルカの可聴域は一〇〇ヘルツ――人間がぎりぎり聞きとれる低周波音——から一五〇キロヘルツであることがわかった。この可聴域はどの哺乳類よりも広い。いちばんよく聞こえるのは四〇から一〇〇キロヘルツまでの範囲で、これは人間の可聴域をはるかに上回る。そして、ピーク周波数にあたるおよそ一二〇キロヘルツで、クリックを発する。これは理に適っている。なぜなら、もっと低い周波数でも発声し、ホイッスルを発し、呼びかけるので、周波数が異なれば、マスキング効果【訳注／周波数の近い音が重なると、一方の音が聞こえにくくなる現象】が発生しにくくなるからだ。

イルカと同様にハクジラも、クリックを上手にコントロールする。あるベルーガはサンディエゴ湾を泳いでいるとき、周波数が四〇〜六〇キロヘルツのあたりのクリック音を発した。ところがこのシロイルカをハワイに移すと、音は一オクターブ上昇し、一〇〇〜一二〇キロヘルツの範囲に移った。そこからは、ベルーガは場所によって周波数を使い分ける可能性が考えられる。なぜそうするのか、理由は明らかではない（このように周波数がシフトすると、「ビーム」の形状も変化する。クリックの周波数が高くなると、ビームは狭くなるからだ）。ちなみにスキュラと名づけられたイルカは（ホメロスの『オデュッセイア』に登場する恐ろしい海の怪物にちなんだ名前）、命令されるとエコーロケーションを行なうようにポイント・ムグで訓練を受けたが、クリックのビームの形状を変化させることもできた。

イルカは、サイズの異なる物体を見分ける能力がきわめて高いことを研究者は発見した。ポイント・ムグで飼育されているドリスというイルカは、サイズが一センチメートル違うだけのふたつの物体を区別することができた。さらに厚みの異なる物体、砂に埋められた物体、アルミニウム、銅、真鍮、ガラス、プラスチックなど、素材の異なる物体も区別した。これには超音波の物理的特性が関わっていると考えられる。

イルカのクリックは一二〇キロヘルツのあたりが多い。現代の腹部エコー検査で使われる超音波はさらに高く、周波数はおよそ二・五メガヘルツに達する（超音波を発生させる器械をなぜ体の表面に当てるのか、不思議に思うかもしれない。空気との音響インピーダンスは小さいので、超音波は反射することも弱まることもなく通過するからだ）。医療の現場で使われる超音波の周波数は、対象となる臓器によって異なる。周波数が低くて画像が不鮮明になる超音波は、血管や甲状腺や胸など、体の表面に近い部分の検査に使われる。一方、周波数が高くて画像が鮮明な超音波は、体の奥の腹部の検査に使われる。なぜ使い分けるのかといえば、周波数の低い音は、媒体を通過するときに失われるエネルギーが少ないからだ。そのためゆっくりと弱まりながら、体の奥まで侵入する。同様にイルカも、高い周波数の音は細かい情報を集めるために、低い周波数の音は遠くの情報を手に入れるために使われる。要するに、クリックを行なうイルカは物体の表面をほぼ確実に「見る」だけでなく、クリックを介し、厚みや素材などの特性を読み取るのだ。

そうなるとエコーロケーションは、イルカやベルーガにとって視覚のようなものなのだろうか。たとえば聴覚を失った人間の場合、通常なら視覚情報を処理する脳の領域が、聴覚情報を処理するとき活発になることが研究で明らかにされている。しかし、クリックを行なうイルカの気持ちは、私たち人間にはわからない。

クック湾のベルーガ

クック湾は、数百キロメートルにわたって延びる太平洋の入り江で、アンカレッジはこのクック湾の奥に位置する。北東には、アラスカ有数のチュガチ山地が連なっている。アンカレッジは産業の中心の町として栄える一方、息を呑むほど美しい自然に恵まれている。海や山の美しさは無論、鉄とコンクリートが織りなす近代建築にも圧倒される。残暑が残る二〇一八年の九月、公園の若いポプラの木々の葉っぱがコインのようにキラキラ光るなかで、私はのんびり走る軌道車が発車するのを待っていた。これを降りたあとは小型船で、砂利場まで向かう予定だ。

ＮＯＡＡ（米国海洋大気圏局）のアラスカ水産科学センターに勤務する海洋生物学者のポール・ウェイドは、

ボートトレーラーをバックさせた。トレーラーには、全長五メートルで、側面から空気を入れて膨らませるゾディアックボートが積まれている。傾斜を慎重に使いながらそれを海に浮かべるのだが、これは高度なスキルが必要とされる。クック湾は、満潮と干潮の差が一〇メートル以上と桁外れに大きく、いまは干潮の時間だ。そこでトレーラーの傾斜台を伸ばしながら、トレーラーをバックさせていく。やがて先端は柔らかい吹き溜りに入って見えなくなり、ねばねばした茶色い泥にはまり込んだ。タイヤは泥だらけだが、他のものは汚さないよう、ウェイドは慎重にトレーラーを海に近づけていく。埠頭の近くまでくると水深は深くなり、海岸から広がってきた干潟はようやく水没する。

これほど大量の泥は、湾の周辺にそびえる山々で誕生した川から運ばれてきた。山を出発点とする流れには、大量の堆積物が混じっている。このクック湾では、潮差【訳注／満潮と干潮の海面の差】が十数メートルにも達する。これは世界で四番目に大きく、おかげで堆積物がせき止められ、水はラテのように不透明で濁り、干潟が砂丘のように発達した。深い水のなかにいると海洋恐怖症に襲われるが、この海岸では別の恐怖が誘発される。海底が泥で濁り、本来なら水没するはずのものが表面に姿を現していると、違った意味で恐ろしくなる。ちょうどH・P・ラヴクラフトの『ダゴン』の一場面が思い出される。ここには小さなボートで南太平洋を漂流する男が登場する。彼がボートで走り回る場所は「あたり一面がねばねばした真っ黒な泥に覆われ、見渡すかぎり単調な起伏が続いている」。

ウェイドはようやくゾディアックを水に浮かせると、時速一〇キロメートルの潮が流れる埠頭の横で、前進と後退を繰り返した。私たちは凍るように冷たい泥の海を飛び越え、ゾディアックに乗り込んだ。しかしまだ潮は引いている。流れが変わって満ち潮になるまで待たなければならない。十分な水深が確保されないと、ゾディアックを漕ぎだすことはできない。

潮の流れは激しいが、風は穏やかで波も静かだ。ゾディアックが南東に向かうあいだ、海面には明るい太陽の光を受けた波紋が屈折し、曲線模様が描かれている。そして上空は、アメリカで二番目に発着便数の多い貨物空港までの飛行経路で、大型の飛行機が轟音を立てて行き来している。遠くには、石油掘削装置が連なっている。水平線の向こうには、デナリがぼんやりと見える。凍てつく寒さのなかを一時間進んだ後、チカルーン川の河口から数百メートル離れたターナゲインアームの南の海岸でボートから降りた。

ターナゲインアームはクック湾の奥にある入り江で、川が海に合流する場所の近くには、ウェイドが「ベルーガのたまり場」と呼ぶスポットがある。彼は鏡面仕上げのサングラスをかけ、明るいオレンジ色のジャンプスーツを着てボートの舵を握っている。緊急事態が発生したとき、このジャンプスーツを着ていれば海に浮かぶことができるし、冷たい水で体温を奪われない。しかも色が目立つので、遠くからでも確認しやすい。やがてウェイドはゾディアックをそっと減速させた。ボートのまわりでは海面が泡立っている。五〇頭から六〇頭のベルーガが海面に現れ、一気に息を吸い込むと姿を消した。

ウェイドによると、これはまだ若い個体だ。ベルーガは生まれたときは灰色で、年齢を重ねるにつれて白くなる。観察している私たちをじらすように頭や横腹をチラリと覗かせるが、その体は紫がかった灰色だ。そわそわして動きがぎこちなく、愛嬌のある子どもだということが、ちらりと見ただけでもわかる。時々船べりの近くでさざ波が立ち、そのあと下から軽く押されると、まったく新しい人物に出会ったときのような不思議な感じになる。

ベルーガは、水の下でも水の上でも声を出す。マリー・フィッシュやウィリアム・シェヴィルらによれば、ひっきりなしに鳴くベルーガを昔の船乗りは「海のカナリア」と呼んだ。ホメロスの『オデュッセイア』に登場する海の怪物セイレーンを連想したのかもしれない。穏やかなホイッスルや叫び声や奇妙な金属音が、静かな海に鳴り響く。車のクラクションのような音もあれば、弱々しい鳴き声もあり、おならとしか表現できない音もある。

大人のベルーガのほうが外側を泳ぐ。ちょうど人間の親が、噴水みたいな水遊び場の端で子どもを見守るのと同じだ。象徴的な真っ白い背中は、泳ぎながら盛り上がったりカーブを描いたり、潜ったりするが、その動作はせわしない子どもと違い、ゆったりしている。体全体は見えないが、それでも姿を確認することはできる。ベルーガは体がぷっくりと膨らみ、頭は小さく、額は突き出ている。そして、笑うと気の毒なほど間が抜けた表情になる。メスは体長が一二フィート（三・六メートル）ほどに成長し、大人のオスは一八フィート（五・四メートル）に達するものもいる。ほとんどのベルーガは北極に生息するが、遺伝的に異なる個体群がここアラスカの南の海岸を泳いでいる。

一九七〇年代末には一三〇〇頭のベルーガがクック湾に生息していたが、一九九八年までにその数は四〇〇頭未満にまで減少した。アラスカ先住民にとってベルーガは重要な食料だったが、二〇〇五年には最低限の捕獲も放棄した。二〇〇八年には連邦政府がベルーガを絶滅危惧種に指定したが、それでも生息数は未だに少ない。ウェイドはＮＯＡＡのチームに参加して、その理由を研究している。たとえばフォトＩＤ（写真付き証明書）プロジェクトでは、どのベルーガがどんな相手といつどこで一緒に過ごすのかを整理する。海洋哺乳類は基本的に社会性が高いので、行動を理解すれば社会集団についての理解が深まる。

ただし、ベルーガが餌を求めてやって来る入り江の奥は、泥やシルトで水がひどく濁っている。ベルーガはここで、スシトナ川、ベルーガ川、キーナイ川を遡ってきたサケやユーラカンなどの魚を探す。どの川も広くて浅い干潟に囲まれており、泳ぐには危険な場所だ。水位があまりにも低くなると、空気は頭のすぐそばまで、泥は腹部のすぐそばまで接近する。そして水位は大きく変化するため、ベルーガは水が深い場所を見つける前に立ち往生する可能性がある。水が濁り、干満の差が激しいと、基本的に真っ暗で視界がきかない。そんな迷路のような場所をどうやってベルーガは進むのだろう。しかも、そのあいだに獲物をどうやって捕まえるのだろうか。

ベルーガは目が見えないわけではない。しかし濁った水で視界が曇ると、別の感覚が視覚の代わりを務める。ウェイドがスピーカーにつないだハイドロフォンを水中に沈めると、それまで聞こえなかった音が聞こえるようになり、夏の終わりの空気が様々な音で満たされた。子どもがコートのジッパーを上げ下げするような音もあれば、ガスレンジに点火するときのような音もある。どちらもクリックで、何とか聞きとることができる。だがクリックは時々テンポが上がり、音と音の間隔が次第に狭まる。そうなると、最後はバズ音（ブーンという耳障りな音）が響き渡る。そんなとき、ベルーガは獲物を探している。ベルーガの姿が見えなくても、研究者はこの音を頼りに狩りの実態を調査することができる。

マニュエル・キャステロッテは吸盤式タグなどのツールを使い、一五年間にわたってクック湾でベルーガの鳴き声を記録してきた。そんな彼が特別に設計したハイドロフォンのムアリングは、過酷な環境でも十分に持ちこたえられるので、ベルーガの鳴き声を何カ月も続けて記録することができる。このハイドロフォンはキノコのような外見をしている。泥のなかに沈んでも困るし、かといって海面に突き出ると、漂流する氷で破損する恐れがあるので、細心の注意が必要だ。たとえば泥が五メートルも堆積している浅瀬では、このハイドロフォンを画鋲のように泥に突き刺す。

キャステロッテはこうした装置を使い、ベルーガがクリック音やバズ音を利用して狩りをする様子の再現に成功した。

クック湾の個体群は、およそ一〇〇キロヘルツのクリックを発し、水中での波長は一センチメートル程度になる。これだけ波長が短いと、サケ（体長六〇～一〇〇センチメートル）やユーラカン（体長一五～二〇センチメートル）の体にぶつかった音はきれいに跳ね返ってくる。ベルーガはしばしば「クリックを連発する」。六回ぐらいのこともあれば、一〇〇〇回以上も続けざまにクリックを発することもある。獲物を探しているときや、クリックが跳ね返ってくるまでつぎの行動に移らず待機しているときには、音と音の間隔は長い。しかし獲物を見つけると、クリックのテンポは速くなり、ターゲットとの距離を縮め始めるとバズに変化する（音は一様ではない。たとえばトゥヴァスのバズは、シェヴィルとローレンスによれば「キーキーときしむ音」だった）。ベルーガは獲物との距離をみるみる縮め、ついに「最後のバズ」を発すると、獲物に食らいつく……あるいは運が悪ければ、獲物に逃げられてしまう。

ただし、ベルーガのバズは社交のためにも使われる。ではハイドロフォンからバズ音が聞こえるとき、ベルーガが狩りをしているのか、それとも会話を交わしているのか、科学者はどうしてわかるのだろうか。キャステロッテは、賢明な実験を考案した。測定対象との接触により温度を測定する無害な温度プローブをベルーガの胃に挿入し、そこからリアルタイムで送られてくる温度のデータをまとめた。同時に、ベルーガが潜るときの音を録音したのだ。その結果、狩りのときのバズは「獲物をバリバリかみ砕くような音」で終わることがわかった。そして、冷たい獲物がいきなり入ってくるので、胃のなかの温度が急激に下がる（獲物を逃したときは、「顎をカチカチさせる音」だけが聞こえる）。キャステロッテはバズを、狩りをするときの不規則で冷静な鳴き声と、コミュニケーションを交わすための鳴き声のふたつに分類した。コミュニケーションが目的のバズは不規則で、音と音の間隔が様々に異なる。一方、狩りが目的のバズはテンポが着実に速くなり、音と音の間隔が短くなっていく。クジラはニーズに合わせてクリックやバズを使い分けるようだ。

水が濁ったクック湾に生息するベルーガは、水深一〇〇メートルよりも先には滅多に潜らない。極端な浅瀬でも獲物を食べることができるが、普通は水深三〜一〇メートルの範囲に二分から四分のあいだ潜る。この程度では、遠く離れた物体を確認するためのエコーロケーションを必要としない。イルカも主に海面ちかくで獲物を確保する。したがってクリックは複雑だが、遠くまで伝える必要はない。しかしハクジラは外洋に進出し、しかも非常に深い場所まで潜る。そしてそんな場所で人類は、ハクジラの何とも神秘的なクリック音を初めて耳にした。ただし、当初はそれが何なのかわからなかった。

マッコウクジラの声

蒸気船やディーゼル船のエンジンが周囲の音をかき消すようになる以前、クジラに関して造詣が深く、情報源として頼りになったのが捕鯨船員で、声についても精通していた。捕鯨船員は海で何年も過ごし、自分の耳と水のあいだを隔てるものは木製の船の薄い船体しかない。そんな環境でザトウクジラの歌やシロイルカの甲高い鳴き声を耳にすることはあったが、マッコウクジラは鳴かないものだと思われてきた。

石油が発見される以前、鯨油は世界を動かしてきた。ランプに明かりをともし、機械の潤滑油になり、ロウソクの材料に使われた。なかでもマッコウクジラは重宝され、マサチューセッツ州のニューベッドフォードとナンタケットは捕鯨の世界の中心として栄えた。商業捕鯨が始まる以前の一七一一年、海を泳いでいるマッコウクジラは二〇〇万頭というのが科学者の最良推定値だった。一八四〇年代に捕鯨がいきなり盛んになると、一年に一万頭のクジラが捕獲されるようになり、生息数はおよそ一五〇万頭にまで減少した。そんな小康状態は、捕鯨砲の発明によって破られた。一九四〇年代から一九七〇年代にかけて、国際捕鯨委員会が捕鯨の禁止を決定するまでに、毎年三万五〇〇〇頭のマッコウクジラが乱獲された。今日ではおよそ八〇万頭が生き残っていると推測されるが、これは商業捕鯨が始まる以前の生息数の半分にも満たない。

マッコウクジラはかなり変わっている。肥大化した頭が体全体の三分の一を占め、体表にはしわが寄っている。氷結せず、水深が一キロメートル以上に達する海なら、マッコウクジラは世界中のどこでも生息する。暗い深層まで潜って獲物を捕まえるが、特にイカが好物である。

ハーマン・メルヴィルが一八五一年に発表した名作『白鯨』では、博物学者と解体業者の双方の視点から、クジラの心理がわかりやすく描写されている。ある印象的な場面では、クジラの頭の巨大な脳油袋に乗組員のひとりが落ちてしまう。メルヴィルは、クジラに音が聞こえるとは信じない。「クジラは外耳介がすっかり消滅し、外耳孔は小さな孔にすぎない。羽ペンも挿入できないほどで、驚くほど小さい」と述べている。一方で彼は、クジラがクリックを発する仕組みについても詳しく描写しており、つぎのように記している。「クジラはこちらから挑発しないかぎり声を出さない。そして声を出すときは、鼻からゴロゴロと奇妙な音が聞こえる。だが、クジラは一体何を言いたいのか。この世界に何かを訴えようとする高尚な生き物など、存在していることを私は知らない。生きるために、仕方なく何かを口ごもりながら話す程度だ。世界はそんな声を聞きとるのだから素晴らしい」。そして船医のトーマス・ビールは一八三九年に発表した『抹香鯨の博物誌』のなかで、やはりマッコウクジラを奇妙な生き物として描写している。

あるいはフレデリック・ベネットの『Narrative of a Whaling Voyage Round the Globe』〈世界各地を巡る捕鯨の旅の物語〉には、つぎのような描写がある。「クジラはかなり深い場所まで潜ると、きまって体から音を発する。それは、新しい革がきしむ音にもたとえられる……」。そして、ニューベッドフォードで最後まで残った捕鯨船員のひとりヘンリー・ナンドリー・ジュニアは、ウィリアム・シェヴィルにつぎのように語った。海が穏やかなときには、マッコウクジラがいるあたりで「下から衝撃的なノイズが聞こえてくる」ときがあった。これは、クジラが「捕鯨船にかみつこうとする」音だと彼は考えた。

一九五七年三月、シェヴィルとL・V・(ヴァル)・ワーシントンは、アトランティス号に乗り込んだ。これはウッズホール海洋研究所の船で、アメリカ海軍のセメス号が「様々な音を使いながら」、水中音の伝達経路を解明する作業をサポートする使命を帯びていた。ところがその途中、マッコウクジラのポッド(群れ)を一五メートルの圏内で目撃した。そこで、三つの異なる音を録音して聞き始めた。ドスンという打楽器のような音の連続、錆びた蝶番がきしむような「耳障りなうめき声」。そして三つ目の音は最も頻繁に聞こえた。この音は「とても大きく、音を記録する用紙が真っ黒になる」ほどだった。シェヴィルはアトランティス号で聞いたこの大きなクリック音が、マンドレーが報告した「スナップ音」と同じではないかと推測した。そして「ワーシントンが聞いたうめき声は、ベネットが描写したキーキーときしむような音を連想させた」。

そのあと一九五八年の秋に、シェヴィルはリチャード・バッカスと一緒にマッコウクジラの声を録音し、一〇年ちかく経過した一九六六年にその詳細を発表した。サバンナからジョージア、そしてケープコッドにかけて、ハッテラス岬の沖合を二キロメートル以上にわたって航行し、ふたりはマッコウクジラのクリックを聞きとり、そのリズムを記録した。そしてそこから、マッコウクジラはエコーロケーションを行なうのではないかと推測し、ソナーの記録を分析した。

タヴォルガで一九六三年に開催された水産生物音響学会議では、打楽器のような音の正体がマッコウクジラであることを確認するためにこのデータが役に立った。シェヴィルとバッカスの研究について、リッジウェイはつぎのように記した。「私がいままでまったく気づかなかった動物の体の仕組みの数々が、ふたりの鋭い観察によって明らかになった」

真っ暗な深海で状況を読み取って獲物を見つけるために、マッコウクジラは音を積極的に使う必要があり、そのためクリックでエコーロケーションを行なう。獲物のイカは音を出さないので、耳を澄ませて音を聞こうとしても効果は期待できない。ただし、クリックは水中であまり速く伝わらない。そして水面でクリックを発しても、獲物まで到達する可能性はない。マッコウクジラは獲物にできるだけ近い場所で、できるだけ強力なクリックを出さなければならない。

獲物に近づくために、マッコウクジラは大きな水圧がかかる深海に潜っていく。もっとか弱い生き物だと、すごい圧力に押しつぶされてしまう。水深一キロメートルでの水圧は、大気圧の一〇〇倍にも達する。人間の胸郭はつぶれ、肺は比表面積が普段の一パーセント未満にまで圧縮されてしまう。そんな環境でクジラは、酸素を使う量を減らすために心拍を遅くする。

そしてそのあと、マッコウクジラは大きくて威力のあるクリックを発しなければならない。巨大な鼻のなかには、大きなキャンディーコーンのようなふたつの器官が縦に並んでいる。上のほうは脳油が詰まった袋で、鼻の先端に向けて細くなり、頭と接触する後ろの部分は丸みを帯びている。この脳油の下にあるのは「ジャンク」と呼ばれる脂肪組織で、メロン体に匹敵する。

他のクジラの噴気孔にはふたつの鼻の穴があるが、マッコウクジラは鼻の穴がひとつだけで、鼻の左先端に斜めに位置している。鼻の穴のなかには発声唇（サルの唇）があって、その前には空気嚢が付いているが、最初に音は後ろに反射する。唇を動かすと、クリック音のほとんどは後ろに反射して、脳油袋を通って頭部から空気嚢へと伝わる。すると今度は、空気嚢が音を前方に反射させ、脳油袋の下にあるジャンクを通って伝わっていく。この二重反射のあと、マッコウクジラは前方に一〇度の角度でクリックを勢いよく発する。その大きさは、何と最大で二三五デシベルにも達し、周波数は一〇〇ヘルツから三〇キロヘルツにまでおよぶ。そんなクリックは、五〇〇メートル前方のイカにぶつかり、反響音が返ってくることも可能だ。

衛星タグを使ってマッコウクジラの日々の行動を追跡した結果からは、七五パーセントの時間を餌探しに費やしていることがわかった。六〇〇メートルから一〇〇〇メートルの深さまで潜り、平均すると四五分間とどまる。そのあとつぎに潜るまで、短い休憩をはさむ。潜っているあいだは大きなクリックをゆっくり発し続ける。そして十分な深さまで達するとようやく、獲物に狙いを定めて強烈なバズを発射する。

マッコウクジラのクリックはクジラのなかで最も大きいかもしれないが、いちばん深い場所まで潜るわけではない。アカボウクジラは水深三〇〇〇メートル――三キロメートル――まで潜ることができる。これだけ深いと、いきなり水面に浮上すると体が曲がってしまう。アカボウクジラはうんと深い場所まで達すると、ようやくクリックを連射する。そして、大きな音を立てながら獲物を食べる。アカボウクジラが狩りをした海底は、顎が残した傷跡でえぐられている。

午後の時間はゆっくり経過して、入り江では滑らかな灰色の背中が盛り上がっては沈んでいる。まもなく潮の流れが変わる。野生のクジラを追いかけるのはスリル満点だが、やはり危険を伴う。泥はすぐ下まで迫り、まるで流動する砂丘のようだ。

ここは小さなボートが沈没する場所として知られる。ベルーガが運悪く、あるいは方向感覚を失ったときのように泥にはまれば、立ち往生するだけではすまない。水が後退するときにボートも一緒に引きずられ、最後は表面がでこぼこの泥にどっぷりはまり込む可能性もある。そうなるとボートは傾き、なかに乗っている人間は、液状化して凍るように冷たい砂のなかに放り出される。

しかし私たちの下や周囲では、ベルーガがクリックやバズを発し、周囲の状況を簡単に読み取っているようだ。

突然、浅瀬の様子が変化した。特に目的もなく遊んでいた子どものベルーガは、大きな白いベルーガに向かってゆっくり移動を始めた。そして大人のベルーガの背中は、盛り上がっては沈みながら、私たちから遠ざかっていく。「潮の流れが変わったな」とポールは言いながら、目を細めて水面を眺めた。私たちのまわりには新しい泡が沸き上がっている。ボートを揺らす波は、外洋に散らばっていくシロイルカの背中に乗り上げた。どんなに慎重に観察しても、何も変化したようには見えない。しかし潮の流れは変わった。いまの私はそれを確認するために、スマホの時計をわざわざチェックする必要もない。

第6章 これは私
音で正体を明かす

明かりが岩礁を照らし、キラキラ反射して輝いている
長い一日がようやく終わろうとしている
月がゆっくり上り始め、多くの不満げなうめき声が周囲を満たしている
だがみんな、心配はいらない
新しい世界を探し求めるのに、まだ遅すぎることはない

『ユリシーズ』アルフレッド・テニスン卿訳

潮の流れが変わる数時間前、私たちはクック湾に戻り、ゾディアックで当てもなく漂った。ここから湾の奥のアンカレッジまでは一時間ほどかかり、まわりは山々に取り囲まれている。人間の基準では孤立しているが、それでも孤独を感じない。子どものベルーガが周囲で跳ね回っているからだ。はしゃいでいる様子は水中からも伝わり、私は仲間と一緒にパーティーに参加しているような気分になった。クジラやイルカは社会性が高い。どちらも哺乳類で、複雑な社会的絆を海に持ち込んだ。

ベルーガの社会構造は未だに謎に包まれているが、いわゆる離合集散型の集団を形成しているようだ。友人や家族から成る小さな集団が合わせて一〇〇〇頭ほどの規模に膨らむと思えば、今度はそれが分裂し、若いオ

スや子連れの母親から構成されるもっと小さなグループが出来上がる。

　太陽は低くなり、光を反射した水はキラキラ輝いている。引き潮のあいだは、ベルーガたちのパーティーにお邪魔しながら時間をつぶす。潮の流れが大きく変わったあとは、トレーラーの傾斜台がぬかるみにはまらないので、ゾディアックを水から安全に引き上げることができる。ポール・ウェイドはゾディアックの測深機をつけたり消したりしている。リビー号のボートにも、いや、小さな船が外洋に乗り出すときにはかならず、この小さな電子装置が搭載される。測深機は高周波の音を発射して、その反響音から深さや海底の形状を読み取る。

　ゾディアックの舵の横には小さなスクリーンが備えつけられており、音波が「見た」ものをきめの粗い画像でつぎつぎ映し出す。視覚を重視する人間は、音を画像に変換したがることがよくわかる。（私たちの下の水は）スクリーン全体に青く広がり、二メートル下の（海底には）蛍光ピンクのラインが波打っている。どこまで行っても水のなかは空っぽだ——いや、そうではない。私たちの下を動いている姿が、スクリーンに映し出された。

　それはピクセル化されたベルーガで、懐かしのビデオゲームに登場するキャラクターに似ている。体は前かがみでリラックスした様子だ。頭を上げ、背中を丸め、下半身と尾っぽをくねくね動かしている。私は船べりから乗り出してみたが、茶色く濁った水しか見えない。それでも、ベルーガがそこにいるのは間違いない。

　確認できるのはそれだけでない。胸と腹の下に不規則な曲線が寄り添っているのが見える。ウェイドによれば、それはおそらく子どもだという。母親が子どもを浅瀬に連れてきたのだ。

　親子は斜線陣（集団を斜線状に配置した陣形）で泳いでいる。子どもは母親の体の中心あたりで、脇腹にぴったり寄り添っている。クジラやイルカがこのような形をとるのは、流体力学的に理に適っており、これなら子どもは泳ぎやすい。子どもは、母親が作る波をちゃっかり利用している。しかも、子どもは母親と密着できる。ベルーガは積極的に社会的交流を行なうが、静かな親子の絆をソナーはとらえた。哺乳類としての基本的な関係が成り立っていることを知って、私は軽い衝撃を受けた。

ベルーガにとって、測深機の音は耳障りでしかない。そのためウェイドは、ベルーガがみんな沖に出てしまうまでスイッチを切った。

クジラの母親の経験は、人間の母親とどのように違うのだろうか。クジラは赤ん坊を抱くことができない。ぴったりと寄り添って泳ぐだけだ。ただし母親は、生きるために狩りをする必要がある。そのためある時点で体をあちこちひねり、ほんの一瞬だが赤ん坊と離れる。するとどうなるか。生まれたばかりのベルーガは母親に頼りっぱなしで、最大で二年間は母乳で育つ。もしも母親と離れて再会できないと、おなかがペコペコになる。立ち往生するかもしれないし、サメや大きなクジラに食べられる可能性もある。

集団で行動する哺乳類は、母親と子どものあいだだけでなく、往々にしてもっと大きな家族集団のなかでの社会的絆も強く、それによって安全や生き残りを確保する。さらに、こうした絆は子育てにも役立つ。水中にいる哺乳類は目標に向かって進むときや狩りをするとき、音に大きく依存する。したがって当然ながら、音は交流の介在役にもなり、移ろいやすい友情の基盤を固め、食餌を選択し、子どもの命を守るときなどに威力を発揮する。

クジラの鳴き声は未だに科学にとって大きな謎であり、計り知れないほど複雑に感じられることも多い。実際、まだ十分に理解できないのだから、おそらく本当に複雑なのだろう。ただし研究が進むと、鳴き声の目的の一部が解明された。そしてその目的の多くは、あらゆる社会的動物の大きな関心事と関連しているようだ。すなわち、きみは誰なの？　どこにいるの？　ということを知りたがる。

母子のコンタクトコール

ヴァレリア・ヴェルガラは、アルゼンチンの首都で人口が数百万のブエノスアイレスで生まれた。しかし幼い頃から自然の世界に魅せられ、なかでも動物の社会的行動やコミュニケーションや認知能力に強い関心を持った。一九八九年にはカナダのトレント大学に留学する（その所在地のピーターボロは、ほかでもない私の生まれ故郷だ）。学部の卒業論文のテーマにはコヨーテを、修士論文のテーマにはアカギツネを選んだ。そして新聞に広告を掲載し、キツネを目撃したら連絡してほしいと農家に呼びかけた。連絡を受けたら、落葉樹が生い茂るカロリニアンフォレストのなかで巣穴を見つけ、キツネの社会的行動を研究する計画だった。ちなみにこの時期は、車ですぐ近くの場所では私と兄が、水に沈めたトラックの音はよく聞こえないことを発見していた。学士号を取得してから修士号を取得するまでのあいだに、ヴェルガラは世界中の哺乳類について研究した。アフリカのヒヒ、さらにはニューファンドランドのザトウクジラも研究対象になった。

ヴェルガラは常に海洋哺乳類に興味を抱き、高度な社会生活や複雑なコミュニケーションに関する講義を学部課程で受けてからは、クジラ目の研究を続けたいと考えるようになった。そして二〇〇二年にはバンクーバー水族館にやって来る。ここには海洋哺乳類研究所があって、数頭のベルーガが飼育されていた。その年の秋、一五歳のメスのオーロラが子どもを産んだ。そこでヴェルガラは、子どもが誕生してから数年のあいだ行動を観察し、驚くほど多彩な鳴き声の出し方をどのように学ぶのか研究することにした。最初は人間の幼児と同様、鳴き方を少しずつ学習する。ただし彼女は、エコーロケーションのためのクリック音は研究対象から外し、コミュニケーションのレパートリーを発達させるプロセスにテーマを絞った。呼びかけの鳴き声は、ホイッスル、パルスコールとその連続、混合型コールの三つに大別される。

小さな灰色の赤ん坊は、母親の胎内で体を丸めていた影響で皮膚にしわが寄っている。それでもトゥヴァクと名付けられた赤ん坊は、生まれてから一時間で最初の鳴き声を上げた。それは広帯域のパルスの連続だ。生後一三日目には、まだ完全ではないが最初のホイッスルを発した。成長するにつれてパルスのスピードは速くなり、一秒間で三〇〇回にも達した。そしてホイッスルも周波数が高くなった。

「うがいの音みたい」とヴェルガラは、赤ん坊のベルーガについて愛おしそうに話す。

赤ん坊が意味のない音を発するのは、人間に限られた現象ではない。サルをはじめ、他の哺乳類の赤ん坊もバブバブとしゃべる。これは発声練習に役立つだけではない。誰かから注目されるチャンスが増えるので、社会的交流のきっかけになる。赤ん坊のベルーガの声は、まだ十分に発達しない未完成の段階で、型にはまっていない。そのためバブバブと意味もなく呼びかける。

ヴェルガラはエレガントな女性だ。茶色い髪はウェーブして、笑うと穏やかな表情を浮かべる。熱心に話していても、研究対象の動物たちの驚くべき生態について語るときは、しばしばその口調が和らぐ。学生時代と同じく、いまでも動物たちに驚嘆する気持ちは強い。そして水族館でベルーガをずっと観察し、音を聞いたときの体験について語ってくれた。魚の場合と同様、どの動物が実際にどんな鳴き声を上げるのか聞き分けるのは難しい。それでも赤ん坊と一緒に過ごしていると、一時的ではあっても、興味深い解決策がこの問題に提供されるという。ヴェルガラによれば、「赤ん坊は、十分に成長して発声時に噴気孔が閉じるようになるまでは、鳴き方を覚えない」。「だからバブバブと意味もなく声を出す」。それで、覆いがかぶされたプールのどこにトゥヴァクがいるのか音で確認し、その音をハイドロフォンに録音することができる。

トゥヴァクの鳴き声は、最初は静かだ。ヴェルガラによれば、「一週間が経過すると、次第に大きくなってくる。この最初の一週間は大事な時期で、［母子は］一緒にいなければならない。そして、そのために聴覚に頼る」。お互いの姿を見ている可能性もあるが、音はとりわけ重要な手段だ。母子はいわゆるコンタクトコールのおかげで、離れ離れにならずにすむ。視覚や触覚や嗅覚が著しく低下する水中で、コンタクトコールは生命線になり得る。

トゥヴァクが誕生したあと、オーロラはそれまで録音されたことがなかったコールを発するようになった。子どもが生まれてから二時間もすると、親子がエシュロン隊形で泳ぎながら、この新しいコールを五八八回にわたって繰り返した。そして翌日には、このコールの二種類のバリエーションが始まった。どちらも広帯域のパルスによる呼びかけで、いまではコンタクトコールとして知られる。息子が生まれてから、三カ月後に他の複数のベルーガがプールに戻されるまでのあいだ、母親の鳴き声の九七パーセントはコンタクトコールだった。子どもと離れ離れになったとき、プールにダイバーが入ってきたとき、トゥヴァクが何らかの形で呼びかけるときはかならず、オーロラはコンタクトコールを発した。時々健康診断などのため、水族館のスタッフが子どもを隣の小さなサイドプールに移動させると、母親はコンタクトコールを立て続けに発した。

四カ月が経過すると、トゥヴァクはパルスとホイッスルを組み合わせ、コールの真似事を始めた。それは扉が軋む音に似ている。

時々トゥヴァクがオーロラに向かって声を出すと、オーロラはコンタクトコールで応えた。あるいはオーロラのほうから呼びかけるときもあり、トゥヴァクはそれに応えながら、少しずつコールの方法を学習していく。そして生後二〇カ月になると、コンタクトコールを発する能力を十分に発達させ、相手にはっきり認識されるようになった。

コンタクトコールはクジラに限定されたものではない。鳥やサルや齧歯動物など、社会的動物のほとんどはコンタクトコールを発する。その相手が仲間にせよ家族にせよ、あるいはもっと大きなグループにせよ、仲間との接触を保ち、集団をまとめることが目的である。こうしたコンタクトコールは個性が強く、集団や家族の存在を独特の形で確認する手段になり得る。たとえば一夫一婦制の鳥の一部の種は、混雑した繁殖地で相手を見つけるためにコンタクトコールを使う。サルの一部の種は、林冠のなかで仲間とはぐれないためにコンタクトコールで呼びかける。そしてベルーガを含むクジラ目は、水のなかで相手を見失わないためにコンタクトコールを発する。水のなかでは視界が当てにならず、離れ離れになる恐れがある。なかでも母子には特に大きな危険が迫る。

トゥヴァクは生後一八カ月で、父親のイマクと対面した。イマクのパルス音での呼びかけは、特徴的な震えを伴う。すると数カ月後には、トゥヴァクも鳴き声を震わせるようになった。父親のコールを遺伝的に受け継いだのかもしれないし、成長するにつれて能力が発達したのかもしれないが、おそらく学習した可能性のほうが高い。ベルーガのコールは生まれつき備わっている能力ではなく、あとから習得するものだと考えられる。

トゥヴァクは活発で鳴き声も上手で、スタッフからは愛情をこめて「腕白坊主」と呼ばれた。やがて二〇〇五年のある日、定期検診を受けたあと、ニシンを食べてからプールに連れ戻された。ところが二度と元気に泳ぐことはなかった。いきなり呼吸が止まり、あえなく死んでしまった。

検死の結果、死因は先天性心疾患だと判明した。

この頃ヴェルガラは、研究対象を野生のベルーガにシフトしていた。この悲しいニュースについては、ネルソン川の河口に張ったテントのなかで衛星電話を介して知らされた。

ヴェルガラは落胆した。彼女は水族館で録音されたベルーガの小さな集団の鳴き声を使い、コンタクトコールについての研究を続けていた。そこにはトゥヴァクの他に、二頭の子どものベルーガが含まれていた。データがそろってくると、コンタクトコールにはきみはどこにいるの？　私はここよと呼びかける機能が備わっていることがわかった。ベルーガは離れ離れになったとき、明らかに脅威が迫ってきたとき、あるいは誕生や死に際してコンタクトコールを発するのだ。

ベルーガの鳴き声は驚くほどレパートリーが多いが、そのなかでもコンタクトコールは容易に区別できる。

一部の生物種はクリックもホイッスルもパルスも特徴的だが、ベルーガの鳴き声も特徴的だ。どの声もお互いに少しずつ変化して、異なる種類が混じり合った特徴的な鳴き声が完成する。ベルーガが複数の鳴き声をどんな目的で使うのかわからなければ、コールを分類するのは難しい。それでもコールのひとつであるコンタクトコールの特徴を理解して、クジラがいつそれを使うのかわかれば、コールの研究は進む可能性がある。しかし、かつてエコーロケーションに取り組んだ研究者が思い知らされたように、野生のクジラと水族館のクジラではコールのタイプが異なる。そこでヴェルガラは、ベルーガが同じコンタクトコールを……自然環境でも発するのか知りたくなった。

ヴェルガラは、ピエール・リチャードとジャック・オーアに「直訴した」。リチャードは、カナダ政府の漁業海洋省に所属する科学者であり、技術者のオーアはハドソン湾に注ぐネルソン川の河口で、ベルーガにタグ付けするプログラムを実行していた。河口の島には調査の拠点があって、ヴェルガラはそこへの合流を希望した。ここで調査チームは野生のベルーガにタグ付けしたうえで、移動パターンを研究していた。もしも野生のベルーガが水族館のベルーガと同じように行動するなら、離れ離れになったときにコンタクトコールを立て続けに発する可能性が高い。それを録音できれば大きな成果だとヴェルガラは考えた。

そこでヴェルガラは、子どものメスのベルーガがタグ付けのため一時的に集団から引き離されたときに、コールを観察して録音した。あとから録音を再生してみると、ベルーガが単純なコンタクトコールを繰り返していることがわかった。その成果に喜んだものの、さらに多くのデータを集める必要があった。

一方クジラ研究者のロバート・ミショーが、ケベックから水族館を訪れてきた。ミショーが責任者を務める、海洋哺乳類に関する教育研究グループ（GREMM）の研究対象は、セントローレンス川の河口に集まるクジラで、特にベルーガに力を入れている。これは、シェヴィルとローレンスが鳴き声を録音した個体群と同じだ。

ミショーはここでクジラの研究を行ない、三〇年にわたって鳴き声を録音してきた。ヴェルガラは数年前に彼と出会い、共同研究の可能性について話し合っていた。そこで今回、ミショーの録音からコンタクトコールを拾い出せるのではないかと考えた。

ヴェルガラはミショーから音のファイルを送ってもらい、一通り聞いてみた。そんなある日、聞こえてきた連続音は、間違いなくコンタクトコールだった。ヴェルガラは興奮を抑えられず、バンクーバー水族館でオーロラが発したコンタクトコールにそっくりだとミショーに伝えた。

するとミショーは、このコールは一九九九年に不幸な出来事があったときに録音されたものだとヴェルガラに説明した。このとき、セントローレンスで子どものベルーガが命を落とした。そして、おそらく母親のメスのベルーガが、亡骸を押しながら泳いでいるところが目撃された。奇妙な行動に見えるかもしれないが、クジラではその映像がたびたび記録されている。おそらく子どもが苦しむ様子を見た母親が、水面まで押し上げて楽に呼吸させてやろうと考え、本能的にこうしたのだろう。二〇一九年にシャチの母親がブリティッシュコロンビア州バンクーバーの近郊から沖合まで、子どもの亡骸を一七日間にわたって運び続けた姿はおそらく最も有名で感動的だ。

セントローレンスで子どもをなくしたベルーガの母親は、亡骸を押しながら泳いでコンタクトコールを発したようだ。もしもコンタクトコールが結びつきを絶やさないためのもので、私よ、私はここよと伝える手段だとすれば、大切な社会的絆を維持するために、野生のベルーガがコンタクトコールを使っていることを裏付けるさらなる証拠となる。

コンタクトコールを共有するクジラはベルーガだけではない。他にも多くのクジラ目が同じようにする。たとえばハンドウイルカは、独特のコンタクトコールで知られる。実際、どの動物のコールもユニークだ。

イルカの発声学習

ラエラ・セイイは、二六九個の紫色の四角形から成るグリッドヒートマップを作成した。どの四角形のなかにも、蛍光グリーンのユニークな線が引かれている。子どもが描く丘のように小さなこぶ状のもの、ギザギザした不規則な曲線、シンプルな直線、規則的に途切れた部分があるもの、上向きの線、下向きの線など様々だ。こうした不規則な線によって、スペクトログラムのグラフは作られる。横軸が時間、縦軸が周波数で、このグラフには二六九頭の野生のイルカのシグネチャーホイッスルが記録されている。セイイはこれを一九八六年、フロリダ州サラソータの沖で録音した。

「ねえ、面白いでしょう」とセイイは言いながら、ひとつのホイッスルを指さした。「このイルカは、ホイッスル音のなかに（ギリギリという）バーストパルスを挿入しているみたい」。あるいは、破断線によって周波数の変化が表現されているものもある。「ホイッスルにこれだけのステップがあるなんて、本当にすごいわ」。セイイにとって、これは単なるホイッスルではない。「私にとっては、顔みたいなもの」と、よく通る穏やかな声で語る。「そして、どの音にも名前があるの」

セイイは、ウッズホール海洋研究所の専門研究員で、ハンプシャー・カレッジの准教授でもある。サラソータで数十年間、イルカの研究を続けてきた。これは一九七〇年から始まり、野生のクジラ目の個体群に関する研究としては世界最長である。セイイはこの自然界のラボで、現在生きているイルカの声を六世代にもわたって録音してきた。このプロジェクトの出発点に遡るなら、もっとたくさんの世代が調査対象になっている。そして、どの音にも名前が付けられている。

特徴的なシグネチャーホイッスルは、イルカに特有のものだ。このホイッスルは、高くなったり低くなったりする。単音のときもあれば、短い音が連続して繰り返されるときもあり、スムーズに流れる音にも、耳障りな音にもなる。バーストパルスが加わると、コールは活気を帯びる。音波の振幅が変化するときや、二種類の音が同時に聞こえるときもある。こうした特徴のすべてが、セイイのスペクトログラムに表現されている。これは本当にユニークだ。「少なくともある意味、動物の世界で人間の名前に匹敵する唯一のシグナルね」とセイイは語る。

一九五三年、フランク・エサピアン（後にフロリダマリンランドと改名されたマリンスタジオに、マーガレット・タヴォルガと一緒に勤務していた）は、レジデント（定住型）のイルカがユニークなホイッスルを発するのではないかと指摘した。一九六〇年代に入ると、生物学者のメルバとデイヴィッド・コールドウェル夫妻はエサピアンの仮説に注目し、数十頭のイルカを隔離して、一頭ずつホイッスルを録音して比較を行なった。ロドニー・ラウントリーが魚の声を聞き分けたときと同様、実際にどのイルカが呼びかけているのか区別するのは難しいが、ふたりの実験によって課題は克服された。イルカはホイッスルを発するときに口を開けない。そして、水中で音は空気中よりも速く伝わり、しかもイルカのホイッスルは大きくなったり小さくなったりする。そのため人間は、口の動かし方や音の進む方向や音量を頼りに、どのイルカのホイッスルなのか特定できない。込み合った部屋で誰が話しているか見分けるときのようにはいかない。

どのイルカにも個体ごとに異なるシグネチャーホイッスルがあり、それはコンタクトコールとしても使われることが、コールドウェル夫妻の研究によって明らかになった。サラソータの野生のイルカの場合、ホイッスルのおよそ五〇パーセントはシグネチャーホイッスルだった。しかし、捕獲したイルカを隔離して、他のイルカの鳴き声を聞くことも姿を見ることもできないようにすると、その割合はおよそ九〇パーセントにまで跳ね上がった。迷子になったハイカーが、「私はここだ！」と叫ぶのと同じだ。母親と赤ん坊のイルカはシグネチャーホイッスルを頻繁に交わし合う。ホイッスルの周波数はおよそ五〜二五キロヘルツと高く、人間が聞きとれる周波数の上限、もしくはそれを上回る。

どのイルカも生後数カ月でホイッスルを発するようになる。コールドウェル夫妻によれば、最初は不明瞭で安定しない。それでも最終的に明確になり、個体独特のホイッスルが生まれる。セイイによれば、ホイッスルの形成に何が影響しているのか明らかではない。ただし、サラソータの野生のイルカが成長して子どもを持つまでのプロセスを数十年にわたって観察した結果、一定のパターンが確認された。たとえば、イルカのホイッスルのおよそ三〇パーセントは母親と似ているが、この割合には母親の社会性が関連していると考えられる。もしも母親が内向的で単独行動を好めば、赤ん坊が耳にするのはほとんどが母親のホイッスルで、それをそのままコピーする。あるいは、兄弟でホイッスルが似ているイルカも僅かに存在する。しかしほとんどのイルカは普通、他のイルカと何らかの形で区別できるホイッスルを発達させる。そして、セイイのデータセットによれば一部の例外はあるものの、ホイッスルは通常、イルカが年を重ねても変化しない。

セイイは、あるイルカのホイッスルを数年間にわたり聞きとって作成したスペクトログラムのシーケンスを見せてくれた。私のような素人が見ても、丸みを帯びた山形が時間と共に尖っていくのをはっきり確認できる。こうした変化がよくあるのかどうかわからない。最初は音程をゆっくり高く低く変化させて「名前」を表現していたが、あとからペースが速くなっている。さらにセイイによれば、若いオスのイルカが群れを作ると、お互いにホイッスルが似てくる可能性がある。

シグネチャーホイッスルは風変わりなコンタクトコールにしか聞こえないかもしれないが、実際には大きな違いがある。多くの陸生哺乳類のコールと同様、この能力は遺伝子に組み込まれているようだが、イルカはシグネチャーホイッスルを学習によって身に付ける。これは本当に稀なケースだ。セイイによれば、「ほとんどの動物は発声の仕方を学習しない」。イルカのすごい成果は発声学習と呼ばれ、イルカ、ベルーガ、ザトウクジラなど様々な海洋哺乳類に特有のものだ。鳴き鳥、あるいはコウモリや象など、僅かな種類の陸生動物も発声を学習するが、他には確認されていない。この非常に珍しい能力を研究すれば、発声学習だけでなく、人間の言語能力の進化を解明する手がかりになるかもしれない。

動物は何か新しいことを学ぶと、それに基づいて鳴き声を変化させる。これが発声学習である。セイイによれば、発声学習は状況から学ぶケースと、声を自分で創造するケースのふたつに分類される。状況から学ぶケースはごく一般的で、動物は発声方法を本能的に理解している。たとえば生まれたばかりのサルの赤ん坊は、「ワシを警戒する」鳴き声が遺伝子に組み込まれているが、それをいつどのように使えばよいかわからず、状況から学ぶ。落ち葉を見て鳴き声を上げても、大人のサルは反応してくれない。そこから、葉っぱを見ても呼びかけるべきではないと学ぶ。一方、ワシが実際に空を旋回しているときに鳴き声を上げれば、大人は反応を示す。このようにして状況から、鳴き声を上げる方法を学ぶのである。

ただしこれは、発声そのものを学ぶわけではない。むしろ、イルカや人間は音声を創造する。周囲の仲間の発声などの手がかりに耳を傾けて学習したあと、自分の鳴き声を修正し、あるいはまったく新しい鳴き声を作り出す。この学習方法をかなり広く定義すれば、船のノイズがやかましい環境で鳴き声のピッチを上げるケースなども含まれる。しかしもっと厳密に定義するなら、それまで知らなかった音声——人間の声や仲間の鳴き声——を聞いたあと、それを模倣・応用しながら独自の鳴き声を創造することとなる。ふたつの学習方法の違いは、つぎのようにも説明できる。犬が状況から学習すれば、命令されたときに吠えるようになる。しかし人間の話し方を聞いて自分に応用すれば、英語で名前を言えるようになる。

ホイッスルは個々のイルカによって異なるのだから、発声方法が遺伝子に組み込まれているはずはない。母親など他のイルカのホイッスルと似ているときがあるのは、発声方法を学習して身に付けるからだ。

さらに、イルカはシグネチャーホイッスルを交換し合うという証拠もある。別のイルカのシグネチャーホイッスルを使って呼びかけることができるし、自分のシグネチャーホイッスルで別のイルカが呼びかけてくれば、それに反応を示す。要するに、ホイッスルはラベル付けされ、識別信号として使われている可能性が考えられる。信号によって伝える内容は異なる。

では、シグネチャーホイッスルにはどんな意味があるのか。お互いに認識し合うための手段なのだろうか。ほとんどの動物には臭い、外形、顔、声など、ユニークな資質が備わっているが、名前は必要とされない。いわゆる副産物の識別力によってお互いを認識する。セイイは、声のトーンを具体例として挙げた。人間はそれぞれ声の調子が異なり、それは話す言葉の内容に影響されない。だから、「あなたと私が同じ言葉を話しても、ふたりを知っている人が聞けば、どちらが私でどちらがあなたか識別できる」。ほとんどの動物は認識し合うために名前を必要としないため、シグネチャーホイッスルを学習するように進化しなかったようだ。イルカが例外になった理由はわからない。だが特徴的なホイッスル音でさえも、基本的には誰がどこにいるか確認するためのものだ。

学習を通じて独自の発声を創造するクジラは他にもいる。名札代わりのシグネチャーホイッスルがツールキットに含まれていることが確認されているのは、いまのところクジラ目のなかではイルカしかいない。それでもベルーガのコンタクトコールは興味深い。私たちが考える以上に複雑な何かが進行している可能性を、ヴァレリア・ヴェルガラの研究は垣間見せてくれた。

ヴェルガラは仮設のアルミ製のやぐらに腰を下ろした。カナダ北極圏のサマーセット島のカンバーランド湾にある砂州に、高さ数メートルのやぐらは造られた。二〇一四年の夏、彼女は近くで船から降ろされた。これから数週間、小さなパオ（円形型移動テント）で暮らすことになる。やぐらまで歩くのが日課になるが、その時間を潮の流れの変化に合わせて調整しなければならない。低地に建てられたやぐらは、満潮時には島のように孤立する（一度だけ彼女は調整を間違って立ち往生した）。

水際に造られたやぐらからは水中を見通すことができるので、ハイドロフォンを使うには便利だ。この入り江は、夏は氷に閉ざされず、船も入ってこない。そしてあちこちから、ほとんど途絶えることなくベルーガの鳴き声がかすかに聞こえる。要するに、野生のベルーガのコンタクトコールを聞いて研究するには理想的な場所である。ここでは干潮になると、数頭のベルーガが水溜まりや水路にはまる。水族館の水槽に一時的に押し込められたベルーガが、盛んにコンタクトコールを行なうことはわかっている。だからここで、野生のベルーガが同じ行動をとるのではないかと考えられた。

はたして、ほぼすぐにコンタクトコールがはっきり聞こえてきた。干潮で思うように動けないベルーガが発する鳴き声のうち、六一パーセントはコンタクトコールだった。自由に泳ぎ回っているときは、一〇パーセントにすぎない。これは納得できる。仲間と離れ離れになっても、結びつきを断ち切られたくないのだ。しかし、ヴェルガラには他の音も聞こえた。基本的なコンタクトコールに、特徴的な音が重なっている。そこには統一感がなく、自然環境でしか聞こえない声の主がどのベルーガなのか特定できない。それでもヴェルガラは、潮が引いて立ち往生したベルーガのコンタクトコールを、こうしたバリエーションに応じて一通り分類した。

そこからは、ベルーガが自由を奪われたときのほうが、コールのバリエーションは多いことがわかった。実際、コールのバリエーションの数は、立ち往生した子どものベルーガと大人のベルーガを合わせた数と同じだった。そこからヴェルガラは、ベルーガの鳴き声は学習して身に付けたか否かを問わず、個体ごとに微妙に異なるという仮説を立てた。もしもそれが正しければ、こうした特徴には発声学習と同じ効果がある。独特の鳴き声は「名前」として機能するのだ。名前を呼び合う動物種はほんの一握りだが、ベルーガもそのなかに含まれる。人間は名前を呼び合う。ハンドウイルカのシグネチャーホイッスルは、セイイの調査などによって最もよく研究されている。そして予備的証拠によれば、名前を呼び合うイルカは他にも存在する。

一部のクジラ目が名前を呼び合う理由について、ヴェルガラはじっくり考えた。「こうしたクジラは交流し、仲間とくっついたり離れたりする。社会的相互作用が驚くほど多彩だ」という。たとえばイルカは離合集散を繰り返し、小さな集団がまとまって大きなグループを形成することも、大きなグループが再び小さな集団に分裂することもめずらしくない。こうした状況でシグネチャーホイッスルは役に立つ。それはイルカの仲間のベルーガも同じで、個体を識別するネームタグの機能が声に備わっているのではないか。ある意味、あわただしい社会で身元を確認する手段になっている。

野生のベルーガの鳴き声を研究するとき、やぐらを使うのはとても良い方法だということをヴェルガラは学んだ。これは、ベルーガのたくさんの鳴き声を別の場所で研究するためにも役立ちそうだった。つぎはロバート・ミショーと同様、セントローレンス川の個体群を調査したいと考えた。

二〇一七年と二〇一八年の夏、ヴェルガラはサント・マルグリット湾にやぐらを建てた。サゲネー川の少し上流ではベルーガが子育てをするので、色々な鳴き声を聞くには良い場所だった。つぎに二〇二一年には、同じようなやぐらをカムラスカ島に建てた。場所はセントローレンス湾の南海岸で、真向いにはGREMMのセンターがある。学生たちと一緒に進めるこの新しいプロジェクトは、二〇二四年まで行なわれる予定だ。セントローレンス湾のベルーガは、三つのエリアでゆるい集団を形成する。サント・マルグリット湾、カクーナ、カムラスカの三カ所だ。ヴェルガラは、こうしたグループのコンタクトコールが別の意味で複雑かどうかを確かめたかった。個体が名前で呼び合うだけでなく、グループごとにいわゆる方言があるか確認したかった。その可能性はある。なぜなら、別のハクジラが方言を使うことは以前から知られていたからだ。それはシャチだ。

食べ物の違いがコールの違い

シャチは、北極圏の高緯度と猛暑の熱帯を除けば、世界中の海に生息している。筋骨たくましくて真っ黒な体を持つハクジラで、目の上には白い模様、背中には灰色のサドルパッチ（ハート形の模様）があって、大きなお腹は白い。その特徴的な姿は、シーワールドで飼育されたシャム、映画『フリー・ウィリー』に登場するケイコ、あるいはドキュメンタリー映画『ブラックフィッシュ』の主題となったティリクムによって馴染み深い。他のハクジラと同様、シャチはエコーロケーションを行なう。肉食動物で、アザラシや他のクジラとその子ども、魚などを食べる。

私のようにブリティッシュコロンビア沿岸で育った人間は、海のギャングと言われるシャチを時々見る機会がある。海岸からではなくても、ここでは生活の一部になっているフェリーから見ることができる。ガルフ諸島を縫うように航行するカーフェリーのデッキで、私は野生のシャチを初めて目撃した。このときフェリーが通過していたアクティブパスは狭い航路で、水と栄養分、そしてクジラの餌になる魚が海流によって攪拌される。私はBCフェリーの典型的な旅を楽しんでいた。現地を訪問中の友人や家族の集団は、青い水、緑がこんもりと茂る島々、流れに合わせてリボンのように揺らめく茶色いブルケルプを眺めていた。ミラーサングラスをかけたタンクトップ姿の陽気な若者が、見物人をかき分けて手すりまでやって来ると、誰にともなく、ビール六本入りのパックはいらないかと尋ねる。バンクーバーで飛行機に乗る前に、全部を飲みきれないのだという。やがて航路の出口に差しかかると、渦潮のなかに例の姿が見えた。ツルツルした真っ黒な脇腹はカーブを描き、目の上は乳白色の動物の集団が一斉に餌を貪りながら、体をひねったり潜ったりしている。巨大な背びれは紛れもなくあの動物のものだ。突然、フェリーの乗客は歓喜の渦に包まれ、無言で笑顔を交わした。あれいい、いいかい？　あれを見たかい？　と伝えるために。

シャチの社会にはグループ（分類群）、クラン（ポッドのなかでも共通する鳴き声のパターンを持つ）、ポッド（同じ母系の先祖を共有する）などの集団があって紛らわしい。しかし、方言に関する知識を正しく理解するためには、これらの集団を咄嗟に区別できなければならない。幸いバンクーバー島周辺のシャチは、世界で最も詳しく研究されている。

世界中には五万頭のシャチがいるが、科学者の推測によれば、そのうちのおよそ五〇〇〇頭は北太平洋に生息している。シャチは母系家族で、母親との血族関係に基づいて社会集団が形成される（これは「女家長制」と同じではない。こちらのほうは、女性が権力を握る）。したがって、最も基本的な分類は母系で、母親と子どもと孫から成る。一般には五頭から八頭の集団になるが、もっと多くなる可能性もある。それよりも大きいのがポッドで、大体は最も近い母系の共通祖先を持つ。ポッドのなかでも、最低でもひとつの鳴き声を共有する集団はクランと呼ばれる。クランも通常は血縁関係があるが、ポッドほど関係は深くなく、同じ鳴き声を持つことが大きな特徴だ。ポッドやクランは全員が血縁関係でなくても、あるいは同じタイプの鳴き声を共有しなくても、一緒に行動することがあり、そうした集団はコミュニティと呼ばれる。そして、同じライフスタイルや食べ物を共有するコミュニティがまとまると、エコタイプというグループが形成される。鳴き声のタイプや狩りをする獲物の種類はエコタイプごとに異なり、エコタイプの違うシャチ同士は交尾しない。

北太平洋には三つの「エコタイプ」が存在する。（サメを食べる）オフショア、（海棲哺乳類を食べる）トランジェント、（サケを食べる）レジデントの三つだ。エコタイプの違いの多くは、食べるものに関連している。

オフショアのエコタイプに関しては、外洋にとどまり、少なくともサメが餌の一部であること以外、あまり多くは知られていない。

トランジェントはビッグス・キラーホエールとしても知られ、沿岸でも外洋でも活動し、餌を探して狩りをする。餌は哺乳類で、アザラシ、アシカ、ネズミイルカ、（小型の）クジラをむさぼるように食べる。

対照的にレジデントは活動範囲が海岸近くで、魚を食べるが、特にサケを好む。レジデントの一部はアラスカ沖に生息するが、ブリティッシュコロンビア州よりもはるか南のワシントン州とオレゴン州にひとつずつ、合わせてふたつのコミュニティが他にも確認されている。一方はノーザン・レジデント（クランA、G、Rが集まり、およそ三〇〇頭で構成される）、もう一方はサザン・レジデント（クランJから成り、集団を構成するシャチは八〇頭に満たず、絶滅寸前種に分類される）である。クランに付けられているアルファベット文字は、マイケル・ビッグが考案したものだ。彼は、野生のシャチを詳しく調査した最初の研究者である。この名前が定着し、広く知られるようになったのである。

海にはたくさんの河川が注いでいる。ノーザン・レジデントとサザン・レジデントのどちらも海岸に近づいたり離れたりしながら、卵を産むために海から川へ戻っていくサケを捕まえて食べる。

要するにバンクーバー島周辺の海には、トランジェント、サザン・レジデント、ノーザン・レジデントという三つのコミュニティ、すなわちエコタイプに分類すると二種類が共存している。この地域に暮らしていると、シャチを番号やニックネームで愛情込めて呼ぶようになる。どの集団も親しいご近所さんであり、地元の名士であり、素人の目にはどのシャチも同じように見える。しかし、異なる集団同士は決して交わらない。その理由は、何年にもわたる根気強いフィールドワークによってようやく解明された。鍵となったのは鳴き声だった。

海洋生物学者のマイケル・ビッグは一九七〇年ごろ、シャチが呼吸するため水面に現れたとき、灰色のサドルパッチ【訳注／背びれの根元付近の白い模様】や背びれに注目すれば、個体を区別できることに気づいた。それから数十年かけてビッグらは、水面に浮上したときに垣間見えるひれやサドルパッチ、それに背中の特徴的な傷を写真におさめ、カタログを作成した。さらに、誰と誰が一緒に暮らし、誰が誰を出産し、どれが誰なのかおおむね確認するため、数年間にわたって行動を追跡した。

一九七〇年代末にビッグの教え子のジョン・フォードは、シャチの集団を分類するための研究を始め、それは以後六年間続いた。ただし彼は体の特徴ではなく、シャチの鳴き声に注目した。

イルカやベルーガなど他のハクジラ亜目と同様、シャチの鳴き声には三つのタイプがある。クリック、ホイッスル、パルスコールの三つだ。パルスコールでは、一秒間に最大で五〇〇〇回のパルスが繰り返される。クリックと似ているところもあるが、こちらのほうが金属的かつメロディックで、音の種類が多彩だ。シャチは移動するときや狩りをするときにクリックを使い、狭い範囲での社会的交流には静かなホイッスルを使う。しかし、狩りの成功を祝うときのパルスコールは、水中を何十キロメートルも伝わり、別のグループの近くまで届くこともある。シャチの鳴き声の周波数には、シャチの世界が反映されている。ホイッスルのように周波数の高い音はすぐに減衰するので、近い範囲でのコミュニケーションに使われる。周波数の低い音は波長が長くて減衰しにくいので、長い距離を伝わる。しかしあまりにも低すぎると、浅瀬では長い波長が海面の空気や海底にぶつかり、音が減衰してしまう。シャチのパルスコールは一ないし一五キロヘルツの範囲内で、ひとつまたは複数の基本周波数が複雑に混じり合い、高次高調波が発生する。

フォードが研究を始めるまでには、師匠のビッグも写真のデータベースの他に、シャチの鳴き声を集めるようになっていた。どのグループにも特定のパルスコールがあって、それが何度も繰り返されるようだった。決まった型があり、それは決して変わらない。そこからビッグとフォードは、シャチはグループごとにコールが異なるのではないかと推測した。

もちろん、コールが同じ生物種のなかで異なる可能性はある。たとえば生物種の生息地が広範囲にわたる場合、北にいるほうが甲高い鳴き声や軽快な鳴き声を出して、南ではこうした鳴き声が聞こえないことがある。これはナキウサギや一部の鳴き鳥に当てはまる。しかし、同じエリアのなかに異なる集団が存在し、それぞれコールのレパートリーが異なるなら、どの集団も異なる方言を持っている可能性があり、お互いにわざと距離を置いていると考えられる。

フォードはノーザン・レジデントに注目した。ここに所属するクランとポッドのパルスコールのカタログを準備したうえで、ビッグが作成した写真付きIDと照らし合わせ、特定の音を聞いたとき、その場所にはどのシャチがいたのか確認した。その結果、ポッドのコールには十数種類のレパートリーがあることがわかった。ポッドのあいだで共有されるものもあれば、ポッドごとに異なるものもある。たとえばどのAポッドも、ほとんどのコールを共有する。あるBポッドは六種類のコールをAポッドと共有する一方、四種類の独特のコールを持っていた。そしてこのBポッドが、クランに共通する鳴き声でコールするときには、Aポッドのバリエーションが使われた。

一方、サザン・レジデントのポッドのパルスコールは、ノーザン・レジデントとまったく異なる。最後にコールの周波数が下がると、音調が「一気に」変化する。ノーザン・レジデントの軽快なトリルとは正反対だ。「この違いは、訓練を受けていない耳でもすぐにわかる」と、フォードの仮報告書には書かれている（私もこれを確認できる。かつてパークスカナダ【訳注／カナダの環境・気候変動省の管轄下にある官庁】に所属する生物学者から、複数のパルスコールを聞かせてもらった。そのときサザン・レジデントのポッドについては、コールの違いをはっきり区別できた。Jポッドのパルスコールは、「イヤッホー」という叫び声に少し似ている。Kポッドは、子猫が鳴いているようだ。そしてLポッドのパルスコールは、ホイッスルのように聞こえる）。

トランジェントも複数の異なるコールを持っているが、音量も使い分ける。コールの回数はレジデントよりも少ないが、声の大きさはもっと多彩で、ささやき声からどなり声まで様々だ。そして、もっと小さなグループで移動する。

一九九一年までにフォードのカタログはほぼ完成し、数十種類のパルスコールが確認された。シャチは複数の集団が近くで暮らし、同じタイプの鳴き声を上げるが、パルスコールの一部には方言が使われる。それはなぜだろうか。

ボルカー・ディークはいまではイギリスの生物学者で、北太平洋でシャチを研究している。しかし若い頃には、フォードと一緒にブリティッシュコロンビア州の沖で調査を行なった。

シャチが方言を使うための手段がホイッスルやクリックではなく、どうやらパルスコールになった理由を、ディークはある日ブリティッシュコロンビア州の沖でトランジェントの群れを追いかけているときに目撃した。群れは一日中静かだったが、やがて「大きな弧を描くと、いきなり大声で鳴き始め、尾を高く持ち上げて水面に飛び出した。それから一、二時間すると、別の群れがやって来た」。ちょうどこのときには同僚のひとりグレーム・エリスが、この別のトランジェントの群れを追跡して研究していることがあとからわかった。そこで後日ふたりはメモを比較した結果、「［エリスのシャチの群れ］はイシイルカを殺して鳴き声を上げ始めた」が、このときディークのシャチの群れからおよそ三〇キロメートル離れた地点にいたのではないかと推測した。ディークのシャチの群れはその鳴き声に反応し、水面に飛び出したと考えられる。「そのあとグレームは群れの姿を見失い、私は自分の群れの追跡を続けた……ふたつの群れは合流する決心をしたに違いない」とディークは語る。ふたつの群れが合流場所を調整する手段は音しかなかったはずだ。三〇キロメートルもの距離を瞬時に伝わるものは音しかない。そしてシャチにとって、三〇キロメートルの範囲内で伝わる音はパルスコールだけである。ふたつのグループのあいだを伝わるのにちょうどよい周波数のコールが、方言として使われるのは理に適っている。

そしてディークの調査からは、トランジェントとレジデントが同じ水域で生息しながら、パルスコールの種類も大きさも異なる理由も推測される。それは食べ物だ。ふたつの「エコタイプ」は、食べる物がまったく異なることで区別される。

レジデントは魚を捕るが、特にキングサーモンが好物で、ほとんどこれしか食べない。サケは音を聞くことができるが、聴覚のスペシャリストというわけではなく、そんな魚の例に漏れず音に敏感ではない。そのため周波数の高い音を聞きとることができない。一方トランジェントは、アザラシやアシカやネズミイルカなどの哺乳類をつかまえる。こうした動物は水中でも音がよく聞こえる。パルスコールやエコーロケーションのクリックと同じ周波数の音も聞き分ける（シャチのクリックはイルカと同様に周波数帯域が広いが、ピーク周波数はイルカよりも低く、一〇キロヘルツと二〇キロヘルツのあいだになる）。そのため獲物を探して仕留めようと思っても、行動に伴う音を相手に聞かれる可能性があるので、静かにしている必要がある。ディークはこう語る。「エコーロケーションは魚を見つけるために効果的だが、哺乳類を見つけるためにあまり良い方法ではない。哺乳類はシャチの様々な音を聞くことができる。そして実際に聞こえたら、それまでに集めた情報に基づいて賢明な選択を行なう」。そのためトランジェントは少なくとも狩りのあいだ、あまりパルスコールを使わず、クリックにも大して頼らない。耳で聞きとって狩りをする。

シャチの鳴き声を聞き分ける

サケを食べるレジデントのパルスコールと哺乳類を食べるトランジェントのパルスコールの違いを、ゼニガタアザラシは理解できることをディークは発見した。哺乳類を食べるトランジェントの鳴き声を録音してアザラシに聞かせたところ、興奮して逃げ出した。しかし、哺乳類は食べないレジデントのパルスコールを聞かせても、特に反応を示さなかった。さらに、まだ聞いたことがないアラスカに生息するレジデントの鳴き声を聞かせると、アザラシは強く反応した。レジデントなら何でも気にしないわけではない。それには、無害であることを学習しなければならない。同じ場所に住んで魚を食べるシャチの鳴き声にアザラシが慣れるのは、脅威ではないことを学習するからだ。「最初はずいぶん無茶だと思ったが、本当はきわめて理に適っている」とディークは語る。捕食者から泳いで逃げるためには多くのエネルギーを要する。自分を狙うシャチは限定されるのに、シャチの鳴き声が聞こえるたびに逃げ回ったら、たくさんのエネルギーが浪費される。

だがこれは本能的なものなのか、それともあとから学習するものなのか。子どものアザラシはシャチの鳴き声を聞くたびに逃げるが、成長するにつれてレジデントのパルスコールを無視することを学習する可能性が、ディークの調査結果からは暗示される。おそらく、大人がどの鳴き声に反応するのか観察して覚えるのだろう。アザラシが安全な鳴き声を特定できるようになるためには、自分の生育域でおよそ五〇種類のパルスコールを学習しなければならない。そして、まさにそれを実行しているようだ。

「ジョン［・フォード］はレジデントとトランジェントの違いを研究して博士号を取得した。でも、アザラシはずっと前からそれを理解していたんだね」とディークは笑いながら言った。

ところでフォードが確認したように、同じレジデントのクランに属する複数のポッドのあいだでも、鳴き声は微妙に異なる。なぜか。それは、パルスコールが単独行動をとるときではなく、ポッドという集団で行動するときに使われるからだ。

二〇〇〇年、ディークはノーザン・レジデントのクランの方言や集団としての行動を詳しく調査して、つぎのことを発見した。一部の集団――全部ではない――のパルスコールは時間と共に変化するようだ。スペクトログラムに記録される周波数は安定せず、なかには構造が微妙に変化するコールもあった。そこで、同僚が記録した鳴き声をまとめて作成された大量のデータベースを詳しく分析した結果、あるふたつの母系集団は交配しないものの、パルスコールをよく似た形で修正していることがわかった。そうなると、変化した理由が遺伝子や本能とは考えられない。パルスコールはシャチの文化に合わせて変化しており、各集団の社会的アイデンティティと結びついている可能性が、強力な証拠によって裏付けられた。方言を共有するシャチの集団のあいだでは、強固な社会的アイデンティティが確立されているようだ。これには少なくともひとつの理由が考えられる。

シャチは寿命が長い。理想的な状況が整っていれば、人間に匹敵するほど長生きする。幼いころは大人から食べる方法を学ぶが、食べるためにはクリックの出し方や音の聞き方や水中を移動する方法を覚える必要がある。そんなシャチは母系集団で、どの家族も年長のメスがリーダーを務める。オスは、生涯のほとんどを母親と一緒に過ごす。年長のメスが家族集団を率いるパターンは、他の動物種にも見られる。たとえば象のメスのリーダーは、かつて餌不足のときに使われた古い移動ルートを記憶している。そのため若くて経験不足のリーダーが率いるよりも、集団が生き残る可能性が高くなる。記憶力は、進化にとって大きな価値を持っている。

どのシャチの集団も血縁だけで結束しているわけではない。一人前のシャチになるために必要な知識も共有しており、それは祖母から三世代にわたって受け継がれる。シャチの場合、ほぼすべての行動に音が関わっている。そのため、各集団は鳴き声によって区別されると考えてよい。

ディークは現在、北大西洋でシャチの方言の研究に取り組み、シェトランド諸島とアイスランドの二カ所で現地調査を行なっている。シェトランドのシャチは哺乳類を食べる。一方、アイスランドのシャチの多くが食べるのは魚で、特にニシンが好まれる。ここでは、食べ物に基づく分類はあまり顕著ではないが、ディークは、集団同士の関係の一部を何とか解き明かしたいと考えている。そしてすでに調査の過程で、魚とのあいだでも音を巡って激しい闘いが繰り広げられている証拠を幸運にも発見した。北太平洋のレジデントと同様、哺乳類を食べる集団は静かに狩りをする。しかしニシンを食べる集団も北太平洋のレジデントに比べると、パルスコールを使う回数がはるかに少なく、魚の群れを探しているときは特にそれが顕著になる。シャチの好物であるニシンは、シャチの鳴き声を容易に検知することができる。そして実際に検知すると、(最も手っ取り早いおならを使って)浮袋を空っぽにして、深いところまで潜ってしまう。というのも、浮袋は浮力の調節が本来の機能だが、音をきれいに反射することもできるので、クリック音を容易に拾ってしまう。しかし、おならを戦略的に使って深い場所に移動すれば、音を反射しにくくなる。

もっと面白いこともある。アイスランドのシャチは、ニシンの群れを集めるために低音域の鳴き声を上げる。

それを聞くと、ニシンの群れはひとつにまとまるようだ。周波数はおよそ六五〇ヘルツで、シャチとしてはかなり低い。ところがこれは、地球の裏側の北太平洋でシャチがニシンを追跡するときの鳴き声と同じ周波数なのだ。ニシンはひとつにまとまったほうが捕まえやすいので、どちらの水域のシャチもこうした行動をとるのかもしれない。ディークがその正しさを確認できれば、水中では音が生死を分けることが、新たな事例によって裏付けられる。この疑問に回答するためにディークらは、フォードやビッグらと同様の長期にわたるデータセットを作成している。太平洋のシャチと同じく大西洋のシャチに関しても、いつの日か目録が完成して理解が進むことをディークは願っている。

音が主なコミュニケーション手段となる領域に社会性を持つ複雑な哺乳類が入ってくると、コンタクトコールやシグネチャーホイッスルや方言を使うようになる。個体や集団のアイデンティティを、騒々しい鳴き声や穏やかな鳴き声を使って主張する。ただしそれは、獲物が聞こえない範囲に限られる。あるいは少なくとも、よくわかっている獲物を相手にする。シャチの鳴き声には警告、悲しみ、励まし、場所の特定、絆の強化など、様々な意味が込められている。そんな鳴き声を、正確には何と呼ぶべきだろうか。

言語の正確な定義は、尋ねる相手によって異なるので厄介だ。「語彙と文法を持つコミュニケーションシステム」という定義もあれば、言語学者のエドワード・サピアはつぎのように記した。「言語とは、アイデアや感情や願望を伝えるための人間に特有の手段であり、本能とは無関係である。自発的に創造されたシンボルから成るシステムに支えられる」（ふう、大変）。

マリンスタジオやポイント・ムグ基地でイルカや海洋哺乳類を詳しく調査した生物学者のフォレスト・G・ウッドは、著書『Marine Mammals and Man』〈海洋哺乳類と人間〉のなかでつぎのように述べている。「言語はコミュニケーションの特殊な形態である。言語によって、物事――そして物事の分類――には名前が付け

脳と心の本

庭仕事の真髄　老い・病・トラウマ・孤独を癒す庭

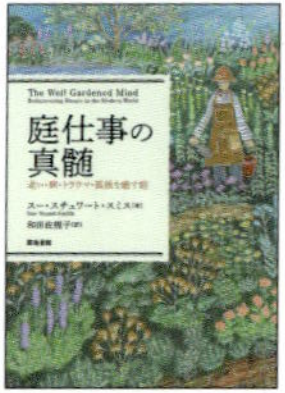

スー・スチュアート・スミス［著］
和田佐規子［訳］　3200円＋税
人はなぜ土に触れると癒されるのか。庭仕事は人の心にどのような働きかけをするのか。庭仕事で自分を取り戻した人びとの物語を描いた全英ベストセラー。　◉1万部突破！

脳科学で解く心の病

うつ病・認知症・依存症から芸術と創造性まで
カンデル［著］大岩（須田）ゆり［訳］
須田年生［医学監修］　3200円＋税
ノーベル賞受賞の脳科学の第一人者が心の病と脳の関係を読み解く。
◉たちまち3刷！

植物と菌類と人間をつなぐ本

森のきのこを食卓へ

里山で、家で、
おいしく楽しむ小規模栽培
増野和彦［著］　2400円＋税
日本全国の森で野生きのこを集めてきた著者が「小規模でもキラリと光る」きのこ栽培のノウハウを大公開し、おいしいきのこ生産の手順を徹底解説。

枯木ワンダーランド

枯死木がつなぐ虫・菌・動物と森林生態系
深澤 遊［著］　2400円＋税
微生物による木材分解のメカニズム、枯木が地球環境の保全に役立つ仕組みまで、枯木の自然誌を軽快な語り口で綴る。　◉大増刷！

もっと菌根の世界　知られざる根圏のパートナーシップ

齋藤雅典［編著］　2700円＋税
80％以上の陸上植物は菌根（き

菌根の世界　菌と植物のきってもきれない関係

齋藤雅典［編著］　2400円＋税

億年以上前から続くパートナーシップ
と、自分に利益をもたらさない相手に
は容赦なく制裁を加えるシビアな世界
を、気鋭の研究者 12 名が紹介する。

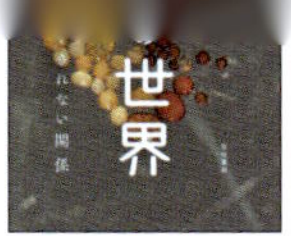

回復への利用をまじえ、日本を代表す
る菌根研究者 7 名が多様な菌根の世
界を総合的に解説する。　◉ 6 刷！

動物と虫をもっと好きになる本

先生、イルカとヤギは親戚なのですか！

鳥取環境大学の森の人間動物行動学
小林朋道［著］　1600 円＋税
幼いころ飼っていた愛犬トム、調査実習で出合ったモモンガ、街で暮らす鳥たち、イルカとヤギ、モモンガグッズ、ゼミ生作のビオトープで暮らす生き物たちに思いをはせる全 7 章。

先生、シロアリが空に向かってトンネルを作っています！

鳥取環境大学の森の人間動物行動学
小林朋道［著］　1600 円 + 税
子モモンガに協力してもらった実験の結果や、ヤギの群れのリーダーが意外なヤギに決まった話など、疲れていてもクスッと笑える動物エッセイ全6章。

ネコ学

あなたの猫と最高のコミュニケーションをとる方法

クレア・ベサント［著］
三木直子［訳］　2400 円＋税
英国の慈善団体インターナショナル・キャットケアの最高責任者を長年務めた著者が、行動、しぐさからトイレ、食事まで、ネコのすべてを 1 冊にギュッと凝縮。

一寸の虫にも魅惑のトリビア

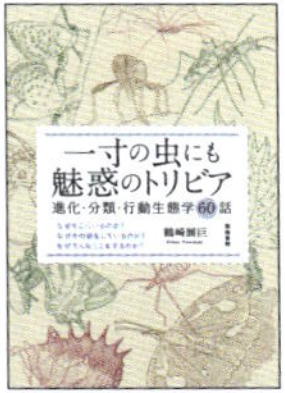

進化・分類・行動生態学 60 話
鶴崎展巨［著］　2200 円＋税
身近な虫もレアな虫も、小さな体にきらめく進化の妙。むずかしくはないが深い話、知る人ぞ知る虫知識を、世界的なザトウムシ研究者が虫への愛情たっぷりに紹介。

価格は、本体価格に別途消費税がかかります。価格・刷数は 2025 年 1 月現在のものです。

測の歴史が、人類の知識の探究をどのように包み込み、形作ってきたかを、余すところなく描く。

◉読売新聞／為末大氏選

雄が子を守ったりする種類もいる。その研究に 50 年を捧げた世界的なザトウムシの権威による、ザトウムシの本。

◉朝日新聞／小宮山亮磨氏選

自然界の仕組みに迫る本

饒《じょう》舌《ぜつ》な動植物たち

ヒトの聴覚を超えて交わされる、クジラの恋の歌、ミツバチのダンス、魚を誘うサンゴ

カレン・バッカー［著］

和田佐規子［訳］　3200 円＋税

ヒトには聴こえない音を聴き取り、意味を解析する研究が進んでいる。生命が奏でる音の多様性を描いた 1 冊。

立体と鏡像で読み解く生命の仕組み

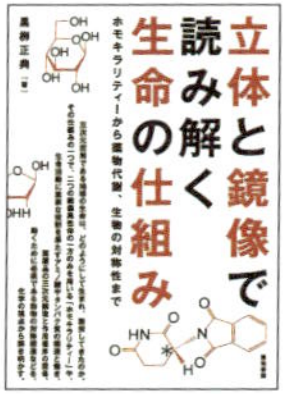

ホモキラリティーから薬物代謝、生物の対称性まで

黒柳正典［著］　2400 円＋税

地球における生命繁栄の仕組みの一つであるホモキラリティーや動物の対称構造などを、化学の視点から解き明かす。

互恵で栄える生物界

利己主義と競争の進化論を超えて

オールソン［著］　西田美緒子［訳］

2900 円＋税　◉福岡伸一大推薦！

自然への理解と関わりを深め行動を起こした各地の研究者、農場主、市民たちを訪ね歩き、生物界に隠された「互恵」をめぐる冒険を描く。

ここがすごい！水辺の樹木

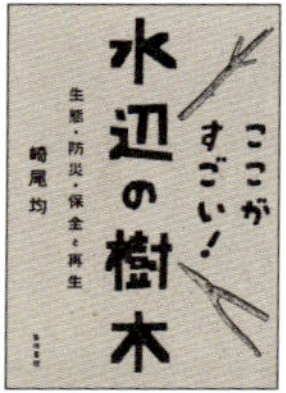

生態・防災・保全と再生

崎尾 均［著］　2400 円＋税

河川開発によってその貴重な更新機会の多くを失った「水辺林」。本書では個々の樹種の生態から水辺林保護のポイントまで、水域と陸域のつながりを取り戻す理論と実践を解説。

られ、抽象的なアイデアが表現され、話し合いが始まる。本物の言語には制約がない。文化的なあらゆる概念や状況に対処できるだけの余地や範囲や柔軟性を備えている」。あるいはこれを別の角度から見ると、こんなふうに説明できる。「人間以外の動物が発する語と人間の言語の違いは、『あちっ』と『火は熱い』という表現の違いだと言われてきた」

言語学は、本書の範囲を超えている。しかし多くの人たちと同様に私も、海洋哺乳類の魅力的な鳴き声——シグネチャーホイッスル、コンタクトコール、方言——が言語と見なされるのかどうかに興味がある。私は単純に好奇心から、素朴な疑問を抱いた。すなわち、海洋哺乳類はどのように考えるのだろうか。結局のところ、私たち人間が使う言語や言葉は私たちの心を形作り、大きな影響をおよぼす。では、シャチやイルカやベルーガのように知能が高くて音声を発する動物の場合、鳴き声は心をどのように形成するのか。何を知覚して、どんな環世界【訳注／生物が主観的に知覚して構築した世界】を持っているのだろうか。哲学者のルートヴィヒ・ヴィトゲンシュタインはこう語った。「私の言語の限界は、私の心の限界である。知っているものにはすべて名前がつけられる」

ほとんどの科学者のつぎの見解は、私の疑問への簡潔な回答になるかもしれない。それによれば、言語ではシンタックス、すなわち単語など意味を持つ単位を組み合わせて文を作る文法的規則が必要とされ、言葉（あるいは音声や要素）の並び方が重要になる。「ボールをフープのところに持ってくる」のと、「フープのところにボールを持ってくる」のは意味が異なる。しかし、海洋哺乳類の発声にはこうしたシンタックスが欠けているという見解が大多数を占めている。

イルカのシグネチャーホイッスルも例外ではない。セイイによれば、言語には識別信号が必要で、イルカが使う「ネームタグ」はそれに該当するようにも見える。しかし彼女は、これでは言語が設定した定義の基準を満たさないと考える。「イルカが言語を持っているとは言えない。その証拠はまったくない」と言いきっている。

そしてディークは、方言も「言語」とは見なされないと指摘する。方言にはシンタックスがないし、抽象的な概念を伝えることも確認されていない。これについてディークは、もっと数学的な視点からつぎのように論じる。

「ビット」は情報の最小単位である。人間の言語のビットレート単位時間あたりのデータ量はかなり多いが、シャチのビットレートはずっと少ない。「母系集団では、鳴き声に一五種類のタイプがあるが、それは一五文字から成るアルファベットを持っているようなものだ」とディークは指摘する。「典型的なコールレートは、個体の一分ごとの発声に含まれるデータ量をさす。もしも私が三〇秒ごとに一文字ずつ話すとしたら、まとまった意味を伝えるまでにおそらく一〇年はかかるだろう。そんなコミュニケーション手段が、私たちが知っている言語と異なることには疑いの余地がない」

だがその一方でディークは、私たちが「言語」と呼ぶものは、人間に限定された構成概念のようなものだとも指摘してこう語る。「一貫して自分自身の評価基準と比較していると、興味深い疑問に目が向かなくなる。私たち人間が苦手とするどんなことを、動物は上手にやっているのだろうか。私たち人間が得意なことを動物もできるだろうかと問いかけるよりも、こちらのほうがはるかに興味深い」

そして一部のクジラは、シンタックスが含まれると思われるものをとても上手に操る。それは歌だ。

第7章 音色、うめき声、リズム
クジラの歌の不思議

翻訳者は裏切り者

イタリアには「翻訳者は裏切り者」という格言がある。それは、本来の意味の一部が翻訳では常に失われる可能性を暗示している。

ザトウクジラは広い海のあちこちに移動を繰り返す。なぜなら、すべてが準備されている場所はひとつもないからだ。子どもを出産し、自立できるまで育てるには、暖かくて安全な海が必要とされる。そしてたくさんの食べ物も必要とされるが、食べ物には肉食のシャチやサメなどが引き寄せられる。そんな海のギャングにとって、ザトウクジラの赤ん坊は格好の餌でしかない。そのためザトウクジラは季節の変化に合わせ、食べ物を確保できる場所と安全な場所とのあいだで移動を繰り返す。夏は普通、水温が低くて食べ物の豊富な高緯度の水域にとどまるが、冬になると出産に備え、食べ物は少なくても暖かい水域に移動する。

ザトウクジラは、世界中におよそ一四の個体群が存在する。北大西洋西部の個体群は、カリブ海やベネズエラで冬を過ごし、そのあいだに交配と出産を経験する。夏になると、食べ物の豊富なカナダ沖まで北上する。そして移動するときは、多くのザトウクジラがバミューダ島を通過する。ここは、移動の中間地点として好まれる。

バミューダ島の下は大陸棚で、すぐ先から海底は急に傾斜が大きくなり、大西洋は一気に深くなる。このようにバミューダ島は深海に近接しているため、SOFAR（米海軍船舶航空機遭難救助機構）がハイドロフォンを設置するには都合の良い場所だった。第二次世界大戦後には、水中音を聞きとるためにネットワークを構築する場所のひとつに選ばれて、セントデービッズ島にパリセーズ局が建設された。この海岸の音響聴取局からはケーブルがくねくねと伸びて、海底のハイドロフォンにつなげられた。

一九五〇年代初め、フランク・ワトリントンはここで水中音を聞いているとき、わめき声やうめき声など、この世のものとは思えぬ音を耳にした。そこで彼は、こうした音を記録し始めた。そして、一九五五年に音が水中を移動する軌跡をたどっていくと、ハイドロフォンから数キロメートルの圏内にザトウクジラが泳いでいる姿を目撃した。

ワトリントンはクジラの鳴き声を何年間も記録し続けたが、そのことは誰にも話さなかった。当時はまだ捕鯨が合法的だったので、ザトウクジラの鳴き声の秘密をばらしたら、捕鯨船が押し寄せるのではないかと案じたのだ。やがて一九六七年、クジラの若き研究者ロジャー・ペインと妻のケイティに出会うと、彼はふたりに録音テープを渡した。

ワトリントンからクジラの鳴き声の録音を提供されたペイン夫妻は、今度はそれを若い音響学者で、水中音響の経験が豊富なスコット・マクヴェイと共有した。彼はプリンストン大学の学生だった一九六一年、イルカの研究者ジョン・リリーの講義を聞いた。リリーと言えば、すでに紹介したように、著書『Man and Dolphin』〈人間とイルカ〉に海軍が興味をそそられた人物だ。講義が終わると、マクヴェイはリリーのもとを訪れて気になった点を尋ねた。それに強い印象を受けたリリーは、マクヴェイに仕事をオファーした。ただし、リリーの研究は一風変わっており、いつでも型破りな戦術を用いた。あるときは、イルカと助手を同じ水槽に一〇日間入れて、人間とクジラ目の相手に対する反応が長時間にわたってどのように変化するか観察した。

リリーの奇抜な実験方法はさらにエスカレートして、人間とクジラ目に共通する言語を探すため、どちらにもＬＳＤを使うこともあった。二年後、マクヴェイは助手としてプリンストンに戻った。

ロジャー・ペインからテープを見せられると、マクヴェイは興味をそそられた。しかしそれをきちんと分析するためには、別の形に変換する必要があった。そこで、鳥の鳴き声を研究する大学のラボで、超音波画像を作成する機械を使ってクジラの鳴き声をプリントアウトした。

黒白プリントのアナログの分光器（スペクトログラフ）は、音の変化を長い線で描き出した。これは音の周波数が時間と共に変化する様子を表したもので、セイイがスペクトログラフでイルカのホイッスルを表現したのと同じだ。マクヴェイとペインはこれを観察した結果、叫び声やうめき声を表す不規則な曲線や直線が、音域を変化させながら数分ごとに繰り返されることを発見した。ここには構造が存在している。

ザトウクジラの歌

一九三〇年代に生物学者のＷ・Ｂ・ブロートンは、動物の「歌」として認められるための基準を提案した。ここには、歌をどれだけ厳密に解釈するかによって複数の基準がある。最も厳密な意味では、歌の基準はつぎのようになる。歌とは「音の連なりで、普通は複数の種類の音で構成される。それが連続して表現されると、最後は認識可能な配列やパターンが形成される」。もしも鳥の鳴き声が「歌」ならば、ザトウクジラの鳴き声は同じ基準を満たして余りあると、ペインとマクヴェイは確信した。

ふたりはクジラの歌を分析するにあたり、すでに陸環境で評価が確立している研究を利用した。その研究の対象は、スズメ目として知られる鳴き鳥である。すると、クジラと鳥の類似点が明らかになった。

鳥の歌の録音をスロー再生すると、クジラの歌とそっくりになる。逆にクジラの歌の再生速度を上げると、鳥の歌とそっくりになる。音色や広帯域、うめき声やホイッスルが同じように混じり合っている。かつてある会議で、私はオレゴン州立大学の音響学者デイヴ・メリンガーと同席した。会議はとっくに終わり、カクテルパーティーが終了した会場では、清掃係が私たちの周りで後片付けをしていた。メリンガーは鳥の歌をスロー再生し、ザトウクジラの歌の速度を上げて再生した。私はそれに魅了された。ふたつはまったく同じメロディーではないが、私の耳には周波数帯がそっくりに聞こえた。

ペインとマクヴェイは一九七〇年、ナショナルジオグラフィックから『Songs of the Humpback Whale』〈ザトウクジラの歌〉というアルバムをリリースした。ふたりはクジラの歌について学者だけでなく、一般の人たちにも知ってもらい、水中の美しい音色への関心を高めてほしいと考えた。水中で聞こえる動物の鳴き声を録音したアルバムは、これが最初ではない。セントローレンスのベルーガの鳴き声を録音したアルバムが、一九五〇年にリリースされている（そして、ウィンスロップ・ケロッグが制作した『Sounds of Sea Animals』〈海の動物の鳴き声〉という二枚から成るアルバムが、一枚目は一九五二年、二枚目は一九五五年にフォークウェイズ・レコードから発売された。このレコード会社は、世界中の様々な民族や動物の方言や言語を録音している）。しかしペインとマクヴェイのアルバムは、間違いなく最も評判になった。

翌年の夏、ふたりは「ザトウクジラの歌」という論文を『サイエンス』誌に発表し、マクヴェイがスペクトログラムで表現した鳴き声が表紙に使われた。マクヴェイが苦労して作成したプリントアウトはまるで記譜記号のようだった。実際デイヴィッド・ローゼンバーグは著書『Thousand Mile Song』〈サウザンドマイル・ソング〉のなかで、「ネウマ」という中世の記譜記号に似ていると指摘している。いまはもう使われないが、現代の記譜法が登場する以前、この曲がりくねった記譜記号は聖歌を記録するために使われた。

記憶に長くとどまる鳴き声や、グラフに描かれた曲線の神秘的な美しさのおかげで、クジラ救済への世間の関心は高まり、大きな環境保護活動の一部になった。こうした保護活動は、レイチェル・カーソンが『沈黙の春』を出版してから勢いづいていた。一九八二年には国際捕鯨委員会が商業捕鯨の全面的な停止を提案し、今日までそれは続いている。

漁師や捕鯨船員など、繁殖地に船でやって来た経験のある人なら誰でも、ザトウクジラの鳴き声について知っていた。しかしハイドロフォンやアルバムやスペクトログラムのおかげで、こうした鳴き声は歌であることがわかった。鳥の鳴き声と同じ基準で歌と見なされる。そして歌という言葉には、「言語」と同様に言外の意味が込められている。

動物生物学では、コールの連続が「歌」と見なされる。ブロートンが指摘したように、パターンとリズムによって定義される。一方、オックスフォード英語大辞典によれば、歌は「声もしくは楽器の音（あるいはその両方）が結びつき、美しい構造やハーモニーが生み出され、それによって感情が表現される」ものとなる。どちらの歌の定義からも、言語と同じようには情報を伝えないことが暗示される。

情報は曖昧な概念かもしれないが、何かにどれだけの情報が含まれるか数学理論によって計測できる。ボルカー・ディークらがクジラの歌に情報理論を使ったところ、ビットレートは一秒につき一ビット未満だった。人間の話し言葉や言語よりも桁違いに低い。歌のなかで最も大切な情報は、誰かが（あるいは、どこかでクジラが）歌っているということだろう。そんなに複雑ではない。ポピュラーソングで歌詞が繰り返されることが面白くない人は、そもそもポピュラーソングに関する解釈が間違っている可能性があるが、それと同じだ。「人間の歌と同様、自分自身を強くアピールしているのだろう」とローゼンバーグは記している。

ザトウクジラの歌を聴いたことがあっても、パターンやリズムを確認できなかったかもしれない。しかしそこには構造があって、ペインとマクヴェイはつぎのように説明する。最も短い単位は「ユニット」で、これが確認しうる最も小さな音の種類になる。低周波数帯の悲しげな倍音、中周波数帯の「オーオーオー」という鳴き声、高周波数帯の甲高い声などだ。複数のユニットを組み合わせたものが「フレーズ」、複数のフレーズを組み合わせたものがテーマ、そして複数のテーマが組み合わされて歌が出来上がる。歌を最初から最後まで歌うと、八分から二〇分ぐらいになる。クジラは一曲を歌い終わると再び歌い始め、それが何度も繰り返される。歌の「競演」――クジラのリサイタル――は、二四時間以上も休まず続く可能性もある。

だが、なぜなのだろう。なぜクジラは、わざわざ歌うのだろうか。はっきりとはわからない。ひょっとしたら、クジラは歌に本質的な美しさを感じるのかもしれない。たとえば、私たち人間が歌に美しさを感じることには納得できる理由が考えられる。私たちは、予測可能性と斬新さがバランスよく存在するものに、どうやら本能的に引き寄せられるのだ。そして歌は、本質的にこの条件を満たしている。歌はパターン（予測可能性）にしたがって音が連続する一方、多様性に富む（斬新さ）。著書『Why You Like It』〈なぜそれが好きなのか〉のなかでノーラン・ガッサーはこう書いている。歌は「規則的な連続のおかげで、伝えたいメッセージがはっきり認識される。ふたつ以上の（三つ以上には滅多にならない）関連するフレーズによって、類似性と違いのどちらも表現される」。要するに音楽を聞くと、脳の重要なパターン認識機能が刺激され、馴染み深いものにも意外なものにも同時に感動する。

人間や鳥やクジラが歌を創造するのは、歌のリズムや反復、様々な音色やフレーズによって、予測可能性と斬新さが本質的にうまく釣り合っているからかもしれない。それでも古い諺にもあるように、本来の意味の一部が翻訳では常に失われる可能性がある。失われたとしても、私たちにはそれがわからない。

進化する歌

ペイン夫妻は『サイエンス』誌に画期的な論文を発表したあと、世界各地でザトウクジラの歌を録音し、クジラの保護を訴えるメッセージを広めた。妻のケイティは学生時代に音楽と生物学を専攻しており、クジラの歌に特に関心を持ち始め、そこにいくつかのパターンを見出した。たとえば、同じ水域に生息するクジラは毎年同じ歌を歌うが、時間の経過とともに歌は進化した。

ケイティは何種類かのテーマをまとめたうえで、どの歌からどのテーマが取り除かれた可能性があるか、どのテーマはどの集団によって採用されたか、確認する作業を始めた。テーマはどこで取り除かれ、どこで付け加えられたか。フレーズはどこで交換されているか、分析を進めた。

他の研究者も、ザトウクジラの歌が変化する謎の解明に乗り出した。オーストラリアではダグラス・カトーと助手たちが、ザトウクジラの歌に何年にもわたって耳を傾けた。マイケル・ノードも一九九〇年代末まで歌を聞き続けた。そしてクイーンズランド南部沖で歌を録音したとき、衝撃的な展開を目撃した。

オーストラリアの西海岸と東海岸では、クジラの歌が異なる。オーストラリアの大陸をはさみ、別のグループに分類される。一九九五年には、オーストラリア東海岸のザトウクジラはみんな同じ歌をささやくように歌っていた。ところが一九九六年、八二頭の群れが最初は北に、つぎに南に移動したあとの録音を聞くと、二頭がまったく違う歌を歌っていた。群れが一九九七年に繁殖地に到着したときには、半分以上のクジラが新しい歌に切り換え、三頭は古い歌と新しい歌が混じり合っていた。一九九八年が終わるまでには、グレートバリアリーフで録音の対象になったすべてのクジラが新しい歌を歌っていた。

実は、新しい歌は何もないところから生まれたわけではない。これはオーストラリア西海岸のザトウクジラの歌だった。西海岸の数頭のクジラが一九九六年に東海岸に移動して、そのあと歌を持ち込んだ可能性が考えられる。東海岸のクジラは新しい歌を学習したのだ。これは間違いなく音声学習であり、たとえば有名な楽曲がミキシングし直され、カバーバージョンとして歌われるようなものだ。なぜか。

これは変わった比較かもしれないが、一九九七年に地上ではダイアナ元妃がパリで亡くなり、その年にはエルトン・ジョンの『キャンドル・イン・ザ・ウィンド1997』がビルボード100のトップにランクされた。一九七三年に発表されたオリジナルはジョンとバーニー・トーピンがマリリン・モンローに捧げたもので、大ヒットした『グッバイ・イエロー・ブリック・ロード』というアルバムに収録された。一九九七年のリメイク版はメロディーだけでなく、演奏に使われる楽器もサブボーカルも同じだが、みんなから愛された若くて魅力的な女性の早すぎる死を追悼するという同じテーマが、歌詞によって更新された。同じ歌が違う作品になったのである。

図らずも、その年にビルボード100でトップにランクされたもうひとつの歌も、やはりリメイク版だった。パフ・ダディとフェイス・ヒルの『アイル・ビー・ミッシング・ユー――見つめていたい』は、ポリスの『見つめていたい』〈原題：Every Breath You Take〉がオリジナルだった。オリジナル曲はストーカーの執着的な愛情がテーマだったが、リメイク版はノトーリアス・B.I.G.に捧げられた。ラッパーだった彼は、一九九七年三月にロサンゼルスで車から通りすぎざまに撃たれて命を落とした。

ハル・ホワイトヘッドとルーク・レンデルは著書『The Cultural Lives of Whales and Dolphins』〈クジラとイルカの文化的生活〉のなかで、クジラの歌が途中から変化する理由について説明している。それは、私たち人間が歌を好む理由と同じ可能性があるとふたりは考える。すなわちクジラは人間と同様、「典型的な型に、目新しさが少し加えられたものを好む」のではないかという。不朽の名作を上回るためには、原形をとどめたまま解釈を変えるしかない。そうすれば、馴染み深い要素と目新しい要素がうまくかみ合う。

エレン・ガーランドは同僚と共に、ザトウクジラの歌が進化するプロセスをオーストラリア近海で追跡した。長い時間をかけて、オーストラリアからトンガまでの広範囲におよぶ調査によって、クジラの歌のデータが集められた。データを見るかぎり、歌の変化は東に向かって伝わるようだ。オーストラリアのクジラがある歌を一年間歌うと、そのあと数年間かけて、東のほうに生息する個体群が徐々に同じ歌を歌い始める。そしてオーストラリアのオリジナルの歌が進化すると、新しい要素が加わって進化した歌がやはり東に伝わっていく。こうしたプロセスがはっきり観察されたことからは、歌はザトウクジラの文化の一形態である可能性が暗示される。

「言語」と同じく「文化」も、汎用的な言葉で定義が曖昧であり、動物に適用されるときは特にその傾向が強い。なかには文化の範囲をうんと狭め、大聖堂や交響曲やレシピなど、人間が作り出したものだけに適用する定義もある。その一方、もっと自由な解釈もある。私たち人間は、こうした事柄に関する評価が統一されない可能性がある。自然に共感し、自然から学びたいと強く願う半面、自分たちは自然とかけ離れたユニークな存在だという反応を、同じように強く示す。だからクジラの文化について考えるのは素晴らしいと思う人もいれば、くだらないと思う人もいる。少なくとも私から見ると、動物の文化に関する考察には、こうした自然との矛盾した関係が反映されている。私たちはどの程度まで、動物の文化の一部なのか。そしてどの程度まで、例外的な存在なのか。

「物事を行なう方法」というシンプルな文化の定義は、私にとって理に適っている。一方、ホワイトヘッドとレンデルによると、文化は「コミュニティのあいだで共有される情報や行動であり、何らかの社会的学習を通じて同種の仲間から取得される」。他にはこんな定義もある。「文化とは、生きるうえで直面する問題への一連の解決策である」。ここまでくると、本書の範疇に収まらない。いずれにせよ、私が話を聞いた生物学者のほとんどは、常識的に考えて、クジラには何らかの文化があると評価している。そして、その文化は音を媒体として伝わり、ザトウクジラの歌で最も明確に表現されると考える点もほぼ共通している。では……なぜそうなるのか。

ケイティ・ペインは研究者のリンダ・ギニーと共に、ザトウクジラの歌を通じて定期的に繰り返されるテーマやフレーズの構造は、非常に単純化されて韻を踏んでいることを示した。

人間の詩のなかで韻を踏むと、覚えやすいフレーズや気の利いた語呂合わせが生まれるが、韻は記憶を助ける手段としても役に立つ。韻がないと、歌手やナレーターは長い情報を忘れる可能性があるが、韻があれば記憶しやすい。もしもクジラが韻を踏むなら、それは歌の調子やフレーズをきちんと記憶することが重視されるからだとも考えられる。

しかし、重視される理由は謎のままだ。クジラがなぜ歌を歌うのか、私たちには未だにわからない。確認されているかぎり、ザトウクジラはオスしか歌を歌わない。そして餌場で「ウォーミングアップ」したり、途中で優しくささやくように歌ったりするが、歌声は繁殖地で最も情熱的になる。そうなると、歌は交配のための手段だという説明はわかりやすいし、ほとんどの研究者はおそらくそれが正解だと考えている。歌で自分の力量をメスに誇示するのだ。だが、まだ疑問は残る。ザトウクジラのメスが実際に歌の上手なオスを好む証拠も、歌の上手なオスのほうがたくさんの交配相手を獲得できる証拠もほとんど見つかっていない。

では、他に何が考えられるだろうか。ザトウクジラの研究者ジム・ダーリングは二〇〇六年、歌はオスにとって協調や協力の手段ではないかと提言した。研究者のエドゥアルド・メルカドはこの学説をさらに進めてこう考えた。音響信号の構造などから判断するかぎり、クジラの歌は一種のソナーかもしれない。

そうなると今度は、音そのものから何らかのヒントが得られる。韻を踏むのは、記憶しやすさのためだろう。しかし他にも、長い距離を伝わるために役立つ特徴が含まれている可能性がある。たとえばフレーズやテーマが繰り返されて冗長性が備われれば、歌は長い距離を伝わりやすくなるかもしれない。あるいは低周波帯域から高周波帯域まで複数の対照的な周波数から構成されれば、周囲の海が様々な音で騒がしくても目立ちやすい。

一九八四年、ケイティ・ペインはオレゴン動物園で一週間を過ごし、象の発声に耳を傾けた。声はあまり聞こえなかったが、低い振動のようなものを感じた。あとからテープを分析した結果、象は超低周波音を立てていることがわかった。人間の可聴域の下限の二〇ヘルツよりも、さらに低い音だった。象のそばに立っていると、近くを長い波長の音が伝わっていくのが感じられたのだ。

興味をそそられたペインはナミビアを訪れ、そこで数年間にわたって他の研究者と調査を続けた結果、この超低周波音は二キロメートルなら簡単に、おそらく最長で四キロメートルも伝わることがわかった。これなら長距離のコミュニケーションに利用可能だ。遠くまで伝わるのは、高周波音に比べて弱まりにくいからだ。ペインはその後も調査を続け、象の研究者として有名になった。

こうして歌を研究してきたケイティ・ペインは、長距離を伝わる超低周波音へと研究の重点を移したが、ヒゲクジラのことを考えると、これは偶然ながら適切な判断だった。海のなかで歌う動物はザトウクジラだけではない。ハクジラは名前で呼び合い、群れごとに異なる方言を話すが、ザトウクジラに限らずヒゲクジラ類は歌が得意だ。そして象と同じように、非常に低い音を非常に遠くまで伝える。

低い鳴き声

地球上で最大の動物であるシロナガスクジラは、体長が三〇メートル以上にまで成長する可能性がある。真っすぐに立てば、一〇階建てのビルの高さに匹敵する。二番目に大きなナガスクジラは、体長が二四メートルになる(三番目はイワシクジラ、四番目はザトウクジラ)。ヒゲクジラ類には他にもホッキョククジラ、セミクジラ、コククジラ、ニタリクジラ、ミンククジラなどが含まれる。ミンククジラは体長がおよそ一〇メートルで、真っすぐ立てば三階建てビルと同じ高さになるが、シロナガスクジラなどに比べれば小さい。

ヒゲクジラ類がこんなに巨大なのは、水中にいるからでもある。陸上では、大きくなるほど自分の体重を支えるのが難しくなる(だから昆虫はすごく高い場所から落下できるが、象はジャンプできない)。そして大きくなるほど、体のエネルギー源になる食べ物を十分に摂取できない。大きなクジラがそれ以上大きくならなかったのは、さらに大量の餌を呑み込めなかったことが唯一の理由だと思われる。

ヒゲクジラ類は、ガルパー【訳注／小魚などを一度に呑み込むクジラ】だ。口は巨大で、ほとんどの種類は喉に複数のひだがあり、アコーディオンのように伸びる。大量の餌を呑み込んでから濾過するのは、たくさんのエネルギーを最小のエネルギーで摂取する方法として効率的だ。ヒゲクジラ類は食べ物が密集したもの――通常はオキアミやプランクトンの群れ――を見つけなければならない。見つけたら大量の水と共に獲物を一気に呑み込む。それを濾過して海水を排出すると、ふるいにかけたあとにかすが残るように、餌になる食べ物がひげに付着する。シャチやイルカなどのハクジラ類に関しては、比較的よく知られている。なぜなら捕獲してから餌となる魚やイカを食べさせることができるからだ。しかし、ヒゲクジラ類が大量に呑み込むプランクトンの群れが存在するような広い海となると、水族館では再現できない。そのため、ヒゲクジラ類の社会構造や体や音響に関する能力については、それほど知られていない。

ただし、ヒゲクジラ類の鳴き声がハクジラ類よりも低いことだけはわかっている。しかもずっと低い。

最初に明らかにされたヒゲクジラ類の歌は、実のところザトウクジラのものではない。海に最も遍在するクジラのもので、SOSUS（米海軍の音響監視システム）のネットワークから得られたデータで明らかになった。一九六三年にウィリアム・シェヴィルとウィリアム・ワトキンスとリチャード・バッカスは、海のあちこちで聞こえる二〇キロヘルツの「ピッピッというブリップ」は、ソビエトの潜水艦のものではなく、ナガスクジラの鳴き声であることを明らかにした。海洋音響学者のあいだでナガスクジラのコールがよく知られているのは、いたるところに生息しているからだ。

シロナガスクジラのコールは一八〜二〇ヘルツと非常に低い。人間の可聴域の下限あたりで、それほど頻繁には聞こえない。ヒゲクジラ類のなかで三番目に大きく、謎の多いイワシクジラのコールも、それと同じだと思われる。ハクジラ類に比べると、ヒゲクジラ類のレパートリーは単純で、なかでもナガスクジラのコールは最も単純だろう。そのひとつが「二〇ヘルツ」のコールで、「Ａノート」とも呼ばれる。二〇ヘルツを中心とした型にはまったパルスと、八五〜一四〇ヘルツの高周波で構成される（プレーンフィンミッドシップマンのブーンという低音と同様、基本となる周波数の音に複数の和音が重なる）。Ａノートはシンプルな音の連続が、二回（二〇ヘルツのブリップは、初期のハイドロフォンで確認された）または三回繰り返される。ほかには、これよりも周波数帯域が狭い「Ｂコール」もあり、周波数は一八〜二〇ヘルツあたりになる。最後に、ナガスクジラは下降しながら四〇ヘルツのスイープをシューッと発するが、これは餌取りに関連していると考えられる。さらにＡコールと一緒に、九〇〜一五〇ヘルツの比較的高いコールを発することもある。

　では、ナガスクジラの歌はどうかと言えば、構成単位は同じで、それが独特の形で繰り返される。間隔の開け方を色々と変えながらＡコールを繰り返し、ナガスクジラのオスは歌を歌う。

　イワシクジラに関してはナガスクジラやシロナガスクジラほどよく知られていないが、コールの周波数は非常に低い。たとえば高音から低音に向かう一・五秒のパルスでは、周波数が八二ヘルツから三四ヘルツに下がるが、これはコンタクトコールだと思われる。ほかには三キロヘルツのパルスが連なるときもあれば、一〇〇ヘルツと六〇〇ヘルツのあいだで広帯域のコールが上下を繰り返すときもある。

　シロナガスクジラのコールは音がいちばん低く、周波数はナガスクジラよりも数ヘルツ低い。レパートリーもナガスクジラより多いが、それほど大きな違いではない。太平洋、インド洋、大西洋など世界各地でコールは異なるが、どこでも基本的な周波数は一〇ヘルツから四〇ヘルツの範囲内である。北太平洋の東部では、Ａ、Ｂ、Ｃ、Ｄの四種類がある。Ａコールはパルスで、Ｂコールは音の高低に変化があり、どちらも二〇秒ぐらい続く。音が低くなっていくＤコールは、おそらく餌を探すときの声やコンタクトコールだろう。こうしたコールは、シロナガスクジラのボキャブラリーに相当する。歌うときは、たとえばＡコールとＢコールが結びつき、複数のパターンにしたがって繰り返される。シロナガスクジラの歌は世界中でおよそ一〇種類が確認されている。そしてザトウクジラの歌とは対照的に変化がなく、数十年間変わらないようだ。

こうした歌は、音響機器の助けをかりなければ人間の耳にはほとんど聞こえない。そしてごくシンプルな構造だが、重要な事柄が暗示される。先ず、シロナガスクジラの歌そのものの構造は大して変わらないが、コールの周波数の一部は変化する。二〇〇〇年代半ば、シロナガスクジラのコールの自動探知機を科学者が使うためには、周波数を毎年シフトさせる必要があった。二〇〇九年、サンディエゴのスクリプス海洋研究所でジョン・ヒルデブランドと調査を行なっていたマーク・マクドナルドは、北太平洋ではシロナガスクジラのBコールの音が年々低くなっていることを明らかにした。数十年間にわたって録音を続けた結果、一九六〇年代と比べて音が三一パーセント低くなっていた。しかもこの現象は世界中で進行しており、ナガスクジラやホッキョククジラの個体群の一部でも観察された。二〇二二年になるとヒルデブランドらは、Aコールも一年におよそ〇・三二ヘルツずつ低くなっていると報告した。

これには様々な仮説がある。先ず、シロナガスクジラが動物種として以前よりも大きくなったことが考えられる。おそらくこれは捕鯨が禁止されたあとの反動かもしれない。捕鯨では、いちばん大きな個体を選んで仕留める習慣があった。つぎに、何らかの理由で以前とは水深の異なる場所でコールするようになった可能性が考えられる。深くなると、空気が充満した弾力性のある空間——たとえばクジラの肺や喉——は圧迫される。深い場所にいるクジラほど喉は小さく、声が少し高くなる。一方、人間が犯人だという説もある。この数十年間で海を航行する船の数が増加した結果、環境騒音が一気に増えた。したがってクジラは、自分の声を聞いてもらうために音の高さを変更したのかもしれない。そして、気候変動の影響も指摘される。極地で氷が割れ、氷山が分離するケースが増えた結果、低周波音が海に溢れかえった。そのためクジラは対策を講じたのだという。

だが騒音が問題ならば、クジラは相手に聞こえるように声を低くするのではなく、大きくするはずだ。すべての個体群が捕鯨禁止のあとに形成されたわけではないが、クジラは世界中で音を変化させている。さらに、鳴き声は毎年少しずつ「リセット」され、周波数が以前に近づいたかと思うと、再び低くなる。そして研究者は、Aコールのパルスの頻度が変化していることも発見した。少し前に指摘した要因のすべてが何らかの形で組み合わされ、それが原因で音の高さが変化するのかもしれない。だが、いたって単純に考えるなら、クジラのあいだで何か選択圧が働き、音の高さが変化したのかもしれない。その選択圧とは、社会的要因の可能性がある。

深海でヒゲクジラ類が発する大きな低音は、クジラの歌のなかでも特に有名だ。米海軍のジョセフ・ジョージは一九八九年、五二ヘルツの基本周波数で定期的に繰り返されるクジラのコールを、ワシントン州の音響監視システムSOSUSではじめて検知した。彼がこれを上層部に報告すると、最終的に情報はウッズホール海洋研究所のウィリアム・アトキンスにまで伝えられた。報告を受けたアトキンスは一九九二年から二〇〇四年にかけて、アラスカとメキシコのあいだを移動する個体「52」を追跡した。

52という名前は、コールの基本周波数五二ヘルツに由来する。他の種類のクジラにこの声が聞こえないわけではない。すでに紹介したが、この周波数を使ってコールする種類のクジラは多い。しかし、五二ヘルツという周波数にコールが集中しているクジラは他にいない。シロナガスクジラやナガスクジラの基本周波数は一〇ヘルツや二〇ヘルツである。ひょっとすると、52はハイブリッド種かもしれない。あるいは、奇形や群れから見捨てられたクジラかもしれないし、まったく新しい種類かもしれない。それでもオスである可能性は高い。なぜなら、歌うのはオスのヒゲクジラ類に限られるからだ。52の鳴き声は他のクジラよりも速くて周波数が高く、頻度も多かった。

こうした結果をまとめて二〇〇四年に発表された論文をきっかけに、このクジラは人々の想像力を掻き立てた。レオナルド・ディカプリオが資金を提供して『The Loneliest Whale』〈最も孤独なクジラ〉というドキュメンタリー映画が制作され、このクジラを追跡する旅行が企画され、K－POPグループのBTSが『Whalien 52』というメッセージ性の強い歌を発表し、いくつもエッセイが執筆され、熱心なオンラインコミュニティが立ち上げられた（このクジラは最近、周波数をおよそ四九ヘルツに下げた。さらに、少なくとももう一頭の個体が同じ周波を使っている可能性が、最近の調査で明らかにされた）。

クジラの歌や孤独なクジラ、あるいは世界中で調整されて変化する歌に人間が魅せられるのはなぜか。もしかするとクジラの知性は、自分たち人間の知性について何か大事なことを教えてくれるからかもしれない。本質的にクジラの知性は、私たち人間の知性と似ているが、注目すれば新しい発見がある。新しい言語を学ぶと母国語を理解する手がかりが与えられるのと同じで、別の生き物の知性について学べば、最終的には知性とはいったい何かという問題を解決する手がかりが与えられるかもしれない。クジラの知性は長い距離を克服する。だが実際のところ、海のなかで遠くまで伝わるうちに音はどうなるのだろう。長距離を移動する低周波のコールは、あらゆる音と同様、遠くまで進むにつれて変化する可能性がある。

ヒゲクジラ類は歌にせよコールにせよ、低い音を使う傾向があるが、それにはいくつかの理由がある。先ず、少なくとも人間と比べれば、クジラは体がずっと大きく、ひいては振動する声帯ひだも大きい。振動する部分の表面が広いほど、低周波の長い音波が作られる。メスが大きくて健康なオスを選びたがる傾向も、背景として考えられる。低周波の声で呼びかければ、体が大きいことをわかってもらえる。

つぎに、これは当然の結果かもしれない。ヒゲクジラ類は食べ物を確保するために移動する必要があるが、そのときあまり大きな集団にまとまるのを回避しなければならない。それでも何十キロメートル、場合によっては何百キロメートルも離れた仲間との連絡を絶やすことは許されない。そのため、大きな声か低い声で呼びかける圧力が働くが、ボリュームを上げるよりも音を低くするほうが速く伝わりやすい。概して、自分の体長の二倍以上の波長の音を出すのは、動物にとって難しい。たとえば体長が一八〜二〇メートルのナガスクジラのコールは二〇ヘルツで、波長はおよそ七五メートルになる。自分で音を調節するのは簡単ではないが、できないわけではない。そして、遠くまでメッセージを伝えるために低音を使うことには、他にも良いところがある。遠く離れた相手と会話をするために、低周波に声を集中させるのは賢明だ。なぜならメッセージは、送られた時点とほとんど変わらずに受け取られるからだ。極端に衰えたり弱まったりする心配はない。

十分な深さのある外洋では低音を出しやすい。浅いところでは、深いところと音の伝わり方が異なる。要するに、長い音波は海岸の近くに「適さない」。水面に反射して反響するからだ。そのため、浅瀬では低音が歪んでしまう。その点、外洋ならば音は歪まない。しかも、海岸の近くに比べて静かなのも都合が良い。このように外洋は、遠くにいる仲間に呼びかけやすい条件が整っている。

ただし外洋では、コミュニケーションに関わる信号に新たな問題が発生する。

先ず、信号は遠くまで伝わるほど弱くなるが、これは特にヒゲクジラ類にとって悩みの種だ。そのため、深い場所でも伝わりやすい低周波の音は相対的に増える。高周波の音は早い段階で弱くなるからだ。

つまりクジラは、低い声を際立たせなければならない。そこで、シンプルなコールのなかに音の高さの変化を加えるが、シンプルな構造は徹底する必要がある。その結果、警告やコンタクトコールなど遠くにいる相手に伝えたい信号は、シンプルなパターンが繰り返される。一般に、複雑性と冗長性は両立できない関係にある。そして長い距離を正確に伝わる音は、ごくシンプルなシグナルに限られる。

長距離のサウンドチャネル（音の伝達経路）には、他にもマルチパスという独特の歪みがある。SOFARチャネル（深部音響チャネル）などのサウンドチャネルでは、音波が軸を中心に上下に屈折しながら進む。ただしチャネル内部では、音の伝わり方すなわち「音波」が一様なわけではなく、チャネルへの入射角に左右される。音がチャネルに真っすぐ進入すれば、音波は比較的きれいに上下を繰り返す。しかし斜めに進入すると、音波は歪みながら進み、チャネルの外にはみ出すこともある。深部音響チャネルでは音速が最小になり、歪みのない音波は伝搬速度が最も遅くなる。歪みの有無によって音波の速度は異なるので、目標に到達するまでの時間に違いが生じる。

ヒゲクジラ類はうまく折り合いをつける。できるかぎりシンプルな歌の構造を心がける一方、背景音に埋没しないように音調を様々に変化させる。そして、体のサイズから考えられるできるだけ低い音を出す。このようにしてシンプルなコールが繰り返されれば、音波の歪みは相殺される。だからナガスクジラのコールはうんと遠くまで伝わり、何百キロメートルもの距離をはさんだクジラの協調行動を科学者は追跡できるのだろう。そうなるとどうしても、クジラの歌は海のすみずみまで伝わっていくのか知りたくなる。

水中で音が伝わる距離

音は実際のところ水中でどこまで伝わることができるのか、科学者はかねてより答えを見つけるための努力を惜しまなかった。そんななか、軍事関係で新たな展開があった。一九七〇年代末にウォルター・ムンクという海洋学者が、冷戦下に結成されたジェイソンズという秘密の科学者集団にある計画を提案した。この計画のもとで、音は文字通り世界中に発信される。

ムンクは海洋気象の予報が専門だった。嵐で波が高くなったときの海の状態の予測や、潮流や還流の変化の発見にキャリアの大部分を費やしてきた。一九四四年六月五日から七日にかけては、ノルマンディーの浜辺に打ち寄せる波の状態を予測して、それがDデイの上陸につながった。そしていまムンクは、海洋温度を大きなスケールで計測する斬新な方法を提案した。低周波の音は遠くまで速く正確に伝わる。そこで低周波の音を発信し、それを海の向こう側で受信すれば、到着までにかかった時間から海洋温度を測定できるのではないかと考えた。深部サウンドチャネルに斜めに入射した音は、サウンドチャネルから出たり入ったりしながら進むので、目的地に到着する時間が異なる。だから歪みのない音波との到着時間の違いに注目すれば、詳しいサーマルマップ（温度地図）の作成も可能だ。

海洋温度の測定にムンクのような海洋学者が興味を持ったのは、二酸化炭素排出量が計算され始めると、地球が温室効果で温暖化に向かっていることが広く認識されるようになったからだ。熱の多くは海に吸収されるが、これは長距離用ソナーの精度に影響をおよぼす。その点に注目すれば、海は温暖化が進んでいるのかどうか、その場合にはどこでどんなペースで進んでいるのか、明らかになると考えたのである。

ムンクはコンピュータ断層撮影（CT）にちなみ、この技術を「海洋音響トモグラフィー」と呼んだ。CTではエックス線を使い、身体の細かい断層画像を作成することができる。新しい技術を考案したムンクは、このアイデアを一発で試すことができるシンプルな実験を、海軍の偉い研究者たちに訴えた。実行する場所は南インド洋の島で、ハード（Heard）島という実験にふさわしい名前だった。ここからは、インド洋の北に向かって音が直進する。東に直進すればオーストラリアを通過して太平洋を渡り、オレゴンに到達する。西に直進すれば喜望峰の下を通過して大西洋を渡り、バミューダに到達する。さらに偶然にも、オレゴンからもバミューダからも距離は同じだった。要するに、ハードアイランドから発信された音は地球を回り、理論上はアメリカの東海岸にも西海岸にもほぼ同時に到達する。しかもこの音は、戦略的に重要なすべての海を通過する。そして、実験に必要な音を発信できる数少ない船のひとつが、たまたま南インド洋で低周波ソナーの実験を行なっていた。

ハードアイランド・フィジビリティテストは一九九一年一月に実施された。実験は成功し、音はどの目標地点にも数時間以内に到達した。そこでムンクは、「音響サーモグラフィ」という名前の観測所をポイントサーとハワイに設立することを提案する。しかし科学者も一般市民も、音が海洋哺乳類におよぼす影響を憂慮した

（研究者のリンディ・ワイルガルトは、「耳が聞こえないクジラは死んだのも同然だ」と発言した）。結局プロジェクトは二〇〇四年、海中音の伝搬の実験を正式に中止した。

こうして人間は水中音を世界中に伝えられることがわかったが、クジラはどうだろうか。

ロジャー・ペインとダグラス・ウェブは一九七一年にナガスクジラのコールを分析し、海中でどれだけの距離を伝わるのか計算を試みた。クジラのなかでも大きな集団を作るのはハクジラ類で、それに比べてヒゲクジラ類の集団は数が少なく、単独行動をとるケースもあると言われてきた。だが、本当にそうだろうか。大食漢のヒゲクジラがイルカやベルーガのような大きな群れを編成すると、十分なプランクトンを確保できる場所をたしかに見つけにくい。だが、もしかしたら実際にみんなで集まる必要がないのかもしれない。音に敏感なことで知られるクジラは、「音を介して群れが」編成されるのではないか。「他のクジラと声でつながっているクジラは、ひとりぼっちではない」と、ペインとウェブは指摘した。

今日の海では、深海でナガスクジラが発するコールは、およそ七二キロメートルの距離を伝わる可能性がある。一方、船舶などによる人為的な騒音がなかった産業革命以前の海では、音波はおよそ七二五キロメートル伝わることができたと考えられる。ただしそれは、水の状態が水深にかかわらず同じことを前提にしている。もしもクジラが五〇〇〇万年前の海でも泳いでいて、当時も音に大きく依存していたら、海は水深によって複数の層に分かれ、なかには音がうんと遠くまで伝わる層があることを学んだはずだ。このSOFARチャネルを使えば、歌は八四五キロメートルの距離を楽々伝わったのではないかと、ペインとウェブは推測した。ではもっと時代をさかのぼり、クジラが進化を遂げた産業革命以前の海ではどうだったか。研究者が計算した結果によれば、伝わった距離は一万八五〇〇キロメートルだった。こうした数字をまとめた表の下には、「音にとって大きすぎる海は存在しない」と書かれている。太平洋はインドネシアとコロンビアのあいだで最も幅が広く、およそ一万九八〇〇キロメートルだから、決して大きすぎることはない。

科学者がクジラの鳴き声を海の反対側で録音すると、音は同期し合っていた。正しい状況が整えば、すなわちSOFARチャネルを使えば、コールは何百キロメートルも離れた場所まで伝わることができる。

では、そんなときの音はどうなるか考えてみよう。どんなに理想的な条件が整っても、何百キロメートルも伝わるうちに音はかなり歪んでしまう。ボルカー・ディークによれば、「ようやく残響が伝わる」程度だ。

ラエラ・セイイは、クジラが遠くの仲間とコミュニケーションを交わすという発想は斬新で、そんな現象が起きる可能性もあると考えるが、どんな動物にせよ、一〇〇〇キロメートルも離れた場所にいる仲間をわざわざ選び、コミュニケーションをとりたがる理由がわからないという。「僕はクジラ、ここにいるよ」という標準的なメッセージにせよ、もっと複雑なメッセージにせよ、どんな情報を伝えるにしても、クジラがメッセージを伝えた地点に到達するまでには――たとえナガスクジラのように動きの速いクジラでも――情報はすでに不要になっている。だから「クジラが実際に広い海を隔ててコミュニケーションを交わすというアイデアには納得できない」という。

ディークは、距離は諸刃の剣だと考える。「遠くの仲間にメッセージが届くのはよいが、途中でその内容を誰にも解読されたくない」。距離が長いと不都合な面もある。ディークはこう語る。「私たちは伝えたい内容によってコミュニケーションをごく慎重に使い分ける。他の動物も間違いなく同じ行動をとるだろう」。しかもヒゲクジラ類が遠くの仲間に呼びかけるため、深海のサウンドチャネルをわざわざ選ぶ習慣があることを裏付ける証拠はない。

それでも、私はそれほど違和感を持たない。文化を共有し、強い絆で結ばれていれば、友人や家族をわざわざ訪れなくても、声ぐらいは聞きたいと思うだろう。

クジラが広い海で遠くの相手に本当に呼びかけるかどうかはともかく、なぜどのように呼びかけるのか理解するためには、信号に関して空間的にも時間的にも柔軟に理解する必要がある。音は空気中よりも水中のほうが速く進むが、それでも限界がある。大西洋で遠く離れた相手に向かって呼びかければ、ルートにもよるが、相手に届くまでには数時間かかるだろう。太平洋ではもっと時間がかかる。そんな伝達までに要する時間はともかく、遠くにいる仲間との結びつきを断ち切られたくなければ、声の信号を受け取るまで数分間も数時間も待つことは苦にならないだろう。仲間と離れ離れになって暮らすクジラは、交流を絶やさないために低音で相手に呼びかける。しかも、クジラの歌は地球の音と周波数を共有することがある。

一一月のある日の午前一時半、ブリティッシュコロンビア海岸の三〇〇キロメートル沖はうらさびしい。地球上で、これほど殺風景な場所はまずないだろう。漆黒の闇に包まれた太平洋は寒々としている。しかし海は空っぽではない。

水中をナガスクジラが移動している。まるで光沢のある灰色のコルベット艦のようだ。数分おきに呼吸をするため海面に姿を現し、そのあとは弧を描きながら暗い海中に戻っていく。晩秋の北太平洋の冷たい空気を吸い込みながら、肺のなかを少しずつ空気で満たしていく。こうすれば泳ぐときや餌を探すとき、あるいは歌うとき、哺乳類特有の温かい体を最大で一五分間は維持することができる。

冷たい海に浮かぶ暖かい島のような巨大な体の内部の喉には、しわくちゃのベッドシーツと同じ大きさのひだと嚢がある。このひだと嚢を通して、クジラは生暖かい息を前に押し出したり後ろに押し返したりする。人間が話すときには空気を体から出す必要があるが、クジラは喉のなかで空気を前後に動かすだけでよい。そして、ブリップ、ブリップ、ブリップ、ブリップとパルスコールを行なう。

肉のなかは温かく、その外側は硬い皮膚とひんやり冷たい脂肪層で守られている。そしてそんな体で、二〇ヘルツの振動音を海中で伝えていく。

この日の夜、水の分子を激しく振動させている音はこれだけではない。海岸にもっと近い場所では、アザラシが歌い、魚が低いうめき声を上げている。カニやエビもカチッカチッ、パチパチと音を鳴らす。しかしここで、ナガスクジラに聞こえる生き物の声は他の数頭のクジラのものだけだ。海はどこも砕ける波の音で満たされ、終わる気配がない。攪拌された小さな泡が海面でポンと弾ける音が聞こえる。そして悪天候は収まらないし、世界各地の航路は騒々しい。海には遠くの船のエンジン音が一日中鳴り響き、そんな状況のなかでクジラは泳ぐ。あるいは、地すべりの音や、潮流が岩にぶつかるときのヒューッという音も微かに聞こえる。一一月のこの日、深海は漆黒の闇に包まれてひっそりしているが、エリオットの詩で描写されているように、海底をカニがコソコソ走り回っている。海は決して静まり返っているわけではない。

やがて、二〇〇〇キロメートル以上も離れたアラスカ半島北西部の海底の深い場所で、地球の地殻がいきなり変動した。大きな変動ではなく、マグニチュード五・一の地震と記録される程度だ。それでも海底が海水を前後に揺らし、その振動によって音波が発生した。

二三分後、音波は歪み、散乱し、海底と海面のあいだで反射と屈折を繰り返しながら、ナガスクジラのところまで到達した。音の振動は脂肪の層や骨を通して頭に伝わり、そのあと内耳の蝸牛らせん管に到達する。そこで薄い膜が揺さぶられると、音の振動は神経インパルスに変換され、クジラの脳まで伝わる。こうしてクジラは地震を聞きとる。

この音は、耳を弄するほど大きくはないが、それでもクジラは影響を受けて沈黙する。数分間、一一月の暗闇のなかを黙って漂う。そのあいだは何も見えない。やがて、おそらく再び安全になったと判断すると、クジラはコールを再開する。

ブリッ、プ、ブリップ。ブリップ、ブリッ、プ。

この鳴き声は、オーシャン・ネットワークス・カナダが構築したＮＥＰＴＵＮＥ（The North-East Pacific Undersea Networked Experiments）ネットワークがカスカディア湾に設置したノードによってキャッチされた。ちなみに、この同じネットワークがフォルジャー・パッセージにノードを設置した場所は、波にさらわれたアザラシをリビー号が引き上げるためにとった航路のほぼ真下にあった。他にもノードは、大陸の斜面に点々と設置され、いちばん深いところは真っ暗闇だ。どのノードにもハイドロフォン、海洋調査機器、ビデオカメラ、地震計が備えつけられている。地震計は地殻の振動を測定し、遠くで発生した地震や火山の揺れを確認する。

カスカディア湾のノードは、深海科学掘削計画による掘削で開けられた穴に設置された。もともとこの穴には、CORK（Circulation Obviation Retrofit Kit）が設置され、一〇七メートル下の地球の動きや圧力や地震を測定していた。ここは有名な沈み込み帯である。太平洋の海底が北米大陸の下にゆっくり滑りこんでいくので、地震が発生しやすい。いわゆる大地震が過去に発生しており、数百年後にも発生すると言われる。

地震計はごく小さな揺れも拾う。そして、ナガスクジラの二〇ヘルツのコールも拾う。ナガスクジラやシロナガスクジラが深みのある低音を響かせる力強い歌を、地震計はたびたびとらえる。クジラのコールは周波数が低いので、浅海域では音波が海底に反射・屈折する結果、それが地震波として伝わるのだ。なかにはナガスクジラが生み出す地震波を利用して、海の地殻構造の推定に取り組む科学者もいる。こうして「ナガスクジラは有効活用される」。

私はヒゲクジラ類の低い鳴き声を聞くと、音ははかない存在ではないことを再確認する。確かに鳴き声はコールであり歌であり、独自の方言を持ち、名前を伝える手段である。しかし鳴き声は身体の動きでもあり、振動を伴い、エネルギーが伝わると分子に変化が引き起こされる。ほとんどの場合、水中音の影響は感じられないが、なかには恐ろしいほど強力で、有害になる音もある。

第8章 信じられないほど近くで聞こえるやかましい音 ノイズはいかに世界を狭めたか

私は目が見えないし、耳が聞こえない……私にとっては、見えないよりも聞こえないほうがずっと大きな障害になっている。

ヘレン・ケラー　J・ケル・ローへの書簡、一九一〇年三月三一日

ジョニ・ミッチェルが一九七〇年代に嘆き、後にグラムメタルのロックバンドのシンデレラが一九八〇年代に各地のハイスクールのダンス会場で声を張り上げて歌ったように、大切なものの価値には失って初めて気づくものだ。同じことは感覚にも当てはまると私は思う。五感のひとつでも失った経験がなければ、自分がどれだけ依存しているのか理解するのは難しい。

水中の動物が音を聞けなくなると、どんな気分なのだろう。人間がそれを理解するためには、いきなり目が見えなくなった状態との比較が最もわかりやすいだろう。私は数年前、コールドウォーター・スキューバダイビングの講習でそれを経験した。

一一月の海は水温が摂氏八度しかなく、悪天候で荒れ狂っている。そんな海に浮かんでいると、手首のまわりを手袋で厳重に守っていても、冷たい水に軽く触れてしまう。私を含めて六人の生徒に、インストラクターが大声でこう叫ぶのが聞こえた。「海には感情を持ち込まないこと！」

私たち生徒がプールではなく海で潜るのは、まだこれが三度目だった。いまは、ビクトリアの北に位置するサーニッチ湾で体を上下に動かしている。潜水服の重量と浮力をなかなか調整できず、慢性的に苦労している生徒が、今日のダイビングは心配だと大声で訴えた。「プールでやらなかったことは絶対にやらない。だから大丈夫だ」とインストラクターは励ました。

私も不安だったが、準備はできている。閉所恐怖症ではないし、泳ぎは得意だ。私たちは浮力調整装置（BCD）を身に着けた。ダイバーが着用するこのベストに空気を出し入れして、水中での浮力を調整するのだ。私たちは水中に潜った。

そして、私は目が見えないことに気づいた。

最初は、海はこんなものだと思った。海面直下の数メートルはレモネードのように濁っているが、海面の近くはプランクトンが集まっているからよく見えないと警告されていた。私は仲間の生徒たちを探したが、暗い影がぼんやりと見えるだけだ。おそらくこれは足ひれだろう。やがて何も見えなくなった。暗闇のなかでひとりぼっちになり、空気のある場所からどんどん離れて降下していく。少し動揺したが、それでも立ち向かう勇気は残っていた。水が透明になる場所に行くまで頑張れと自分に言い聞かせた。

やがて、もやは濃紺に変化した。飛行機が降下して雲から抜け出すように、プランクトンの群れから脱出したのだろう。ただし、視界にはもやがかかったままだ。そこでどんどん潜り続け、最後はごつごつした海底に膝がぶつかった。海面までは、四階建てのビルの高さがある。私のまわりには、他の生徒たちが水中で揺れている姿がぼんやりと見えた。

この時点ではマスクの曇りはとれているはずなのに、まるで霧のかかったサウナで度の合わない眼鏡をかけているようだ。霧がうっとうしい。そこで、マスクが曇ったときの対策について教えられた内容を思い出した。不安は残るが、他に選択肢はない。私は顔からマスクの上の部分を離し、内側に水を慎重に入れた。凍るように冷たい水が目と鼻を刺激する。つぎにマスクの下の部分を頬にしっかり固定させたうえで、レギュレーターから空気を大きく吸い込み、それを鼻からしっかりと吐き出し、マスクの上の部分から水を無理やり押し出した。これで曇りは洗われたはずだ。

だが何も変わらない。まだ何も見えない。問題は水だと思うが、マスクに何か問題があるのかもしれない。私の呼吸は速くなった。見えないのは私だけだろうか。こんな状態では、決められた講習もテストも確実に不可能だ。

ある時点で、私のまわりの影が上昇し始めた。ということは、みんなで海面に向かっているのだろうか。いったいどうしたのか思い出そうとしても、心臓は早鐘を打ち、心はすっかり動揺している。BCDに空気を追加するのか、それとも取り除くのか、どちらがよいのか忘れてしまった。呼吸を続けるべきだと理解していたが、そうするのも一苦労だ。どのくらいのスピードで上昇すればよいのかもわからない。BCDの水深計を確認しなければいけないのは覚えていたが、その余裕はなかった。

何がいけなかったのか、どのように解決すべきか、まったくわからない。本能に導かれるまま手足を動かし、大声で叫び、走り回りたくなるが、どれも絶対にしてはいけない。手を使う遭難信号を習っていたが、そんなのは忘れてしまった。落ち着けと自分に必死に語りかけるが、パニックに襲われ体は言うことをきかない。呼吸は速くなり、このままでは大事な空気を使い果たしてしまう。これはまずい。私には呼吸を続け、いきなり上昇しないように気をつけることしかできない。体がこんなに恐ろしい経験をしたのは、大人になってから初めてだった。

目が見えない状態は深刻な脅威ではない。まだ呼吸はできるし、怪我もしていない。しかし方向感覚を失うと、危険を顧みない行動に走る恐れがある。

最後にようやく海面に上昇した。マスクを外すと、再び目が見えるようになった。

水の上では、クラスのみんなが心配していた。インストラクターは私のマスクを点検したが、何も悪いところは見つからない。仲間のダイバーからお茶をもらい、その日は早く帰宅した。翌週、私は特注のマスクを購入した。そして海岸に向かうと浅瀬に入り、頭を水中に沈めて試してみた。浜辺の小石が青灰色に揺れている様子が鮮明に見える。新しいマスクで講習を継続して終了しようと決心し、私は再びクラスに戻った。

数カ月後、私はダイアン・アッカーマンの『A Natural History of the Senses』〈感覚の自然史〉を読んで、「absurd」〈理不尽な〉の語幹部分の「surd」には、「静かな、あるいは、音のしない」という意味があることを学んだ。私がスキューバダイビングの経験で失われたのは聴覚ではなく視覚だったが、この言葉は胸に響いた。私もあのとき、放り込まれた状況が理不尽に感じられた。何もかも理不尽で、おまけに最も危険なタイミングで本能が働いた。水中で音が聞こえなくなった動物も、マスクがおかしくなったときの私と同じように感じるのだろうか。そうだとすれば、音のない世界が一瞬にして当てにならない場所になり、命の危険も生じることがいまでは理解できる。

シャチと軍事演習

二〇〇三年五月五日、ハロー海峡に近いセイリッシュ海の青灰色の海水は、太陽の光が注いでキラキラ輝いていた。ここは私がスキューバダイビングで大変な経験をした場所から、数十キロメートル離れている。そして海峡は、（カナダの）ガルフ諸島と（アメリカの）サンファン諸島の境界に迷路のように入り組んでいる。ベーカー山の白い火口付近と青空のコントラストが鮮やかだ。島々の緑に覆われた斜面の下では、青灰色の海水のなかで潮流が渦巻いている。

その日の午後、シャチのポッドがサンファン島の西海岸沖を泳いでいた。数百メートル離れたところに停泊している数隻のホエールウォッチング船は観光客でいっぱいで、誰もが興奮している。このシャチの群れはサザン・レジデントのＪポッドの一部で、二〇〇三年にはおよそ二〇頭で構成されていた。

マイケル・ビッグがＪ２と名付けたＪポッドの女家長は、一般には「グラニー」として知られる。彼女を頂点とする拡大家族には、おそらく息子のＪ１（ラッフルズ）などが含まれる。サザン・レジデントの他のポッドと同様、Ｊポッドは一九六〇年代から一九七〇年代にかけて数が減少した。水族館用に生け捕りにされた影響だ。それ以来、Ｊポッドの食物網では餌となるサケが減少し、化学汚染も進んだため、数はなかなか増えない。それでもこの五月の午後、群れは元気に行動している。

だが突然、群れの様子は変化した。見方によって、少し活発になったとも言えるし、ひどく取り乱したとも言える。

大勢の目撃者はホエールウォッチャーだけではない。クジラ研究者のケン・バルコムは、サンファン島の海岸でデッキから眺めていた。クジラ研究者でありワシントン大学教授のデイヴィッド・ベインは、沖合でボートから観察していた。バルコムはビデオでの録画を始め、まもなくシアトルの取材クルーが到着した。ビデオを見るかぎり、Ｊポッドは明らかに落ち着きを失っていた。

ベインからは、その日の早い時間に、ボートの船体を通して大きな音が聞こえたという報告があった。そしてあとからホエールウォッチャーも、不快な音が海上まで響いてきたと証言した。

最終的に、この音の発信源はシャウプ号であることがわかった。灰色に塗装されたシャウプ号は米海軍のミサイル駆逐艦で、ワシントン州にある基地を出港していた。アドミラルティ湾を進みながら準備訓練を行ない、つぎに西へ向かってブリティッシュコロンビア州ビクトリアを通過して、そのあとハロー海峡へと針路を変更し、ナナイモに近いナヌース湾沖の軍事実験場に向かう予定だった。米海軍の船は数カ月ごとに準備訓練を実施しており、そこでは狭い水路で機雷や敵の潜水艦を検知するためにソナーが使われる。シャウプ号が使っているのは中周波のアクティブソナー【訳注／超音波を発し、その反射波によって対象物の位置を確認する】のMFASだった。その日は基本周波数を二・六キロヘルツと三・三キロヘルツに合わせ、それに強い高調波が加わっていた。音源のソナーの音量は二三五デシベルだった。人間の耳には、黒板を爪で引っ掻いたときの音や、古いダイヤルアップ方式のインターネットを接続したときの音のように聞こえる。

いまはシアトルの環境保護団体オルカに所属するベインは、後にこの日の出来事について詳しい報告を行なった。それによると、Jポッドはサンファン島の海岸に向かって近づいていたが、シャウプ号が一時的に針路を変更し、バンクーバー島の南端を回って群れから遠ざかると、リラックスした様子になった。ところが船がハロー海峡を通過するために再び接近してくると、群れは再び落ち着かない様子になった。サンゴ礁の後ろに隠れた群れはふたつに分かれ、一方は北へ逃げて、もう一方は南に向かったようだった。

セイリッシュ海では、海軍のソナーが定期的に音を発している。カナダの太平洋艦隊と、艦隊を構成する船や潜水艦は、ビクトリアやその周辺を拠点にしている。ワシントン州エベレットにはアメリカ海軍の基地がある。そして、ファンデフカ海峡とそこに隣接する太平洋の一部は、軍事実験場ならびに演習場に指定されている。

ただし、ソナーがいつどこで使われるかは秘密にされる。軍隊は自分たちの能力を明かしたがらない。私がかつて話をした地元の科学者は、所属する組織が海中に設置したハイドロフォンでソナーの音を録音していたが、軍事演習のあいだはハイドロフォンのスイッチを切るように時々政府から忠告されたという。さらに、水中での録音はオンラインなどで公表する前に厳密に調べられる。例の出来事に関する海軍の報告書によれば、この日の午後にシャウプ号は、ハロー海峡に到着しないうちにビクトリア・トラフィックから連絡を受け、カナダ沿岸警備隊に連絡するように指示された。そのうえで、水中で音が聞こえるソナーを使うのかどうか尋ねられた。

ソナーは本来、海の特定の海域に集中して使われ、場所も軍事演習場などに制約される。それでもソナーの音は動物を直撃するときがあり、そうなると恐ろしい結果が引き起こされる。動物は音に悩まされ、苛立つだけでなく、音がトラウマになり、死に至る可能性もある。

軍事用のアクティブソナーは音を出すと、反響音を聞きとる。ソナーには様々な周波数があるが、動物に影響をおよぼす音は、中周波と低周波のふたつに大別される。ふたつの世界大戦の最中や終結後に開発されたのは「中周波」のアクティブソナーで、基本周波数は数キロヘルツに設定され、いまでも一般的に使われている。やがて一九七〇年代から一九八〇年代にかけて、ムンクらが一〇〇ヘルツから五〇〇ヘルツのあいだの低周波の音の実験を行なうと、海軍は興味を示した。なぜなら、低音のほうが遠くまで伝わるからだ。二〇〇〇年頃には、最大で一八ヘルツという低周波のアクティブソナー（ＬＦＡＳ）を搭載する船も登場した。中周波や低周波のソナーが動物におよぼす影響に関しては、海洋哺乳類が最も詳しく研究されている。

アクティブソナーがあちこちに設置されるようになったのとほぼ同時期から、海洋哺乳類が死んで岸に打ち上げられるケースや、座礁するケースが近くの海岸で報告されるようになった。一頭だけのときも、集団のときもある。人間にとってはただ事ではないかもしれないが、クジラなど海洋哺乳類の座礁は実のところ自然界によくある現象で、人間が発生させるノイズとはほぼ確実に関係ないことが多い。ただし、座礁の一部にはソナーが関わっているパターンが見られ、偶然の一致とは想像しがたい。一九八〇年代には北アフリカの一〇〇キロメートル沖にあるカナリア諸島の海岸に、一頭または複数のクジラが打ち上げられて死んだケースが相次いだ。先ず一九八五年二月にはフエルテベントゥラ島に、一二頭のアカボウクジラと一頭のヒガシアメリカオウギハクジラが打ち上げられ、翌年の夏には五頭のアカボウクジラが座礁した。一九八八年一一月には、三頭のアカボウクジラと一頭のヒガシアメリカオウギハクジラが座礁しただけでなく、別の島には複数のピグミー・マッコウクジラが打ち上げられた。地元民の目撃情報によるとふたつのケースに関しては、座礁が発生しているあいだやその直前に沖合で軍事演習が行なわれていた。

カナリア諸島で座礁したのは、非常に深いところまで潜るアカボウクジラが圧倒的に多かった。そして、海面近くまで何度も上昇して圧力の急激な変化を経験した結果、耳が損傷していた。

理由はよくわからないが、聞きなれない音や大きな音に対し、アカボウクジラは他のクジラよりも激しい反応を示す。そんな音のひとつが、近くでソナーが発する中周波の音だ。深さ三キロメートルの海中でパニックに襲われたクジラは、空気と安全な場所を求めて海面に急上昇するだろう。クジラは深海の環境に適応しているが、あまりにも急激に上昇すると減圧症（「ベンズ」）の症状を示す。関節などに圧縮されていたガスの気泡が一気に膨張し、細胞組織が破裂する。

ソナーの音に驚くと、多くのクジラは逃げようとする。Jポッドなどのシャチは浅海域に生息して狩りをするので、ベンズに苦しむリスクはない。それでもバルコムやベイン、そしてホエールウォッチャーの目撃談によれば、直ちに反応してそれが長続きする。動揺すると餌探しが中断される。ストレスにさらされ、家族が離れ離れになる可能性もある。シャチが活動する海域では、すでに餌となる魚などが減少している。ノイズに悩まされ、それを何とか避けようとすれば、餌を求めて狩りをするのはさらに困難になる。そして、こうした出来事がたびたび発生すれば、カロリーの摂取量は減少し、成長や繁殖が妨げられ、病気に対する免疫が低下する。

二〇〇三年のハロー海峡での出来事に関する見解や結論は分かれた。海軍の報告によれば、ソナーの音はおよそ一七〇デシベルで、クジラにとって深刻な問題ではなかった。クジラの行動は通常の範囲内で、とても害がおよんだとは思えないという。私のごく主観的な意見を言わせてもらえば、ノイズが深刻な問題かどうか確信できない。音はおそらく、クジラの体に害をおよぼさないだろう。だが、パニックに陥ると体が影響を受け

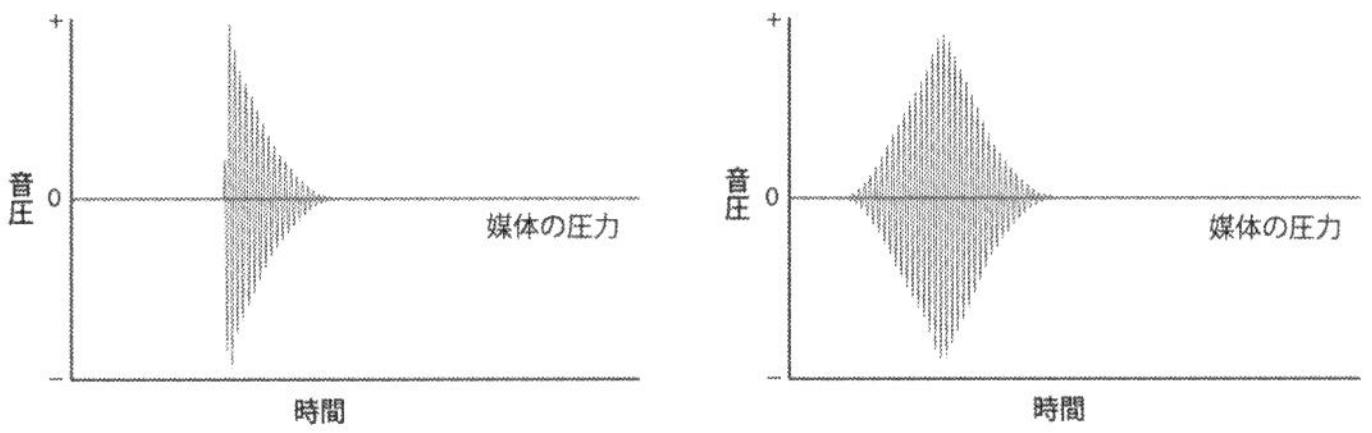

音の粒子の変化

る可能性は直感的に理解できる。それにバルコムやベインをはじめ、現地調査の経験が長い研究者は、クジラが間違いなく動揺していたと語っている。

「ノイズ」は厄介な単語だ。日常的に使われる単語だが、音響学者にとっては専門用語であり、音響信号の知覚を妨害する騒音を意味する。ノイズの振幅や周波はひとつではない。それは周囲の状況や動物の種類や個人ごとに異なる。それでも、ごく近い場所から聞こえる高振幅の音や、動物の聴覚範囲に収まる音は、ノイズと見なされる可能性が高い。モーターで走るプレジャーボートが発する中周波のうなり音は、ベルーガにとって「ノイズ」かもしれないが、ホタテ貝は気づかない。船に搭載される超音波深度計の音は魚には聞こえないかもしれないが、エコーロケーションを行なうイルカにとっては迷惑な音だ。なかには、他の動物が回避する音に引き寄せられる動物もいる。

ソナーのように、逃げ場のない至近距離で響く強烈な音は、最も煩わしいノイズになる。そして、ソナー以外のノイズの多くは衝撃的でもある。

衝撃的なノイズでは、音の粒子が静止状態から最大振幅に突然変化する。

音が動物の体にダメージを与えるかどうかは、この「上昇時間」に左右される。自分がパワフルなスポーツカーでアクセルを踏んで、ゼロから六〇マイル（約九六キロメートル）まで一気に加速すると考えてみよう。ゆっくりアクセルを踏めば、ほとんど何も感じない。しかし三秒ほどで加速すると、快感でゾクゾクする。そもそもこれを経験したいから、みんなスポーツカーを購入する。しかし、戦闘機があまりにも大きな重力で引っ張られるとき（あるいはスポーツカーがクラッシュして急に減速するとき）のように変化があまりにも急激だと、快感を通り越して激しく動揺する。衝撃音が発生すると、音の粒子はいきなり最大振幅にまで跳ね上がり、有毛細胞の敏感な繊毛が極端に刺激される。

海洋哺乳類には、これに対する防御機能が備わっている。哺乳類の耳は、非常に大きな音や突然聞こえる音に反射的に反応する。内耳では、小さな筋肉（アブミ骨筋）が大きな音に反応して収縮し、卵円窓《らんえんそう》に付着している耳小骨の動きを抑え、音を伝わりにくくする、この反応は、蝸牛を音による損傷から守るために役立っている。自然の音はゆっくり大きくなるので、かなり大きくなったとしても、この反応（アブミ骨筋反射）が進行する時間的余裕がある。しかし爆発音やハンマーの音など産業ノイズの多くは、あまりにも強烈で衝撃的だ。いきなり音の振幅が高くなるので、衝撃を伴わない同じレベルの音と比べ、動物の聴覚に深刻な問題を引き起こす。

そのため非常に大きな音や衝撃音は、海洋生物に劇的な影響をおよぼし、その内容は詳しく研究されてきた。それは地震探査の音や杭打ちの音だ。

水中のノイズが動物に与える影響のモデル化に取り組む研究者は、音の「影響ゾーン」が音源から同心円のように外側に広がっていく構造を考えた。ここでは、海洋哺乳類が対象にされた。いちばん外側のゾーンに該当する動物にとって、音は聞きとれる程度だ。大きな音がそのまま聞こえるほどではなく、かすかな音は他の大きな音にかき消されることもある。それよりもひとつ内側のゾーンに該当する動物はノイズに悩まされ、何らかの形で行動を変化させる可能性がある。あの五月のシャチの群れがそうだった。重要なシグナルはおそらく消されてしまう。そして行動が変化すると、食べる側にも食べられる側にも影響がおよぶ。それよりさらに内側のゾーンでは、ノイズは聴力を低下させ、極端なケースでは体が損傷を受ける（人工音のなかでもソナーは水中での音が非常に大きく、同心円のすべてのゾーンに当てはまる）。強烈な音の粒子が激しく振動すると、繊細な有毛細胞がダメージを受けるだけではすまない。

　小さならせん状の蝸牛についておさらいしておこう。コイル状の蝸牛には、基底膜が基底部から先端部まで伸びていることを思い出してほしい。この基底膜をクローズアップすると、実際には平行するふたつのシートから成り立っていることがわかる。音波が伝わって基底板が振動すると、有毛細胞の毛が波打つ（第3章を参照）。すると今度は、有毛細胞から突き出ている繊毛（感覚毛）が頂上膜に軽く触れる。

　しかし音が基底膜をあまりにも激しく振動させると、有毛細胞は損傷する可能性がある。この仕組みは複雑で、複数の種類の有毛細胞が関わっている。そしてどの細胞型がどれだけ深刻なダメージを受けるかによって、損傷は一時的にも永続的にもなる。たとえば細胞が疲れて発火するのをやめるだけならば、耳へのダメージは一時的なものだ。コンサートが終わったあと耳から音が消えないときは、一時的なダメージを経験している。したがって、耳が回復すれば残響は消える。しかし有毛細胞がひどい損傷を受けて永久的なダメージを受けると、元には戻らない。哺乳類の耳の有毛細胞は再生しないので、有毛細胞とつながっている神経は退化する。

　このように影響ゾーンのモデルは、音源との距離、耳の種類、音波の衝撃度に左右される。さらに、動物の個体ごとに音への反応は異なるから厄介だ。たとえば野生の動物は、人間のノイズとはまったく関係ない聴覚の問題に悩まされる。最も聴覚の鋭いイルカやザトウクジラでさえも、年をとれば耳が遠くなる可能性がある。病気、寄生虫、加齢、真菌感染症によって、耳が損傷を受けることも考えられる。

　アメリカでは一九七二年に海洋哺乳類保護法が制定された。そこには様々な脅威への対策が盛り込まれ、海中のノイズも取り上げられた。この法律のもとで、海洋哺乳類の殺害や、音などによるハラスメント（嫌がらせ）は禁じられた。産業目的や軍事目的でどうしてもノイズが発生するときには、保護法の適用除外を申請しなければならない。そして保護法では影響や適用除外をモデル化するために、海洋哺乳類への影響を「ゾーン」ごとに区分した構造が使われている。そのため、発生する可能性のあるノイズが「レベルAのハラスメント」と「レベルBのハラスメント」のいずれに該当するか、特定することが求められる。非常に大きな音や動物のすぐ近くで発生する音はレベルAに相当し、動物が死ぬことも聴覚が永久に失われることも考えられる。レベルBでは動物が一時的なダメージを受け、行動の変化や聴覚の衰えを伴う。適用を除外されるためには、どれだけの数の動物がどのレベルのハラスメントを受けると予想されるか、きちんと報告する必要がある。

この予測は、思いのほか妥当な判断に基づいている。一時的な影響と永久的な影響を明確に区別するために、科学者は長年にわたってデータを集めた。様々な動物種――主に哺乳類――を対象に聴覚テストを何度も行ない、音への反応を観察した。

規制では、可聴範囲によって動物がグループ分けされた。低周波のクジラ目（ヒゲクジラ類で、三〇〇ヘルツ以下の音に最も影響される）、中周波のクジラ目（ザトウクジラやシャチを含む）、高周波のクジラ目（イルカやアカボウクジラやゴンドウクジラで、一〇〇キロヘルツ以上の音を聞きとる）、そしてアザラシやアシカのグループに分類された（このグループ分けは、調査が進むにつれて正確な名前や定義が変化している）。そしてどのグループに関しても、永久的なダメージを引き起こすケースと、行動の変化など一時的なダメージにとどまるケースの分かれ目になりそうなデシベル数値を予測する。その結果、ノイズが継続する船舶などはおよそ一二〇デシベル、地震探査用のエアガン、杭打ち、ソナーの断続音などの衝撃音は、およそ一六〇デシベルが分かれ目になると判断された。

ただし、このカテゴリーはまだ不完全だ。たとえばヒゲクジラ類はすべて「低周波のクジラ目」に分類される。しかし、ハクジラ類のように捕獲して近くで観察できるわけではないので、まだ研究や実験が十分に進んでいない。すでに手に入った情報や観察結果に基づいてモデルを構築しなければならない。耳が聞きとった音からどんな行動の変化が引き起こされるか、自然環境で観察するのだ。そして、すべての種類のクジラが同じ反応を示すわけではない。たとえばヒゲクジラ類のなかでも小柄なミンククジラは、他のヒゲクジラ類の仲間よりも中周波のソナーに敏感に反応する。さらに、ミンククジラはボイン、ボイン、と機械音のような愛嬌のある鳴き声を上げるが、これはたまたまソナーと同じ中周波数帯域に該当する。おそらくソナーの音は、ミンククジラの耳には自分たちのコールと同じように聞こえるかもしれない。

ヒゲクジラ類にせよハクジラ類にせよ音に対するクジラの反応は、音を聞いたときの行動に左右される。シロナガスクジラは海面の近くで餌を探しているときは、大した反応を示さない。しかし海の深い場所で餌を探していれば、もっと深く潜る可能性がある。ノルウェーで行なわれた一連の実験で、タグ付けされたマッコウクジラとゴンドウクジラとシャチに軍用ソナーの音を聞かせると、授乳や餌探しをやめてしまった。なかには仲間への呼びかけをやめるケースもあった。生物種のグループ分けは何もしないよりもましだが、音中心の生活を一括りにして考えることはできない。

音の影響のゾーン分けは海洋哺乳類を対象にしたものだが、いまでは他の動物にも徐々に拡大されている。無脊椎動物については規制保護法でまだ言及されていないが、多くは音に敏感な反応を示すことがいまでは知られている。そして魚も音には敏感だ。

ソナーが発する中周波の音は、ほとんどの魚の可聴範囲外だと思われていたため、海洋哺乳類のほうが優先された。しかし魚は、低周波のソナーの音を確実に聞きとることができる。そこで海軍は、低周波のソナーが魚におよぼす影響を調べるための実験に資金を提供した。実験場所となったセネカ湖は、アップステート・ニューヨークにあるフィンガー・レイクス【訳注／いくつも並んだ細長い形状の湖】のひとつで、水深一四〇メートルの付近に船からソナー信号が発射された。

一方、科学者は最初にニジマスを調べた。ニジマスには、高周波の音を検知するための特殊な構造が備わっていない。そんなマスを水槽に入れて、ソナーの音を一九三デシベルで五分から一〇分のあいだ聞かせ、そのときの反応を観察した。するとマスは驚いて泳ぎ回ったが、一匹も死ななかった。そこでつぎに高倍率の顕微鏡を使って耳を調べた。大きな音を聞くと耳石と繊毛のあいだが大きく動き、衝撃で繊毛が切り取られる可能性があるが、そのような痕跡はなかった。その代わりに実験の直後、マスの聴覚感度は四〇〇ヘルツから二〇デシベル上昇した。一時的に聴覚が失われたのだ。

ニジマスは損傷を受けることも死ぬこともなく、身体に危害はおよばなかった。ビクッと驚き、音が一時的に耳に残っただけだ。しかし行動は変化した。いきなりおかしな泳ぎ方を始めると、ニジマスの生き残りにどんな影響がおよぶのかはわからない。ただし、たとえば近縁種のサケは、シャチのレジデントの餌になる。ノイズで混乱すれば、お腹を空かせたシャチからうまく逃げられなくなるかもしれない。

だがこの実験の対象は一種類の魚に限られた。ケージのなかでも、魚の種類が異なるとソナーへの反応は異なる。年齢や性別が異なっても、反応は異なる可能性がある。さらにシスネロスが証明したように、同じ魚でも一年じゅう反応が同じわけではない。メスのミッドシップマンにとって、ソナーの音は一〇月には単に耳障りでも、五月には交配の相手を見つける妨げになるのではないか。ケージに集めた個体ではなく、魚の個体群におよぶ影響を本当に理解するためには、こうした疑問を解決するためにデータをさらに集めなければならない。

そこで科学者は、ソナーの実験をバスやパーチ（スズキ）やナマズにも行なった（ナマズの浮袋には、音を増幅して聴覚の感度を上げる機能が備わっている）。どの魚も聴覚が永久に戻らないことはなかったが、それでもノイズには反応した。こうした実験をきっかけに、海洋哺乳類以外の生き物は対象に含められるようになった。しかし魚に関するデータはまだ不足しており、無脊椎動物のデータはさらに少ない。

こうして、音が海洋哺乳類におよぼす影響はソナーによって明らかになった。一方もうひとつのノイズの音は、背骨のない生き物に致命的な影響をおよぼす。それは水中で発射されるエアガンだ。海底に眠る石油やガスを探索するためにエアガンを岩の層に撃ち込むと、ものすごい爆発音が轟く。

エアガンとプランクトン、ロブスター、ホタテ貝

一九九〇年代半ばのある夜、オーストラリア北部の海岸で、ロバート・マッコーリーは船のデッキから海を見渡していた。船はある石油会社のもので、海底の油田やガス田を探索することが目的だ。石油やガスを見つけるためには、地震探査用のエアガンで強力なパルス音を発射する。強烈な音は海底を貫通し、岩や砂の層、あるいは石油やガスの鉱床にぶつかると、反響音が返ってくる。これまでの二年間、マッコーリーはこうした探索船に乗り込んで、エアガンの音に対するザトウクジラの反応を調査してきた。

エクスマウス湾はオーストラリアの北西端に位置しており、ザトウクジラが子育てをする場所として有名だ。母親はヨーグルトのように濃厚なミルクを毎日大量に子どもに飲ませ、長い移動のための準備を行なう。ただし、湾を出発点とするクジラの移動経路は、石油やガスの鉱床が眠る海底を真っすぐに横切る。そのため石油会社は、探査用のエアガンのノイズがクジラに影響を与えているかどうか確認しなければならない。そこでマッコーリーにお呼びがかかったのである。

「我々は小さな船に乗り込んだ。地震探査船はクジラの進路を東から西へと横切っていた。そしてクジラは北西から南西へと移動していた」とマッコーリーは回想した。

夜になって、マッコーリーは大きな船に乗った。悪天候に見舞われたため、大型船のクルーから避難を呼びかけられたのだ。もしもそのまま小さな船に乗っていたら、あるいは周囲が暗くなかったら、このあとの展開を目撃するのは不可能だっただろう。人工震源で地震波を発生させているあたりを眺めると、光が揺らめいている。リズミカルに明滅する光の帯は、海面を何百メートルも延びているようだった。

「僕のいる場所から波が広がっていくみたいだった。先端は見えなかったが、ずいぶん長く伸びていた」という。

生物発光プランクトンは、光合成を行なうごく小さな藻類で、触れられたり衝突されたり刺激を受けると、強い閃光や柔らかな光を発して警告する。波が砕けると光は消えるが、「乳白色の海」の水面でキラキラ輝き、驚いたスイマーが海水を手で攪拌しても、手の動きについてくる。まるで、子ども向けのファンタジーに登場する魔法の光の粉のようだ。こうした生物発光プランクトンは、海の一部ではめずらしい存在ではない。そして、ここにもいるはずだとマッコーリーは考えた。それが何かに激しく妨害され、衝突されたのだ。犯人は、船に搭載された測量機器が発するパルス音に間違いない。

「そこで、僕がエアガンを発射したとき、この小さな動物たちに何が起きたのだろうかと考えた」

このように観察を通じて何かを偶然に発見するのは科学の研究ではない。したがって、地震探査から得られた独自のデータをマッコーリーが公表するわけにはいかなかった。それでも彼は好奇心をそそられた。一九九〇年代半ばまでには、地震探査に伴うノイズが大型のザトウクジラを悩ませることを彼は理解しており、だからこそ研究の対象にしていた。しかし同じ音が、プランクトンのようなごく小さな生き物にどんな影響をおよぼすのか、疑問を抱く研究者はそれまで誰もいなかった。

プランクトンは外観も体型も身体組成も様々に異なる。そもそも「プランクトン」という単語は、ひとつの生物種を意味するものではない。水中を漂う有機体の総称であり、そこには水中で最も小さな光合成生物も含まれる。それは植物プランクトンだ。このごく小さな藻類は、陸上の緑色植物と同じ役割を海で引き受けている。太陽の光を吸収し、光合成で栄養分を作り出すのだ。植物プランクトンは、カイアシ類やオキアミなどの動物プランクトンに食べられる。するとつぎに動物プランクトンは、魚や海洋哺乳類に食べられる。かつてはこれを食物「連鎖」と表現したが、いまやこの呼称は時代遅れになった。今日ではほとんどの科学者が、鎖ではなく網のようなものだと考えている。海の食物網は、植物プランクトンからエネルギーを確保する。藻類にはザトウクジラのようなカリスマ性が不足しているかもしれないが、藻類がいなければ海に生物は存在しない。

ひいては、私たち陸の住人が海から食物を確保することもできない。

「プランクトン」には動物プランクトンも含まれる。仔魚やカイアシ類やオキアミなどの動物プラクトンはあまりにも小さくて、自力ではうまく泳げない。そんなか弱い海の生き物にエアガンがすごい勢いで発射されれば、周辺の海の食物網は土台から揺さぶられる。

マッコーリーによると、長い目で見るならば、海の一キロメートルの範囲にわたってプランクトンが大量に死んでも特に問題はない。プランクトンはすぐに大量発生するからだ。だがエアガンで人工地震を発生させる海底探査は、同じ一キロメートルの範囲で数カ月にわたってしばしば継続される。その結果、食物網を支える土台が繰り返し攻撃されれば、生態系に慢性的な影響がおよびかねない。

マッコーリーは、生物発光を観察した夜の場面を正しい実験で再現したいと考えた。エアガンで人工地震波を起こし、動物プランクトンや植物プランクトンに生じた変化を具体的に計測したかった。しかし、フィールド調査の一環としてエアガンの地震波が引き起こす影響を調べるのは実に厄介だ。ただ現地に出かけ、測定を始めるわけにはいかない。エアガンを使う民間船は、産業用調査を行なう企業が所有している。こうした企業は世界中でも数が少なく、しかも調査は驚くほど複雑だ。

人工地震波によって地下構造を調べる技術は陸で始まった。試掘関係者は地中に振動波を送り、障害物にぶつかって反射してくる波から地中の岩石の構造を把握した。地下の岩石の密度は様々に異なり、それに応じて振動波の跳ね返り方も異なる。それを読み取れば、地下の地層や鉱嚢【訳注／有用鉱物や石油などが濃縮している鉱床のなかで、鉱石が特に凝集している場所】の様子を確認することができる。一九世紀に初めて油井（原油を採掘するための井戸）が登場すると、人工地震波によって地下の様子を調べる技術が導入された。その結果、長い時間と莫大な費用をかけて地面に穴を開けるボーリングは不要になった。しかし、同じ技術が海では機能しなかった。

やがて一九四〇年代になるとウッズホール研究所で、モーリス・ユーイングらが音の伝達を実験した。実験では、トリニトロトルエン（ＴＮＴ）を使った爆薬を海中で何度も爆発させた。すると爆発音はうんと遠くまで伝わった。そして強烈な音が海全体で跳ね返るときには、海底の下の岩石層からも反響が返ってくることがわかった。そこでユーイングと教え子のＪ・Ｂ・ハーシーは、衝撃的な爆発音を利用してヴィンヤード・サウンドの海底の下の構造を地図に描いた。その後もハーシーらは技術の開発を継続し、一九五〇年代には爆発音を使って海底の地層をイメージした。

ソナーは潜水艦をイメージするために高周波帯域の音を使う。動物は餌となる魚をイメージするためのエコーロケーションでこの音を使う。しかし、このように波長が短い高周波のパルス音には、堅い岩を貫通するだけのエネルギーがない。たとえば医療用の超音波は生体組織の奥深くまで進入するため、もっと強力で長い波長を使う。しかし岩をイメージするためには、それよりもさらに強力で長い波長が必要とされる。大きな岩石層が対象では、細部を識別できる短い波長は役に立たない。そして全体像を描きだすには、複数のパルスが不可欠になる。

そこで、強力でも調整が難しいＴＮＴの代わりに、科学者はもっと制御しやすい音源を開発した。それは水中エアガンで、圧縮された空気が一定の間隔をおいて発射される。エアガンから放出される気泡は大きな音を立てて破裂する。チャンバー（薬室）のサイズや圧力は、音の周波や振幅によって変更できる。これをハイドロフォンと併用すれば、反響音を聞きとれる。そして反響音からは、エアガンの音に強く反応した構造が明らかにされる。たとえば岩塩ドームや硬いキャップロック【訳注／岩塩ドームを上から覆う岩体】で、そこには石油やガスの鉱床が形成されている可能性がある。要するにこの技術を使えば、掘削すべき場所がピンポイントで確認される。

人工地震波を利用した水中の探査活動は、一九六〇年代から一九七〇年代にかけて増加した。マッコーリーが波打つ生物発光を観察した一九九〇年代までには、地震探査技術は十分に確立され、沖合の鉱床を発見するための主要な手段になった。いまでは海底から採掘される石油は、世界の原油生産量のおよそ三〇パーセントを占めるまでになった。

海底資源探査船は複数の長い「ストリーマーケーブル」――最長で一二キロメートルになる――とエアガンを船尾から曳航する。このストリーマーにはハイドロフォンが内蔵されている。船は数ノットで航行し、数秒ごとにエアガンを発射する。複数のストリーマーをゆっくりと曳航しながら進むため、船はUターンするだけでも普通は四時間もかかる。さもないとストリーマーが絡まってしまう。

平均的な調査はつぎのように進行する。最初は広くスペースを空けて複数のエアガンを発射する。すると、反響音によって海底の下の地層がイメージされる。音は最大で一〇キロメートルの深さまで到達するが、こうして見込みのありそうな場所に照準を合わせる。有望な場所が見つかったら、今度はスペースを狭めてエアガンを撃ち込む。すると、海底の地形が高解像度の画像で描き出される。

しかし石油抽出用のインフラが整備されたあとも、鉱床の状態を点検したり新たな鉱嚢を発見したりするためには、同じ海底に口径の異なるエアガンを発射して状態を確認する必要がある。

このような活動が進行している場所で科学的調査を行なわせてもらうのは難しい。時間を無駄にはできないとはいえ、探査船が曳航する複数のストリーマーの邪魔をしないように調査を進めるのは時間がかかる。それでも二〇〇七年、マッコーリーはようやくチャンスを摑んだ。長さ四メートルの小型船を探査船にピッタリ付けて、船が進入する直前と立ち去った直後ではプランクトンの反応がどのように異なるか調べた。マーティン・ジョンソンらが太平洋で「プランクトンの群れを海底と間違えた」ときと同様にマッコーリーは、高周波の音を小さな生き物に発射して反応を確かめた。しかし技術的に困難な問題は多かった。結局、使えるデータは手に入り、そこから何らかの影響が推測されたが、公表できるレベルではなかった。

打つ手がないまま、関心は強まるばかりだった。やがて二〇一五年三月、タスマニア大学の海洋南極研究所（IMAS）の科学者と協力し、タスマニアの州都ホバート沖のストーム・ベイで進行中の地震探査プロジェクトのなかに、プランクトンの研究を組み込んでもらうことに成功した。マッコーリーらは今回、ソナーで音を聞くだけでなく、エアガンの影響を受けたプランクトン、なかでも動物プランクトンの「死骸を回収したい」と考えた。

そこでマッコーリーらは、ボンゴネットをふたつ曳航することにした。非常に長いボンゴネットは、プランクトンを採集するために使われる。ネットのメッシュの大きさは、採集したい動物の大きさによって異なる。大きいプランクトンならば、メッシュはかなり粗くてもよい。しかし最も小さなプランクトンを捕まえるためのメッシュはとても細かく、手触りはシルクのようだ。科学者は通常、メッシュの大きさの異なるふたつのネットを曳航する。それはまるで、白くて長いふたつのボンゴドラムを引きずっているように見える。

ストーム・ベイは潮の流れが激しい。そのためマッコーリーとIMASの科学者が船の後ろから曳航しているネットを引き上げる頃には、驚いたプランクトンが五〇〇メートルほど流されている可能性があった。そのため海流と船の速度を調整する必要があった。それでもマッコーリーは、船から数百メートル圏内の海流の速度をうまく計測することができた。そして以前、夜に生物発光がどのように広がったか記憶していた。

一行は船を進めながら音を出し、海底三〇メートルからネットを引き上げ、音を発射する前後の二回に分けてサンプルを収集した。採集された動物プランクトンは生きているものも死んでいるものもあり、訓練を受けていない目にはどちらも同じに見える。そこで見分けるためにちょっとした工夫を凝らした。プランクトンは採集されてから一時間ほど生きている。そこで水揚げされたプランクトンを収集容器に移して好物の餌を与えた。この餌はピンク色に着色されていた。

マッコーリーによれば「もしも生きていれば、プランクトンは［餌を］飲み込んで体内に吸収する」ので、体がピンク色になる。「もしも死んでいれば、餌を食べない」。顕微鏡で調べると、生きているプランクトンはピンク色に光っている。こうして生きているプランクトンと死んだプランクトンを比較すれば、どれくらいの数のプランクトンが死んだのか、そのとき船からどれだけ離れていたのか明らかになる。

船から一キロメートル離れた場所でも、エアガンはプランクトンに深刻な影響を与えた。マッコーリーらは一般的な動物プランクトンの他にも、カニ、フジツボ、オキアミの幼生など、「ノープリウス幼生」と総称される生き物に注目した。サンプルのサイズは小さかったが、ノイズにさらされたあとオキアミの幼生は死滅した。カイアシ類はエアガンの音が聞こえたあと、死んだ数が二倍、あるいは三倍に増えた。そして体が小さい種類ほど、死んだ数は多かった。一方、海中のソナー画像には、プランクトンがいなくなった部分に穴が開いていた。

これらの小さな動物は、海水と密度がほぼ同じだ。そしてどんな音も体を貫通するはずだ。骨がないので、圧力波が通過するときに体を海水と一緒に動かさなければならない。多くのプランクトンは体の表面が油っぽいので、音波に対して予想外の反応を示す。要するに、音への反応がわかりにくい。さらに、カニなど無脊椎動物の幼生は小さくても、弦音器官や平衡胞といった構造がすでに出来上がっているので、音の粒子運動を知覚する。魚やカニの幼生は、サンゴ礁の微かなノイズを数メートル、いや数キロメートル離れた場所からでも感じ取ることができる。ならばオキアミやカイアシ類は、近くで発射される地震探査用のエアガンの音を確実に聞きとっているはずだ。

他の科学者も、マッコーリーの発見の再現を試みた。ノルウェー沖では、カイアシ類のなかでもカラヌス・フィンマルキクスの個体数が特に多く、魚や海鳥や他の動物にとって貴重な食糧源になっている。一方、ここの海底は石油やガスの資源が豊富なので、地震探査が頻繁に行なわれる。ただしノルウェーの研究者が実施した調査からは、地震探査用のエアガンがこれらのカイアシ類におよぼす影響は、それほど深刻ではないことがわかった。エアガンから五メートル圏内では、カイアシ類の死亡率はオーストラリアの結果と一致していたが、それより離れた場所ではこの小さな動物はほとんど影響を受けなかった。そこでノルウェーの研究者は、オーストラリアでの調査結果には地震探査用のエアガンだけでなく、サンプル収集に向かった船のノイズも影響しているのではないかと考えた。あるいは、カイアシ類はエアガンの音への抵抗力が強いのかもしれない。いまでは、どんな大きさや種類のプランクトンがどんな周波で損傷を受けやすいのか、特定するための調査が進められている。

プランクトンや無脊椎動物の問題に取り組むときには、もうひとつ考慮すべき要因がある。すなわち、動物がノイズから離れられるかどうか考えなければならない。海洋哺乳類や魚は音から離れて逃げられるかもしれないが、貝や甲殻類の多くやプランクトンは機敏に動けない。こうした無脊椎動物はしばしばノイズの犠牲になるが、ノイズから受ける影響については最も理解が進んでいない。

オーストラリアのビクトリア州とタスマニア島のあいだには、バス海峡がある。ここには合わせて二〇以上の石油やガスのプラットフォームが点在しており、地震探査が定期的に行なわれている。その一方、バス海峡はホタテ貝とロブスターの漁場でもある。二〇一一年、タスマニアホタテ漁業組合が行動を起こした。最近行なわれた地震探査で二万四〇〇〇トンのホタテ貝が犠牲になり、数千万ドルもの収入が失われたという。では、エアガンは本当にホタテ貝を殺したのだろうか。

タスマニア大学の海洋生物学者ジェイソン・セメンスは、漁業の対象になる生物種が地震探査用のエアガンに影響されるのかどうか疑問を抱いた。ちょうど彼はＩＭＡＳにも所属していたので、マッコーリーらと協力して厳密な音響テストを計画した。チームは野生のロブスターやホタテ貝を採集すると、海のなかに作られた実験場に移した。そして、近くにハイドロフォンとジオフォン【訳注／音や振動をとらえるマイクロフォン】

とビデオカメラが設置された。それから水中でエアガンを発射して、下にいるロブスターやホタテ貝がどんな反応を示すかじっくり調べた。

ロブスターは一匹も死ななかった。メスの多くは体内に卵があったが、どれも正常に発達した。しかしそれ以外は、あまり良いニュースはなかった。

何と、ロブスターはバランスを失った。ロブスターなどの甲殻類は、ひっくり返っても反射的に起き上がることができるが、エアガンが発射されたあとは、起き上がるまでに二倍以上の時間がかかった。そこでセメンスは、ロブスターの触覚の付け根にある平衡胞を詳しく調べてみた。すると、体液の充満した嚢の下に連なる有毛細胞が損傷していた。毛が「切り取られていた」とセメンスは表現している。平衡胞は重力と方向を感じ取るので、有毛細胞が損傷すれば調整は確実にうまくいかない。そしてロブスターの血液中の成分も変化した。これはトラウマ反応の可能性があり、その結果として病気に感染しやすくなる。

一方、ホタテ貝も「血液」――血《けつ》リンパと呼ばれる体液――の成分が変化して、慢性的な免疫不全の可能性が示唆された。実際、あとからホタテ貝は大量死して、それは実験から三カ月後にピークに達した。要するに、これはロングテール型のトラウマだと考えられる。すぐには死なないが、いつの間にか死が迫ってくるのだ。どこに注目すればよいかわからず何気なく観察するだけでは、ホタテ貝には影響がなかったとしか思えない。

セメンスによれば、エアガンが身体に衝撃を与える様子は目で確認できる。ロブスターはゴツゴツした石灰岩、ホタテ貝は砂底にいたが、ホタテ貝の実験のビデオを再生してみると、砂がいきなり盛り上がる場面があった。体が受けた衝撃と音によるストレスのどちらが原因かわからないが、いずれにせよ目に見える影響があった。

この調査は、セメンスいわく石油・ガス業界から「非難の嵐」だった。何度も発射されるエアガンの影響は、一度の実験だけではわからず、実際はもっと深い場所まで発射されるとも指摘された。そうなると真実を確かめるためには、実際の海底探査を実験に使わせてもらうしかない。そこで、つぎはそれを実行した。

地震探査企業との共同作業は準備が大変だとマッコーリーは指摘している。それでもセメンスの決意は固かった。しかも彼は、ロブスターの幼生も実験対象に含めた。幼生には、ライフサイクルを通じて大きな累積効果がおよぶことを理解していたからだ（成体で生きている期間は一五年、なかには二〇年のケースもあり、毎年一回から二回、外骨格を脱ぎ捨てて脱皮する。一方、小さくても硬い甲皮に覆われている幼生は、十分に成長するまで頻繁に脱皮しなければならない）。

動物が受ける何らかの影響を計測するのは容易ではないが、無脊椎動物は特に難しい。死んだケースや明らかな損傷を受けたケース以外は見分けにくく、見逃されてしまうことが多い。

規制が効果を発揮するためにはデータが必要とされる。しかも音が動物におよぼす影響を計測するためには、音の「大きさ」だけではとても十分ではない。たとえば衝撃が激しければ、それだけ動物は大きく揺さぶられる。周波数の影響は可聴範囲によって異なる。あるいは海底はどこも同じ状態ではない。柔らかい泥よりも、堅い岩のほうが動物は激しく揺さぶられる可能性がある。動物の年齢も考えなければならない。そして精子や卵が影響を受けたら、その後の繁殖の成功は危ぶまれるだろうか。

しかも、これでもまだ十分とは言えないのか、音の計測そのものも簡単ではない。音の大きさを表現するためによく使われる「デシベル」は、これまで考案された計測単位のなかでも特に厄介だ。

キログラムは一七九九年から二〇一九年まで、キログラム原器、通称「ル・グランK」によって定義された。原器は金属の塊で、パリ郊外で気密容器に入れて厳重に保管された。このように計測単位が規格化されると、科学全体に秩序と一貫性がもたらされる。しかしデシベルは、他の計測単位ほど単純ではない。

「デシベルは厄介だ」と、ロードアイランド大学に所属するエンジニアのジム・ミラーは語る。「空気中のデシベルと水中のデシベルは同じではない」。人間はしばしば音の大きさを、ジェットエンジンやロックコンサートにたとえて説明する。しかし水中の音に関して、こうした事例は比較の対象にならない。というのも水中と空気中では、デシベルはまったく異なる尺度で計算されるからだ。なぜひとつの単位が統一されないのか、私はその理由をミラーに尋ねた。

デシベルとは、音波が通過する媒体の圧力を基準として計測される相対値のことだ。大気中の空気の圧力はおよそ一気圧（atm）だが、（空気よりも密度が高い）水の圧力はその二〇倍になる。ゆえに、媒体が異なればデシベルも異なる。

「比較するには、六〇を加算するのもひとつの方法だ」とミラーは語る。たとえば、工場で働いているときのノイズが八〇デシベルだとすれば、同じノイズが水中では一四〇デシベルだと見なされる。そんなわけで科学者は、計測場所が空気中と水中のどちらなのか言及する。

厄介なのはそれだけではない。デシベルはグラフが直線になる正比例ではなく、対数スケールで増加する。したがって、音響パワーを一〇倍に増やすためには一〇デシベルを加えるが、一〇〇倍に増やすためには二〇デシベルを加える（実際のところ、音はかならずしもそのように知覚されない。たとえば人間は、音が一〇デシベル大きくなっても、二倍になったと感じるのが普通だ）。そして最後に、デシベルで説明されるものはひとつではない。科学者はソースでのレベル（音源での大きさ）と、受信段階でのレベル（場所は問わず、動物が実際に聞いた音）のどちらも計測することができる。これは、コンサートのスピーカーの音を一メートルの近距離で聞くケースと、五キロメートル離れたアパートでコンサートの騒音が聞こえるケースとの違いにもたとえられる。さらにミラーによれば、科学者は騒音暴露レベル（ＳＥＬ）と呼ばれるものについて語るときにもデシベルを使う。ＳＥＬは、受信した時点での音のエネルギーと音の継続時間のふたつを計測する。こうすれば科学者は全音響エネルギーの観点から、継続時間の異なる音を比較することができる。

ではここで、エアガンのノイズの計測について考えてみよう。ほぼ標準的なエアガンのノイズは正確に推定できるが、エアガンアレイ【訳注／複数の空気容量を持つエアガンを組み合わせる】の場合は複雑になる。アレイの周囲で実際に聞こえるノイズのレベルは、エアガンを点音源【訳注／ひとつの小さな点から音を放射して、あらゆる方向に同じ強さで伝わっていく音源】と見なして計算するよりも、およそ二〇デシベル小さくなることが多い。

エアガンの爆発音からは、様々な周波の音が生み出される。低周波は近くのロブスターやホタテ貝を傷つけ、高周波は近くの海洋哺乳類に問題を引き起こす可能性がある。

セメンスやマッコーリーのチームは二〇一一年一二月、バス海峡で四日間の実験を行なうことにした。だが、その準備は容易ではなかった。チームは実験に先立ち、ロブスターやタコなど実験に使う動物を大学の水槽に集め、健康状態をチェックしなければならない。そのあと、およそ五〇〇匹の動物をバス海峡まで二日間かけて、実験場所まで連れて行くが、実験をいつ始められるか正確にはわからない。

「実験に先立ち、数カ月かけて調査を行なった」とセメンスは回想する。クジラがこの場所に移動してくるのを目撃したら、その時点でプロジェクトの準備は完成し、セメンスのチームの実験は動き出す。「だから準備には苦労した。動物たちを連れてきたあとも、いつでも実験を始められるように手を抜けない」。そして実験が始まっても、期間は四日間に限られる。一時間も、いや一秒も無駄にできず、船が通過するチャンスを一度でも見逃す余裕はなかった。

そして天気が変化した場合や、機器が故障した場合に備え、バックアッププランを立てておく必要もあった。セメンスは毎朝、地震探査船とテレビ電話で連絡を取り合った。そのあと探査船は進み始め、方向変換するときは途中で止まらずに大回りする。このとき船は、リンクの氷をならす整氷車のように動くので、それを考慮しながら、つぎにどんな「軌跡」を描くか予測しなければならない。船がカーブを曲がり終わると、セメンスのボートはその前に出て、動物を入れたケージを海底に沈め、素早く針路を離れる。そして探査船が長いストリーマーを曳航しながら通り過ぎると、全速力で戻って動物を引き上げ、あらゆる経過を記録する。

「確実に白髪が増えたよ」とセメンスは語る。それでも実験が終わると、チームにはデータが手に入った。

エアガンの音を聞いたあと、ロブスターの幼生は脱皮の回数が予想よりも少なくなったことが調査から明らかになった。つまり成長が遅くなった。幼生はとても小さくて、セメンスは平衡胞を調べられなかったが、脱皮するまでの時間が長くなった点に注目し、体は損傷を受けたと推測した。このときも幼生は死なず、健康そうに見えた。しかし体は傷つき、長期生存に悪影響がおよんだ。この野外実験からは、いまだにデータが収集されている。

一方、技術が進歩したおかげで、エアガンのノイズの影響は軽減されるようになった。高周波の音を取り除く技術、エアガンの衝撃音を弱める技術が登場した。複数のエアガンを発射するタイミングをずらせば、アレイから発するノイズはいつでも小さくすることができる。そして爆発の代わりに振動を利用しても、ノイズは軽減される可能性がある。それでもカナダをはじめ多くの国は、海底の石油やガスの探索に猶予期間を設けた。この抽出方法は危険でコストが高く、多くの場所で経済的に見合わなくなっている。地震探査に伴うノイズの影響が懸念される地域は多いが、それでも世界的には、過去数十年間と比べて地震探査は減少している。

しかし、音響が海洋生物にもたらす影響に関する研究の一部は、別の衝撃音に注目を移している。皮肉にもそこでは、石油やガスに代わる構造が音源になっている。

洋上風力発電、建設中の音

私は、自分が風力発電所の範囲や規模について知識があると思っていた。オンタリオ州南部のトロント近郊で二一世紀最初の一〇年間、牧歌的な丘の上に白くて細長いブレードがあちこちに建てられていく様子を眺めながら成長した。風が強いキングストン沖も注目された。オンタリオ湖には海抜が低くて草が茂る島々が点在するが、グリーンエネルギーに舵を切り始めた州政府が風の強い立地に注目した結果、風力発電のタービンがいくつも建設された。

しかし二〇二二年にアムステルダム・スキポール空港に到着したとき、洋上風力発電に関してはヨーロッパがどこよりも精通していることを理解した。飛行経路の下の海にはプリンセス・アマリア洋上風力発電所があって、巨大なタービンが整然と並んでいる。タービンは背が高く、飛行機の胴体に軽く触れそうにも見える。巨大なブレードが回転しているのが目に入った。それよりもずっと北のスコットランドの海岸には、これから設置される風力発電向けのケーシングが置かれているが、その直径は多くの家よりも大きい。

洋上風力発電のタービンはとにかく大きい。陸上では、タービンの土台からハブまでの高さは最大で九〇メートルに達するが、洋上のタービンは高さが軽く一〇〇メートルを超え、どんどん大きくなっている。二〇二二年には、世界各地で新しい風力発電タービンの九〇パーセント以上が陸に建設された。しかし風力発電の潜在能力の大半は沿岸地域に集中している。

最初の洋上風力発電所はデンマークのヴィンデビーに建設され、一九九一年に一一基のタービンで操業を開始した。二五年後には閉鎖されたが、その頃にはヨーロッパで風力発電が軌道に乗り、スウェーデン、ドイツ、イギリスで新しい施設が建設された。デンマークでは二〇〇〇年から二〇〇一年にかけて、二〇基のタービンを有するミドルグロン風力発電所が建設された。そして二〇〇二年に建設されたホーンズリーフ発電所は、タービン数がそれまで最大だったミドルグロン発電所の四倍に増えた。

二〇二一年、アメリカのバイデン政権は洋上風力発電に三〇億ドルをつぎ込んだが、そのときすでに海のあちこちで候補地の調査が進められていた。アメリカで最初の洋上風力発電所は二〇一六年に完成した。ロングアイランドの突端とマーサズ・ヴィニヤード島の間に位置するブロック島という小さな島から四・五キロメートル南西に進んだ沖合に、ブロック・アイランド風力発電所が建設された。二〇二〇年には、バージニア州沖で風力発電所の操業が実験的に始まり、計画では二〇二六年までに一七六基のタービンを有する設備が完成する。アメリカ海洋エネルギー管理局（BOEM）は、海底の一部のブロックや区域をリースしている。有望な候補地を調査したうえで、企業やコンソーシアムにリースする。すでに多くのリースが許可され、アメリカ北東部沖の海岸では大きな発電所が建設中だ。

陸地で風力発電所が一気に増え始めると、タービンのノイズやそれが人間におよぼす影響が憂慮されるようになった。低くて単調な音が鳴りやまないので、不快感を抱く人たちは訴訟を起こした。洋上風力発電所からも運転中はノイズが発せられる。ナセル【訳注／発電機や増速機などで構成される部分】からタワーを介して土台に達したノイズは、そのあと海中から海底へと伝わる。このノイズは瞬間的な衝撃音ではなく、ブーンとうなる音がいつまでも続く。これが多くの動物にとってきわめて有害だという証拠はあまりそろっていない。良くも悪くも、一部の生き物は住処や食べ物が連想される音に引き寄せられてしまう。洋上風力発電の基礎杭（パイル）、すなわち海に打設されるタービンの土台には、たくさんの生命が集まっている。ちょうど船の船体に、バイオフィルム（微生物の集合体）やフジツボなどの小さな動物が引き寄せられるのと同じだ（動物たちにとって船は、金属製の巨大なサンゴ礁のようなもので、都合の良い住処が見つかったと勘違いする。しかし動物たちが張り付くと、船の燃費は悪くなる。そのため船舶会社は対策として、防汚塗料や船体のクリーニングに何百万ドルも投じている）。

しかし風力発電所で最もやかましいのは、建設中の音だ。

タービンを海底にアンカーで固定する浮体式洋上風力発電に関しては調査が進められ、プロトタイプもいくつか登場している。この設計は、パイル（杭）を打ち込めないほど深い場所に適している。しかし現在操業中の——あるいは将来計画されている——風力タービンの大多数は、頑丈なパイルの上に建てられる。そしてパイルは、ハンマーを使って海底に打ち込まなければならない。

パイルを打設するときには、エアガンと同じ大きな衝撃音が発せられる。このノイズは水中に広がり、それに付随して様々な問題が生じる。しかも、衝撃音は海底を通じて四方に広がる。いま生物音響学では、音と振動のあいだの曖昧な境界が新たなフロンティアとして注目されている。そしてそこには、海底やその近くに生息しながら、音圧を感じなくても粒子運動を感じ取る魚や無脊椎動物が当てはまる。

ブロック島から南東に四・五キロメートル離れた沖合では、海深が三〇メートルに達する。これは一〇階建てのビルの高さ（あるいはシロナガスクジラの体長）に相当する。二〇一五年九月にここで、平坦な地形が続く海底に五基のタービンの建設が進められていた。一基のタービンは六メガワットの電力を生み出すので、総発電量は三〇メガワットになる。ヨーロッパの基準では巨大な風力発電所ではないが、これはアメリカで最初の海洋風力発電所だった。

このタービンは、ジャケットパイルと呼ばれる構造物の上に取り付けられる。水深が非常に浅ければ、タービンは重力着底型構造物——海底に固定された巨大なコンクリートブロック——の上に取り付けられる。少し深くなると、大体はモノパイル式の基礎が使われる。モノパイルでは名前からもわかるように、一本の（モノ）杭（パイル）がタービンを支える。直径が三メートルから八メートルに達する杭は、海底から地下四〇メートルの深さまで打ち込まれる。しかし水深が深くて流れが激しい場所や、海底の地形が不安定な場所では、ジャケット構造が使われる。これは四本の鋼管杭で支えられる構造で、各構面には斜め方向のブレースが配置される。そのため杭は真っすぐではなく、垂直線に対して一三度の角度で打ち込まれる。

直径が何メートルもある杭を地下七五メートルまで打ち込むためには、五〇〇から五〇〇〇回以上も叩きつけなければならない。基本的に、杭打ち機には巨大なハンマーが使われる。一分間に一五回から六〇回の頻度で、力任せに土台を海底に打ち込んでいく。

海底を所有する連邦政府は、風力発電所を所有する企業にその一部をリースする。それを担当する政府機関のＢＯＥＭは、ブロック島の建設現場でReal-time Opportunity for Development of Environmental Observations〈環境開発をリアルタイムに観察する機会〉、略してＲＯＤＥＯ（これも頭字語がうまく内容を伝えている）という音響モニタリングプログラムを実施している。ＲＯＤＥＯは現在、工事現場から一キロメートルほど離れた場所に複数のハイドロフォンを曳航して音を聞きとっている。あるいは五〇〇メートル離れた海底に小さなスレッド（台車）を設置して、音や振動を計測している。そして七・五キロメートル離れた地点と一五キロメートル離れた地点にも、ハイドロフォンがひとつずつ設置されている。こうした計器による計測結果と、一部の生物種を対象とした限られた研究によって、海底に杭が打ち込まれるときの音波の広がり方や、音波に直撃される動物について、ある程度まで理解することができる。

杭は八月から一〇月にかけて打設される。タービン一基につき四本だから、全部で二〇本になる。ジャケットパイルは、杭を打設する回数がモノパイルのおよそ三倍以上になる。パイルは直径がおよそ一・五メートルの中空管で、ベーグルのような厚みがある。それを力任せに叩き、少し変形させながら打ち込んでいく。杭の先端で発生した衝撃音は、下までずっと伝わっていく。そのあと杭を叩いたときの衝撃音が水とぶつかると振動が発生し、音波が水中に放射される。要するに杭の先端で発生したノイズは下に移動したあと、円錐形を逆さまにした漏斗状で外側に広がっていく。杭を打設するたびに、少なくとも音源の近くではものすごい衝撃音が聞こえる。

衝撃音は広がりながら次第に弱くなっていくが、夏のほうがそのペースは速い。深海域よりも海面のほうが暖かいので、音が下方に屈折するのだ。冬は浅海域と深海域の水がうまく混じり合って均一なので、音は屈折しないで真っすぐ遠くまで伝わる。そして初秋は、夏と冬の中間あたりまで音が伝わる。風が強くて波が荒く、潮の流れが激しい秋の大西洋では、杭を打設するときの鈍い衝撃音は、ゆうに二〇キロメートル伝わってからようやく消える。

杭のすぐ近くでは、水の粒子の激しい動きに一部のプランクトンが打ちのめされるかもしれない。あるいは、一部の幼生が気絶するかもしれない。しかし離れた場所では、音の衝撃はやや弱まる。もしもサケやタラなどの魚に音が届いたら、音は聞こえても体は傷つかない。タラに危害がおよぶ可能性があるのは、近くで二〇七デシベルの音を聞くときぐらいだ。サケは二一三デシベルまで無事でいられる。

ノイズが海をどんどん伝わっていくと、おそらくロングフィンイカに届くだろう。平衡石によって体形を保持するこのイカは、ノイズを探知する能力を持っている。もしも数キロメートルの範囲内でノイズが届いたら、墨を吐くか遠ざかるかどちらかだろう。だがノイズが一二、三秒続くと、イカは音に慣れて墨を吐かなくなる。これならイカのエネルギー出力は減少するが、今度は本物の捕食者が近づいてきたとき、その音を無視する可能性がある。

パイルを打ち込むときのノイズは遠くに伝わるほど、衝撃が小さくなる。それでもやはり、離れた場所にいるナガスクジラにはよく聞こえる。

音が水中で広がっていくと、海底では他の現象も発生する。杭からは複数の地震波が振動しながら伝わっていく。最初に伝わるp波はスピードが速く、音の粒子が前後に揺れる縦波で、海底の生息環境を圧迫する。二番目に伝わるs波は、音の粒子が上下に揺れる横波だ。p波とs波の干渉によって生じる表面波は海底に沿って伝わりながら、上にある水と相互作用する。その結果、海底からおよそ一メートル以内に、エバネッセント波という特殊な波が生じる。

本来、音圧と粒子運動は比例関係にあるが、こうした複雑な環境では、音圧を海底の近くで計測しても、粒子の動きとのあいだに関連性はない。たとえば海底面や海底のなか、あるいは水柱のなかに生息する無脊椎動物は、粒子の激しい動きを敏感に感じ取る可能性が高い。つまり圧力波検出型のハイドロフォンで音を計測すると――ほとんどのハイドロフォンはこのタイプだ――海底の無脊椎動物が感じる刺激を正確には把握できないことになる。

音やその基板振動がホタテ貝に届くと、殻を開いたり閉じたりして「咳き込むような音を立てる」。ヤドカリに到達すると、触覚をピシッと動かして急いで逃げ出す。プレイス――オヒョウやヒラメと同じカレイ科の魚――は海底にピッタリ横たわって灰褐色の砂に溶け込む。プレイスは耳だけでなく、敏感な体によっても海底からの振動を検知する。

浜辺の砂粒のあいだや海底では、動物門のライフサイクルが繰り返されている。胴甲動物、線虫、扁形動物、動吻動物、クマムシ、ワムシは、砂粒のあいだの液体で満たされたスペースに生息している。オーストラリアでの調査からも明らかなように、非常に小さな生き物もノイズの影響を受ける可能性がある。これらのメイオファウナ【訳注／水底の小さな無脊椎動物】は何を検知するのだろう。海底の振動によってどんな影響を受けるのだろうか。

水中で暮らす動物が音を聞きとるのは、音を情報ルートとして選んだからだ。ならば海底の動物も生息環境の振動を聞きとっているのではないか。そうでない理由は考えられない。振動は、動物界で最も古いコミュニケーションシステムのひとつであることが知られている。昆虫はこれを頻繁に使い、葉っぱや植物の茎を振動させる。哺乳類は顎を地面につけて地面から伝わる振動を感じ取ったあと、空気から伝わる音を聞くことができる。振動によるコミュニケーションの計測や研究はまだ始まったばかりだ。海底では、音と振動の境界がわかりにくい。それでも低周波の音を検知する身体構造が、地震やナガスクジラの歌や杭の打設音を感じ取れることはほぼ間違いない。粒子の動きを検知する魚や無脊椎動物が音やノイズから受ける影響に関しては、まだデータがかなり不足している。いまではようやく科学者が、様々な条件下で粒子の動きや海底の振動の計測を始め、動物たちが何を感知するのか解明に努めている。

結局のところ、あらゆる動物に大きな問題を引き起こす可能性が最も高いノイズは、高エネルギーの衝撃波だ。地震探査用のエアガンは強烈な音を轟かせ、海軍のソナーは予想外のタイミングで悲鳴のような音を上げ、風力発電所やドックなどの構造物を海に建設するために杭を打設する音は、リズミカルに響いて鳴りやまない。ただし、これらは時間と区間がある程度限定されるのがせめてもの救いだ。

実は水中には、厄介な音がもうひとつ存在しており、ノイズの発生源の多くを占めている。それは船とボートだ。どちらも至る所にあって、忘れることはできない。

第9章　船　唸る音は世界を巡る

「世界はどんどん騒々しくなっている」

ピーター・ガブリエル『シグナル・トゥ・ノイズ』

九月末、ケベック州のローレンシャン山脈の斜面は秋の紅葉に彩られた。青く輝くセントローレンス川の上を曲がりくねって走る二車線の舗装道路は、日なたと日陰が入り混じっている。セントローレンス川を出発点とする航路は、トロント、クリーブランド、シカゴ、サンダーベイをはじめとする五大湖の港を結び、大西洋まで続く。この航路には、貨物船、車両輸送船、クルーズ船、さらにはプレジャーボートが行き交う。

私は川の流れにしたがって北東に進んだ。ネオンサインがまばゆいモントリオールや壮大な歴史を感じるケベック・シティをあとにして、タドゥサックに到着した。川幅は広くなり、入り江に合流してから大西洋に注ぎ、淡水と塩水が混じり合う。ここはちょうど、セントローレンス川の北岸と小さなサゲネー川が合流する地点でもある。入り組んだフィヨルドで川と海の水が攪拌され、豊かな食物網が創造されている。夏になると、一三種類のクジラがやって来る。ミンククジラ、シロナガスクジラ、ナガスクジラ、ザトウクジラ、イルカは常連だ。

ポワント・ノワールのヘッドランド（人工の岬）には、真っ赤なカエデや常緑樹や黄金色のカバノキのなかを展望用の歩道が網の目状に張り巡らされている。タドゥサックは、科学者が調査を行なうには絶好の場所であり、ホエールウォッチングにも最適だ。歩道の入口に設置された木のプラカードを見れば、ベルーガが地元の人気キャラであることはすぐわかる。

セントローレンス川のベルーガと船

ベルーガのほとんどは、凍えるように冷たい北極の海に生息している。最後の氷河期が終わったとき、ベルーガは水温の低い北に移動したが、一握りの集団はセントローレンス川の河口にそのまま残った。現在その子孫は、最も南に生息するベルーガであり、他の仲間とは孤立している。ケベックの漁師は以前から、そんなベルーガをスポーツハンティングの対象にしてきた。白い皮は、一頭につき一五ドルで売れた。今日では、生息数は九〇〇頭程度にまで減少した。

一頭のベルーガがデッキの下に姿を現したかと思うと、サファイア色の海に潜った。白い体は徐々にロイヤルブルーに変化して、深く潜るうちに最後は見えなくなった。

地元のガイドが話を始めたので、よく聞こえるように近づいた。風が強く、しかもセントローレンス川からはクルーズ船が近づいていた。

午後には、車両輸送船、鉱石や穀物を積んだ貨物船、車やアイポッドなどの消費財を輸送するコンテナ船などが、私たちの前をひっきりなしに通過した。しかもサゲネー川には観光客が集まるが、特に秋は人数が多く、クルーズ船の数も多い。

そのため近くの連邦海上公園では、商船やプレジャーボートがクジラに近づく距離を制限している。船は四〇〇メートル離れなければならない。もしもクジラが近づいてきたら、立ち去るまで減速しなければならない。

一方、ホエールウォッチングの船は特別許可証を発行されるので、地元の絶滅危惧種のベルーガやシロナガスクジラから、一〇〇メートルないし二〇〇メートルの範囲内にそっと近づくことができる。

私は高校時代の陸上の一〇〇メートル走を思い出し、この距離をできるだけ鮮明に思い描いた。その四倍ということはかなり離れている。これくらいは当然だろう。

ガイドは説明を中断せざるを得なくなった。クルーズ船はものすごくやかましい。四階建ての船が、エンジン音を鳴り響かせるのだ。巨大な姿が立ちふさがり、揺れ動く船の上でしっかり踏ん張っている私たちには、クルーズ船のデッキしか見えない。だから首を伸ばして見上げるが、ベルーガが水中に潜ると、今度は視線を下に向ける。クルーズ船は騒々しい音を立てながら、フィヨルドをゆっくり通過して河口に向かった。

サゲネー川の河口は一キロメートルの幅がある。ベルーガは、川に突き出したヘッドランドの沖を泳いでいて、船は五〇〇メートル離れたところを通過した。この距離は完全に合法的で、十分な余裕がある。だが……五〇〇メートルは本当に安全だろうか。ベルーガが数分のあいだ水中に潜っているとき、船にはその姿が見えるだろうか。ましてや止まることができるだろうか。実際のところ、水中のベルーガの動きをどのように追跡すればよいのか。そんなことをできる人が誰かいるだろうか。

かつて私は、音が身体的危害をおよぼすとは考えられなかった。船の衝突や石油の流出などが脅威になるのは想像できるが、ノイズの音響パワーのすさまじさを認識したのはこれが初めてだった。ベルーガはしばらく水中に潜っていた。怯えたのだろうか。それとも驚いたのだろうか。時おり白い体が海面に上昇して呼吸するのが見えるが、息をしては水中に潜り、このパターンを繰り返す。

港の近くに住んでいるか、海運業界で働いていないかぎり、海を航行する船について考える機会はあまりないだろう。海運は不透明な業界だ。世界貿易の八〇ないし九〇パーセントを担う船舶は、大海原を越えて限られた港やドックに荷物を運ぶ。バンクーバーでは、ヴァンタームやセンタームなどのコンテナ専用ドックで、オレンジ色のガントリークレーンが中心街の上空に巨大な頭をもたげている。イングリッシュ・ベイに貨物船が停泊している様子は、まるで大きな鉄の牛が群れているようだ。しかし、ほとんどの人が近くで確認できるのはそれが限界だ。一方、ビクトリア州にはコンテナ専用ドックがないが、ここはファンデフカ海峡に面している。この海峡は、バンクーバーやシアトルやタコマの港に向かう船がかならず通過する主要な海上交通路である。数隻の船が視界に入ることもめずらしくない。遠くを航行する船は、小さくてまるでおもちゃのようだ。オグデンポイント防波堤は、ファンデフカ海峡に突き出している。全長八〇〇メートルの防波堤の外側には、水中にブルケルプの森が茂っている。内側には、夏のあいだ毎日、複数のクルーズ船が停泊している。船はどれも巨大な集合住宅のようだ。

一九八〇年、世界全体の商船（コンテナ船だけでなく、すべての船を含む）の数は七〇万隻に満たなかった。ところが二〇二〇年には、二〇〇万隻以上にまで膨れ上がった。

レゴブロックのように角ばってカラフルなコンテナ船は目立つが、実は世界の海を航行する商船全体の一〇パーセント程度にすぎない。残りは車両輸送船、クルーズ船、石油タンカー、あるいは鉱石、石炭、穀物などの商品を運ぶバルクキャリアー（バラ積み貨物船）が占める。それでもコンテナ船は規模の経済性のおかげで、世界全体の貨物のおよそ半分を運んでいる。コンテナ貨物は「Twenty-foot Equivalent Units」（ＴＥＵ）すなわち金属製波板を素材とする二〇フィートのコンテナに換算した荷物の量で規格化され移動するので、世界の海運業の効率化につながった。コンテナが導入された結果、以前よりも多くの商品を世界各地に運ぶことが可能になった。こうして私たちはみんなコンテナに依存しているのだが、ほとんどの人にとって、コンテナやコンテナ船を見る機会は滅多にない。

二〇二二年一月、韓国ＳＭライン社のコンテナ船の釜山号（六六二二ＴＥＵ）が、太平洋で発電機が故障したあと、応急修理のためにビクトリア州オグデンポイントのドックに入った。そこで私は、巨大な船を間近で見るまたとないチャンスに飛びついた。大きな船尾がドックから突き出している。ものすごい高さで、手すりを超えて墜落したらまず命はない。青や赤や緑のコンテナが壁のようにそそり立っている。横に一六個、縦に六個ずつ積み上げられ、高さは船尾の二倍以上にも達する。そして船の全長は三〇四メートルにおよぶ（シロナガスクジラ一〇頭に相当する）。それでもコンテナ船としては大きいほうではない。一万TEUを運ぶコンテナ船は何百隻もある。八〇隻は二万TEU以上の規模を誇り、全長は釜山号よりも一〇〇メートル長い。

一九九二年から二〇一二年のあいだに、船の往来は世界中で四倍に増加した。パナマ運河やスエズ運河を通過すれば、長い航程が数週間短縮される。しかしふたつの運河を通過できないほど大きな船は、ロングビーチやロサンゼルス、シアトルやタコマから釜山や上海に向かうために、太平洋を横断しなければならない。ファンデフカ海峡などの航路を進むときには、AIS（船舶自動識別装置）やGPSなどのテクノロジーが常に休みなく稼働している。

船のノイズが魚に与えるダメージ

もちろん、船はノイズを発する。船の騒音レベルの平均は、一九六〇年代から二〇〇〇年代末にかけて一〇年ごとに倍増した。

船のデッキに立っているときに聞こえるノイズのなかでは、エンジンの唸り音が最もやかましい。しかし水中では、船のノイズの大きな発生源はプロペラだ。プロペラの翼端から発生する気泡によって、キャビテーションと呼ばれるプロセスが進行する。

プロペラが回転すると、ブレードの前縁が水を圧迫して高い圧力が生み出されるが、後縁では圧力が大きく低下する。周囲の圧力が低下すると、沸点は一〇〇度よりも低くなる（これはテッポウエビの気泡と同じ原理だ。ハサミの刃が噛み合う瞬間に気泡が発生し、それによって周囲の圧力が急激に下がると、海水温が一気に上昇する。そのあと気泡が崩壊して大きな音が発生する）。船のプロペラの場合、後縁で圧力が低下すると気泡が発生する。気泡はブレードの表面で崩壊するか、水に移動してから崩壊する。それと同時に、ブレードの付け根では流体力学的メカニズムが機能して、プロペラのハブ（中心部）でハブ渦と呼ばれる気泡が発生する。

水中の様子は見えないが、釜山号のプロペラは直径が数メートルになる。最大クラスのコンテナ船では、九メートルにもなる。こうしたプロペラから発生した気泡は、海水を瞬間的に沸騰させるだけでなく、プロペラとの共振によって音を生み出す。気泡は大きさが様々なので、様々な周波数の音が発生するが、ほとんどはおよそ二〇〇〜三〇〇ヘルツの範囲に収まる。つまり船のノイズは帯域幅が広いが、ほとんどは低周波帯域に集中する。

船の音は、かならずしも耳を弄するほどやかましくない。むしろハチの羽音に似た音がＢＧＭのように鳴り続け、ハイウェイの近くに住んでいるような気分になる。音の影響範囲を表した同心円では、船はいちばん外輪に当てはまることが多い。動物の行動やコミュニケーションに影響をおよぼし、動物を予想外の場所に向かわせ、エコーロケーションや歌や発声を妨害する。

ここで影響ゾーンについて整理しておこう。ほとんどの動物は船から遠く離れているので、音を聞くスペースやコミュニケーションのスペースがノイズによって縮小するが、それ以上の影響はない。音を聞くスペースとは、送られてくる信号を動物が聞きとれるスペースのことだ。このスペースの形は球体だと思われることが多いが、音には指向性があるので、動物の耳に届く音の種類によってスペースの形は変化する。たとえばエコーロケーションのクリック音は、他の発声とはスペースの形が異なる。

コミュニケーションスペースは、動物がよそから送られてくるシグナルを受け取り解読できる距離を指す。そしてノイズが動物の聴覚範囲に収まるときには、ふたつのスペースのいずれも縮小する可能性がある。哺乳類の蝸牛では、特定の小さな領域、すなわち特定の周波数の音に対して膜が振動することを思い出してほしい。もしもまったく同じ周波数やそれに近い音が覆いかぶさると、聞こえるはずの音が聞きにくくなる。そうなると、動物は本来の音声シグナルを拾えない。

地震やハリケーンでは、こうしたマスキング効果が発生する可能性がある。そして航路もハイウェイと同様、音を聞きとる範囲を狭める。ノイズから遠ざかることができない無脊椎動物、あるいは航路の下に生息しているホタテ貝やムール貝や海藻や多毛虫にとって、長期間にわたる慢性的なノイズは瞬間的な激しいノイズとよく似ている。たとえばセメンスが航路の下から実験用のロブスターを回収すると、気がかりな結果が判明した。平衡胞の有毛細胞が、すでに擦り切れてなくなっていたのだ。船の大きなノイズは、工場で数十年間働き続けたときのような効果を発揮する。

船の慢性的なノイズにさらされる動物には、いくつかの対応策が考えられる。哺乳類が埋め合わせとして、特定の音を聞きとる感度を高めるケースもあれば、動物がもっと静かな場所に移動するケースもある。従来とは異なる周波数で呼びかけたり、ボリュームを上げたり、同じ内容を繰り返したり、さらにはコールをすっかりやめてしまう選択肢もある。こうした戦略はいずれもコストを伴う。そしてコストは無視できる程度のときもあれば、そうでないときもある。

たとえばホンソメワケベラ（掃除魚）について考えてみよう。体長は人間の手の指ぐらいで、黒い線模様が入った青白い体が目を引くが、行動がきわめて大胆な海の魚でもある。

キーラン・コックスの現在の指導教官であるイザベル・コテは、太平洋のモーレア島でホンソメワケベラに関する調査を行なった。この魚は、本来なら自分たちを食べてしまう大きな魚と共生関係にある。サンゴ礁の「決まった場所」に住んでおり、他の魚はそこにやって来て体を掃除してもらう。ホンソメワケベラは寄生虫や死んだウロコを食べて、掃除を依頼してきた魚の健康を維持する。一方、モーレア島は漁業やサンゴ礁の観光が盛んで、市場として賑わう海をモーターボートが頻繁に通り過ぎる。コテがボートをテスト走行してホンソメワケベラを観察すると、混乱した様子を見せた。掃除をやめないけれども相手をだまし、水分の多い健康なウロコをクライアントの魚の体からはぎ取るようになった。ホンソメワケベラは、逃げる余裕のあるときそんな行動をとるようだが、大体は追いかけられて痛い目に遭う。そのあとは反省し、しばらくおとなしくなる。しかし、船のノイズがやかましいと行動が大胆になる。それはおそらく、掃除を依頼する魚がノイズの影響を受けて、何をされているか気づかないからかもしれない。このようにノイズは、合理的な共生関係に微妙な変化を引き起こす。

アメリカの漫画『ファミリー・サーカス』は、世界で最も多くの新聞に同時配信されている。このヒトコマ漫画には、四人の子どものいる核家族が登場する。時々「点線」で登場人物の行動を追跡するバージョンがあって、家や庭などの場所を移動する経路を確認できる。セイリッシュ海で水中に潜ってサケを捕まえるシャチにはDタグが装着され、行動を追跡してデータを収集するが、これは『ファミリー・サーカス』で描かれる点線とよく似ている。シャチの空間での移動が追跡され、曲がりくねった立体感のある線で再現される。

Dタグは小さなペーパーバックぐらいの大きさで、吸盤がシャチの滑らかな皮膚に取り付けられる。遠隔誘発すると吸盤が外れ、タグは海面に浮かび上がってきて、そのあと船に回収され、GPS信号が分析される。熟練した人は、先端にタグの付いた長いポールを手に持って船上で待機している。そしてシャチが海面に姿を現すと、巧みにタグを装着する。タグはしばらくの間、シャチと一緒に移動する。あとで回収されたタグからは、音声やGPS位置データや加速度に関する情報が提供される。その結果、シャチがどのように移動して、どんな声を発し、どんな音を聞いたのか、ある程度まで把握することができる。

シャチはサケを捕まえるため水中に潜るが、狩りの方法はユニークだ。テンポの遅いクリック音を発しながら海面を泳いでいたかと思うと、らせん状に体をねじりながら深く潜り、見つけた獲物を追いかける。捕まえる前には、クリックが最終的にバズに変化する。そして獲物に十分接近すると、いきなり加速して突進し、脇腹に食らいつく。貪り食ったあとは、しばしば残骸が海面に浮かんでくる。満ち足りたシャチは勢いよく上昇し、家族を見つけると獲物を分け与える。

船舶自動識別装置（ＡＩＳ）からデータがひっきりなしに送られてくるおかげで、商船の位置やスピードはおおむね公開されるようになった。サザン・レジデント・シャチが夏と秋にサケを食べにやって来るガルフ諸島の周辺では、ホエールウォッチング船やプレジャーボートなどの船舶が調査の対象になる。ＡＩＳのデータとＤタグのデータがそろうと、真実が図らずも明らかになる。

船舶が一・五キロメートル圏内に近づくとシャチは急いで潜るが、捕まえる獲物の数は減少する。これには、船そのものが発する音は関係ない。船がいるだけで十分だ。では何が犯人だろう。リビー号のような小型船のほとんどには、音響測深機が搭載されている。その甲高くて短い金属音は人間の聴覚範囲に収まらないが、シャチのエコーロケーションのクリック音のピーク周波数とピッタリ一致する。実際、船が音響測深機を使うと、近くにいるシャチは潜るのに時間をかけ、水中に滞在する時間が長くなる。

騒々しい船が近くにいると、シャチは動作が緩慢になり、海面の近くでクリックを発し続ける。特にメスはバズが減少する。そこからは、獲物を追跡して捕まえる回数が減少する可能性が考えられる。一方、オスは水中にとどまる時間が長くなる。おおよその推定によれば、水中のノイズが一デシベル増えるたびに、シャチのバズは二一パーセント減少する。小型船は現地の規制に従って行動するが、一種類の食べ物しか口にしない絶滅危惧種の動物は、カロリー摂取がノイズの影響を受ける。要するに小型船が近くにいると、シャチは消費するエネルギーが増える一方、食べる量が少なくなる。

似たようなドラマはデンマーク沖の海域でも展開されている。ここでは北海とバルト海とカテガット海峡をつなぐ航路を船が盛んに行き交うなか、ネズミイルカがエコーロケーションによって餌の魚を確保している。そこで七頭のネズミイルカにタグを吸着し、船の周辺での餌探しの様子を四日間にわたって追跡し、行動の変化を観察した。その結果、ネズミイルカはおよそ五九パーセントの時間を餌探しに費やしており、最も静かな海域では船の騒音の一七パーセントが聞こえることがわかった。一方、いちばん大きな音を出すときにネズミイルカは、ノイズの八三パーセントに影響された。そしてノイズが一〇〇デシベルを超えると、バズを発する回数は減少した。あるフェリー船が通過したときには、船がまだ七キロメートル離れている時点でネズミイルカは餌探しをやめて、再開するまで一五分間待ち続けた。

欧米諸国の多くでは今日、カロリーは大勢の恵まれた人たちにとって管理可能な余剰と位置付けられている。一度ぐらい食事を抜いても心配ない。しかし、ネズミイルカはそうはいかない。食べたければ狩りをする必要があり、それには時間がかかってカロリーが消費される。

もしかしたらネズミイルカは、船の往来の激しい海域の環境に適応しているのかもしれない。いやもしかしたら、獲物がホットスポットに集まってくるなら、ノイズに悩まされながらも狩りをする以外に選択肢がないのかもしれない。ネズミイルカの代謝要求量は多い。もしも一日に一二回(一回につき六分間)にわたって狩りを妨害されたら、エネルギーは深刻なダメージを受ける。

ネズミイルカの集団の一部は繁栄しているが、そうでない集団もある。ユーラシア大陸に囲まれたバルト海にはおよそ五〇〇頭のネズミイルカが泳いでいるが、周囲から孤立した集団は縮小しつつある。すでにストレスを受けたり病気にかかったりしているイルカには、船の影響で時間やカロリーを失う余裕がない。

音によって世界は広がるが、ノイズによって世界は縮小し、ついには奪い去られる。海の動物は音を聞きとり、遠く離れた仲間とコミュニケーションを交わさなければならない。それなのに海がノイズで満たされたら、どうすればよいのか。

ヴァレリア・ヴェルガラは二〇一七年の夏にタドゥサックにやって来て、カンバーランド湾のときと同じやぐらを建てた。しかし今回は分娩場所が観察の対象である。危険から守られた安全な場所には、子どもを出産して授乳するために母親がやって来る。深くて狭いサゲネー川の河口を二二キロメートル遡った地点では、サントマルグリット川に浅い三角州が形成され、子どもを連れた母親が訪れては餌を食べ、休息し、ゆっくりとくつろぎ、そしてコールを発する。

生まれたばかりのベルーガが発する未発達なコールは一二〇デシベルだとヴェルガラらは推測した。これは大人や子どものコールよりもおよそ二二デシベル小さい。この数字は、スペインの海洋水族館の赤ん坊と子ども、そしてセントローレンス川に生息する四頭の野生のベルーガから集めたデータを参考にしている。これをすべてのベルーガに当てはめて解釈するなら、ベルーガが赤ん坊の微かなコール音を聞きとれる範囲はおよそ三五〇メートルに限られる。一方、大人がコミュニケーションを交わすことができる範囲は、最大で六・五キロメートルに達する。

ヴェルガラはやぐらに二三日間滞在し、船とベルーガの数を数え、ハイドロフォンでノイズのレベルを記録した。その結果、コンタクトコールを聞きとれる範囲は船のノイズで半減することがわかった。船が往来する場所で赤ん坊が微かな声で呼びかけても、聞きとってもらえる範囲は二〇〇メートルに満たず、大人同士がコミュニケーションを交わせる範囲も三キロメートルに満たなかった。しかもここで対象になっているのはコールを聞きとる能力だけだ。コールには複数のタイプがあるが、その細かい内容や微妙な差異はどんな影響を受けるのか。発声に方言や識別コールが含まれる動物、すなわち発声に複数の周波数があり、おそらく重要な情報や識別情報までも含まれる動物にとって、コミュニケーションスペースの減少は深刻な事態だ。なぜなら相手のベルーガはコールを聞くだけでなく、その内容を理解する必要があるからだ。

そこでベルーガは対抗策に乗り出した。一九〇〇年代初め、エティエンヌ・ロンバードというフランス人医師が、ある効果を確認して自分の名前を冠した。このロンバード効果は、騒音環境下で人間や鳥や海洋哺乳類に発生するもので、騒々しさにかき消されないように声を張り上げることを指す。二〇〇〇年代初めには生物学を専攻する学生のピーター・シャイフェレが、セントローレンス川のベルーガがノイズの周辺で声量を上げることを発見した。今回ロンバード効果を確認したヴェルガラは、「ねえ聞こえる?」というタイトルの論文で観察結果についてまとめた。

船のノイズの解決策

汚染源としての船のノイズには、明らかな解決策がひとつあると思える。要するに、音を小さくすればよい。このアイデアは簡単で効果がありそうな印象を受ける。船を静かにさせる方法はいくつか考えられるが、なかでも以下の三つはわかりやすい。(1) 航路を移動して船と動物の距離を広げる。(2) 船のスピードを落とす。(3) もっと静かな船を設計する。いずれもシンプルな解決策ではないだろうか。しかし海運業界大手のマースク社のプロジェクトからも明らかなように、地球上で最大規模の船舶の場合、設計の変更は常に簡単とは限らない。

デンマークの企業A・P・モラー・マースクは、世界中でおよそ七〇〇隻の船舶を運航している。一九九六年から二〇二二年まで、世界最大数のコンテナ船を運用し、その後はMSCに首位の座を奪われた。そんなマースク社は二〇〇〇年代半ば、他の海運会社やそのクライアントと協力し、効率を上げる方法を考えるための作業部会を立ち上げた。船の燃料費は高い。しかも、ノードストローム(アメリカの大型百貨店チェーン)やIKEAなど、マースク社の顧客に名を連ねるグローバルブランドが、船舶輸送に伴うカーボンフットプリントへの世間の反動を気にし始めた。マースク社とクライアントは理由こそ微妙に異なるが、どちらも効率を改善したいと考えた。そこで、決められたスケジュールとルートで運航するコンテナ船のネットワークを最適化する方法を研究し、従来よりも効率の良い新しい船舶を発注した。

コンテナ船の寿命は二〇年から二五年である。したがって、新しい船を建造するときに新しい設計が取り入れられるのを待っていたら、船団が十分にアップグレードされるまでに数十年を要する。そこでマースク社は、「抜本的改修」というプロジェクトを始め、巨大なコンテナ船の一部を作り直すことにした。「建造されてから一〇年そこそこの船を対象に、一部を改修する決断を下した」と、マースク社の環境ならびに持続可能性部門の北米責任者を務めるリー・キンドバーグは語る。「まだ寿命が長く残っているからね」。船は五年ごとに乾ドックに入り、塗り替えや清掃を行なう。グレードアップや改修がすんだあとは環境への負荷が減少する。だからこのとき、一緒に効率を改善すればよい。

マースク社は五年間で一〇〇隻の船を改修したが、そのうちの一二隻は「Gクラス」の船だった（グンヒルデ、ガートルード、ゲオルグなど、どれもGで始まるデンマーク語の名前が付けられた）。たとえばグズロン（二〇〇五年に建造され、二〇一五年に改修）は、あと一〇年は使われる可能性がある。キンドバーグによれば「最後の船はグンヒルデだったと思うが、最初の船のおよそ三年後に改修された」。Gクラスの船はどれも全長が三六七メートル、幅が四三メートルで、喫水線がほぼ一六メートルだった。「そう、本当に大きなお嬢さんたちよ」と、キンドバーグは愛情を込めて語った。

ただしどの船も、複数の可動部分から成る非常に複雑なシステムでもある。ひとつの部分、たとえばプロペラに変化を加えれば、それが船体のバランスに影響をおよぼし、効率性に波及効果が引き起こされる。さらに船首や船体の形状は、船の航跡に影響する。そして、集合住宅と同じぐらい大きなものを乾ドックに入れるのは莫大な費用がかかるだけでなく、船の寿命を縮める。それを考えれば、あちこちに変化を加える作業をいくら慎重に進めても、費用対効果は大して期待できない。

当初、改修作業でノイズは考慮されなかった。しかし当時キンドバーグは、ＥＣＨＯプログラムというユニークな構想にバンクーバーで取り組み始めていた。その目的はサザン・レジデント・シャチのテリトリーで船のノイズを減らすことで、セイリッシュ海の一部で船を自発的に減速するよう依頼した。そんな事情から、船の効率を改善すれば音が静かになるのではないかとキンドバーグは考えるようになった。

他のどの機械と同様に船でも、音やノイズは損失エネルギーである。「ノイズが発生するかぎり、効率が良いとは言えない」とキンドバーグは語る。だから、効率を改善するために音を静かにするのは理に適っている。そこで改修作業では、「お嬢さんたち」に効率の良いプロペラを装着することにした。プロペラは従来、船で最も音の大きな部品だ。新しいプロペラに取り替えると、騒々しいキャビテーション【訳注／泡の発生と消滅が短時間に起きる現象】は減少した。

大型船でプロペラをグレードアップする際には、ボスキャップフィンを取り付けることが多い。このとても小さく見える第二のプロペラは、メインのプロペラのハブに装着され、ハブで発生する渦をほぼゼロにまで減少させる。他にもデザイナーはブレードの角度や数に変化を加え、効率の改善とキャビテーションの減少を徹底させた。ノイズはともかく、造船会社はキャビテーションを回避したい。プロペラのまわりで泡が発生すれば、スチールに穴が開いて効率が悪くなる可能性がある。

新しいプロペラの音が静かになったかどうか確認するには、改修をすませた船隊が実際に航行しているところで耳を傾ける必要があった。「［ノイズ］など、海上でのトライアルのあいだ定期的に計測できると思うでしょう」とキンドバーグは語る。「でも本当のところ、現地に出向いて標準的な方法でノイズを計測できる場所は、世界でもそう多くはない」

実際、コンテナ船のノイズの計測は装置の改造と同様、驚くほど複雑な作業だ。そもそも静かな前方で測るべきか。それともやかましい後方にすべきか。あるいは船の真下、いや側面がよいか。ハイドロフォンを水中に下ろすだけでは、正確な記録は残せない。そのため、ノイズの低減という疑問にはなかなか回答が得られなかったが、偶然の会話が突破口になった。キンドバーグはつぎのように回想する。「バンクーバー水族館のある女性からこう聞かされた。スクリプス海洋研究所のジョン・ヒルデブランドなら、水中ノイズに関してたくさんのデータを持っている」

ヒルデブランドのラボは、HARPという水中ハイドロフォンをカリフォルニア沖にいくつも設置して、ノイズを監視している。そのひとつは、ロサンゼルスの港やロングビーチの港を出発点とする外洋航路の近くで、深さ五八〇メートルの水中に設置されている。ふたつの港はロサンゼルスの南に並んで位置するが、北米大陸最大のコンテナ港であり、衣類やソファーやアイフォーンなど、アジアの消費財を北米に運ぶ玄関口になっている。そのためサンタ・バーバラ海峡は、十数日間にわたる太平洋横断の航海を始める船が行き交うスーパーハイウェイになっている。

キンドバーグは、Gクラスの船が太平洋航路を「頻繁に利用する」ことを知っていた(ちなみに、改修によって陸上電源供給が可能になった。このテクノロジーが導入されたおかげで、船はドックでエンジンを切り、陸上の電源に接続できるようになった。これなら、沿岸地域でノイズは減少する。このオプションを取り入れたルートに船を運航させれば費用対効果も高く、実際、太平洋の港の多くで採用された)。グドルン、ゲルトルードなどGクラスの船は、何日もかけて太平洋を横断する。「そして、こうした船の少なくとも一隻は、ロサンゼルスやロングビーチに寄港していることがわかった。しかもここでは[ヒルデブランドが]一〇年分のデータを集めている」。そこでキンドバーグは、Gクラスの船の経路を正確に特定したAISのデータをヒルデブランドの記録と結びつけて、改修の前後で音がどのように変化したか比較してもらうことにした。

改修によって多くの変更が加えられたので、ふたつの周波数帯域が計測の対象にされた。八ヘルツから一〇〇ヘルツまでと、一〇〇ヘルツから一〇〇〇ヘルツまでの周波数帯域である。低い周波数の変化は、主にプロペラの変化によって引き起こされた。一方、高い周波数の変化は、主にエンジンや機械の微調整によって引き起こされた。

予備データは、改修後のコンテナ船は低周波数帯域の音が六デシベル静かになったことを示した。このデータは五隻の船だけが対象で、しかも査読済みではなかったが、この分野では唯一のリアルワールドデータだった。やがて数年後、ヒルデブランド門下の博士課程の学生ヴァネッサ・ゾベルが、他のGクラスの船を対象に複雑な計算を行なった。

低周波数帯域では、一二隻の船の音は改修後、音源レベルで五デシベル静かになった。ところが放射ノイズ、すなわちハイドロフォンで計測されたノイズは、改修後に一〇デシベルちかく大きくなった。船舶工学の例に漏れず、この問題は複雑きわまりない。

ゾベルはつぎのように説明する。いまの船は、搭載するコンテナが一隻につき一一〇〇個も増えたため、水中に沈む部分が増えて、それに伴い喫水が増加した。喫水が増加すると、海面での音の干渉によって「ロイドミラー効果」というものが引き起こされ、その影響で外に広がるプロペラの音が変化する。

「基本的にはこうなる」とゾベルは説明を続ける。「音源は海面に近いので、[一部の音]線は海面に当たって跳ね返り、下行反射する」。この音の反射は他の音波に大きく干渉し、お互いに打ち消し合う。ちょうどヘッドフォンで外部の音をノイズで打ち消す仕組みと似ている。ビルトインマイクは逆位相の音を再生することで外部からのノイズを打ち消す。複雑な数学を駆使して同じような修正を加えたおかげで、音源でのノイズは減少したが、外に広がるノイズはむしろ大きくなってしまった。

ただし、音の複雑さはこんなものではない。深海部（水深が一五〇メートル以上）と浅海部では、船から音が拡散する方法がまったく異なる。あまりにも違いが大きいため、国際標準化機構は深海部で音を計測するための基準をすでに設定しているが、「浅海部」を対象にした異なる基準の作成に取り組んでいる。

船のノイズは変化しやすい。船の状態、プロペラ、エンジン、喫水、トン数、海面での音の反射、深海部と浅海部といった深さなどに左右される。したがって、ノイズを減らすために船の微調整を行なうのは、思っているほど簡単ではない。

規模の経済性の観点から見れば、積み荷が増えるにしたがって、一メトリックトン当たり、TEU当たり、単位当たりの騒音や環境への影響は改善されるはずだ。しかし積み荷の全体量がこれだけ増えると、むしろノイズは増えてしまう。キンドバーグによれば、マースク社は一メトリックトン当たりの温室効果ガスの排出量を五〇パーセント以上減らした。もしもゾベルの数字が暗示する内容が正しければ、改修後の船がTEU当たりに発する音は実際のところ減少するはずだ。しかし船のサイズが大きくなり、積載する荷物が増えれば、違いは解消されてしまう。

そして、ノイズは別の形でも低減される。荷物をたくさん積めば、大型船の運航回数を減らすことができる。だが、これは海の動物にとってどんな意味を持つのだろう。「いまは積載する荷物を増やしているから、おそらく以前ほど頻繁に運航する必要がなくなる」とゾベルは語る。「でもクジラにとっては何が重要なのだろう。運航回数が少なくなればよいのか。それとも運航回数を増やしても、ノイズが減って静かになるほうがよいのか」

では、もうひとつの戦略すなわち減速はどうだろう。

ハロー海峡では二〇年前の午後、海軍が使用したソナーによってシャチのJポッドが散り散りになったが、いまやここはホエールウォッチングのホットスポットだけではない。曲がりくねった航路を毎日およそ一四隻の船が通過しており、忙しい日には二〇隻以上にもなる。島と浅瀬が複雑に入り組むハロー海峡は危険な場所だ。船にはかならず、船をうまく導く訓練を受けたプロの水先案内人が必要とされる。

どの船もハロー海峡に入る前に、ビクトリア州の南のマグダレン・バンクスでいったん止まる。するとオグデンポイントの背後にあるドックから、水先案内人を乗せた――あるいはこれから迎えにいく――鮮やかな黄色のボートが現れる。水先案内人は、船がマグダレン・バンクスとバンクーバーのあいだを航行する手助けをする。この仕事は非常に困難で、訓練には数十年を要する。もしも防潮堤に立って目を細めて見たら、水先案内人が大型船の側面に降ろされた梯子を使い、ボートから乗り移るところが見えるときがある。

船とクジラはこの海域で、長いあいだ不安定な形で共存してきた。しかし、最近ではパイプライン敷設計画や港の拡張によって船の往来が確実に増えると予想され、クジラ目、なかでも絶滅危惧種のサザン・レジデントへの影響が一気に懸念されるようになった。そこで二〇一四年、バンクーバー・フレーザー港湾庁は、Enhancing Cetacean Habitat and Observation〈クジラ目の生息環境の向上と観察〉、略してＥＣＨＯという構想を立ち上げ、船のノイズを低減する数少ない方法のひとつを試すことにした。船を減速させるのだ。二〇一七年には、ＥＣＨＯはトライアルの準備が整った。

その年の八月七日から一〇月六日にかけて、商船に乗り込む水先案内人はハロー海峡を通過するあいだ、一一ノットを目標に船を減速させる選択肢を提案した。これには、ハロー海峡を通過する商船の六一パーセントに当たる数百隻が参加した。そのうちの四四パーセントは一二ノット未満、五五パーセントは一三ノット未満まで速度を落とした。

ばら積み船や貨物船は通常よりもおよそ二ノット減速し、その結果として音源での音量レベルの数値がおよそ五・九デシベル下がった。大型のコンテナ船は最大で通常よりも七・七ノット減速し、音源レベルの数値がおよそ一一・五デシベル下がった。一方、受信される音、すなわち動物の耳に届く音は、船が減速すると一・

二デシベル静かになることが、ハロー海峡の近くに設置されたハイドロフォンによって明らかになった。音響強度はおよそ二四パーセント減少したことになる（デシベルの定義には対数が使われることを思い出してほしい）。

ただし、減速はコストを伴う。キンドバーグも指摘するが、コンテナ船はバス路線と同様、予定通りに運航する。海上や港で遅れが生じれば、競争力が失われる。つぎに安全性に問題が生じる。満潮時や悪天候のときに船を減速させると、危険がおよぶときがある。そして最後に、船がスピードを落とせば、ひとつの地域にとどまる時間が長くなる。その結果、ノイズの累積が増えるだけでなく、温室効果ガスをはじめとする有毒物質の排出量が増加する。船が整備不良のまま一カ所に長くとどまっていれば、音は静かにならないし、事態は悪化する一方だ。ただし、実際に音を聞けばこうした船を特定することは可能で、所有者には通達が届く。結局、船を減速するとノイズが低減するのは事実だ。ある研究データによれば、二〇一七年のトライアルで船を減速した結果、シャチが授乳に費やす時間におよぶ影響はおよそ一〇パーセント減少したと推測される。近年では、減速プログラムに参加する船の割合は八〇パーセントを超える。さらにプログラムでは減速の対象地域を拡大し、ハロー海峡に進入するルートでも航路を減速対象地域に移している。

キンドバーグはＥＣＨＯプログラムに好感を持っている。マースク社の船隊には、海におよぼす悪影響を若干減らす機会が提供される。さらに、現代の船にこのような形で注目すれば、船の速度、燃費、位置などの計測基準に関して、どの船からも最新情報が入ってくる。要するにＥＣＨＯの報告からは、「彼女が担当する」マースク社の船がハロー海峡でどれだけ成果を上げているか確認できる。キンドバーグはまるでビデオゲームに取り組むように、減速の「完璧な」達成を月ごとに目指している。

さらに船が減速すれば、クジラに衝突する機会も命を奪う機会も減少する。たとえば絶滅危惧種の北大西洋セミクジラが授乳にやって来るセントローレンス湾では、セミクジラがこの地域にいるあいだ船の減速をカナダ政府は義務付けている。

ノイズを低減するためには、他にもあとひとつ戦略がある。船と動物との距離を隔てるのだ。実際、これは数カ所で行なわれている。デンマークのカテガット海峡は、北海とバルト海を結ぶ海上交通路で、毎年およそ八万隻の船が通過する。二〇二〇年、スウェーデンとデンマークはこの海上交通路を移動することを決定した。そこで科学者はこの機会を利用して、古い航路と新しい航路の両方でノイズを計測した。というのも、バルト海に近いカテガット海峡には絶滅危惧種のネズミイルカが生息しているからで、ネズミイルカのエコーロケーションや摂食能力に船のノイズがおよぼす影響が懸念されていた。船のノイズがあまりにも大きいと、小さなハクジラは狩りをやめることはすでに確認されていた。つまり大半の時間を狩りに費やす小型のクジラ目は、十分な食べ物を確保できなくなる。計測した数字からは、古い航路の周辺海域では交通量が減少した結果、ノイズがやや少なくなったことがわかった。しかし新しい航路の周辺ではノイズが増えたのだから、問題は別の場所に移行しただけだった。この自然実験はネズミイルカを対象に計画されたわけではない。それでも動物の狩り場や餌場を海上交通路が通過する場所では、航路をよそに移せばノイズが低減され、大きな違いを生むことが実験からはわかった。

もっとささやかな取り組みもある。たとえば、ボートがクジラに近づくことができる距離を規制している場所は多い。ある晴れた秋の日、私はサゲネーでのホエールウォッチングに参加した。私はこのとき初めて、ヒゲクジラを一瞬だけ見ることができた。ヒゲクジラが潜ると、今度はザトウクジラの尾がいくつも水中から優雅に現れ、もうすっかり興奮した。小さなミンククジラはあちこちでいきなり出現する。しかし個人的には、ナガスクジラの光沢のある背中が最も印象的だった。ナガスクジラは、単調な大声を周囲に響かせて歌う。この二番目に大きなクジラ目に、私は深い愛情を抱くようになった。

サゲネー・セントローレンス海洋公園は、船やレジャーボートがクジラに接近できる距離を制限している。私の海上での経験からは、ホエールウォッチング船に課された二〇〇メートルという制約は十分とは言えないが、少なくとも相手への配慮が感じられる距離だった。

しかし、私たちが乗っている全長二〇フィート（六メートル）のオープンデッキの小さなモーターボートに、ほどなく三階建ての大型船が接近してきた。デッキは巨大で、スピーカーを通して鳴り響く声はやかましく、一語一句正確に聞きとれるほどだ。このノイズのほとんどは海面で確実に反射する。せっかくホエールウォッチングを楽しんでいたのに、私たちはほとんどの時間を大型船に付きまとわれることになった。

そして意外な展開もあった。私たちが乗っているボートのノイズのおかげで、クジラとの交流が思いがけない形で断ち切られたのだ。漁師や船乗りや船の観光客は、海面や船体を通してクジラの声を聞くことができるが、エンジンのノイズは音をかき消してしまう。シェヴィルとローレンスはセントローレンスでノイズを録音した後に発表した論文にこう記している。「北極を航海するときには……静かな良い条件が整えば、船の下を泳ぐ動物が水中で発するコールの一部を聞きとれた。船体が共振器のように作用して、音が増幅されるときもあった。しかしそれも過去の話だ。いまではエンジンや発電機のおかげで、係留された船まで騒々しい」

ロジャー・ペインとスコット・マクヴェイも同意見で、一九七一年の論文にこう記している。「航海が静かだった時代には、海が格別に穏やかな条件に恵まれてクジラとの距離が近ければ、木製の船体を通じてクジラの鳴き声がかすかに伝わってきて、捕鯨船員の耳に届くときがあった。しかし今世紀の海はやかましい。プロペラ駆動の船が広く普及して、船上の発電機が休みなく動いているので、クジラの鳴き声など滅多に聞こえなくなってしまった」

動物が水中で発する声や、それに私たち人間がおよぼす影響に関する事実がつぎつぎ明らかになると、ノイズの解決策を見つけたいという願いは募るばかりだ。船の減速、航路の移行、船の改修、様々な生物種を対象にした調査などは、どれも幸先の良いスタートだ。だがノイズをなくすのは容易ではない。これからは行動の真価を問われる。人類は本当に、思いやりのある海の隣人になれるだろうか。

第10章　科学からアートへ　海を静かな場所にする

僕たちは海の部屋に長くとどまった
赤や茶色の海藻を花輪のように飾った海の乙女たちのそばで
しかし人間の声で目が覚めれば、僕たちは溺れる

T・S・エリオット『J・アルフレッド・プルーフロックの恋歌』

水中には様々な音がある。おかしな音もあれば華やかな音もあるし、正直なところ人間には退屈な音もある。私の耳に最も美しく聞こえるのは、トリルを駆使したアゴヒゲアザラシの歌声だ。ピュアなホイッスルが上下を繰り返し、スペクトログラムでは交差周波数として表現される。アザラシは水陸生哺乳類で、岩がちなホールアウト（休息場）で多くの時間を過ごし、そこでは頻繁に鳴き声を上げる一方、水中でも声を出す。アゴヒゲアザラシは北極海のみに生息する。二〇二二年、ウィリアム・ハリデイは「アザラシキャンプ」を目指した。ゴマアザラシをはじめとするアザラシを生息環境で調査することが目的だった。

ハリデイは、カナダの野生動物保護協会という非営利団体に所属して、北極地域の音響プログラムの責任者を務めている（そして、私がプレーンフィンミッドシップマンに興味を抱くきっかけになった論文の著者でもある）。見事なあごひげを蓄え、穏やかな表情をしている。そして、準備の複雑な野外研究を緻密な計画で乗

り切った人物特有の、現実的な考え方の持ち主であり、何があっても動じることがない。極寒の海で実際に計測を行なうために北の地を訪れた音響学者は、彼を含めて僅かしかいない。そして今回の調査も……決して簡単ではない。

カナダ北極諸島は面積がほぼ一五〇万平方キロメートルで、ほとんどの住民は小さな共同体で暮らしている。カナダを構成する準州のなかでは、三つが北極に位置する。ユーコン準州は海岸線が一〇〇キロメートルにわたって続き、西はアラスカ州に隣接している。そして、アラスカ州とユーコン準州の北にはボーフォート海が広がる。それよりも東にあるノースウエスト準州は、北極諸島の最西端の島々から成り立ち、カナダの大陸北部の中心に位置する。もうひとつ、最も東に位置するのがヌナブト準州で、グリーンランドの近くまで迫っている。

北極でアザラシは、口の大きなベルーガやイッカク、あるいはヒゲクジラの一種のホッキョククジラと比べ、調査が進んでいないとハリデイは考えた。北極に生息するホッキョククジラは寿命がかなり長く、複雑な歌を歌うことが確認されている。一方、ワモンアザラシ、アゴヒゲアザラシ、タテゴトアザラシなど数種類のアザラシは、主に魚や無脊椎動物を捕食するが、自身はシャチの好物になっている。北極の食物網は南部に比べてシンプルで、含まれる生物種の数も少ないが、そこでアザラシは重要な位置を占めている。それもひとつの理由となって、音に対するアザラシの反応は研究対象として注目された。

アザラシキャンプでの調査

「アザラシキャンプ」はノースウエスト準州のビクトリア島にあって、ウルハクトク村から三〇キロメートル離れている。ここでハリデイと学生たちはテントを設営し、限られた電力を太陽光発電と蓄電池に頼り、曇りの日は発電機を使う。物資を北極まで空輸するのは金銭的コストが高い。そのため荷物の重量を制限し、食事は乾燥食品が標準になる。そして地元の野生動物専門家がハリデイのグループに同行し、グリズリーやホッキョクグマが好奇心から接近しすぎないよう、武装した野生動物監視員が見張ってくれた。

ハリデイはここに来る前に一年間かけて、船の音を再生する実験を考案した。野生のアザラシにタグ付けをしたうえで、船に似た音を再生し、そのときの反応を確かめるのだ。ハリデイは五月に北に向かった。ちょうど二メートルの厚さの氷が海岸沿いで割れ始めた時期で、割れ目のまわりにアザラシが集まっていた。そこで彼は、カメラを取り付けたハイドロフォンを係留ロープに結んで海中に沈めた。水は澄み切っているが氷の下は暗く、水深一〇メートルまでしか見えない。もっと深いほうがよいが、アザラシの行動を観察するには十分だった。今回は八月で海の氷は解けている。そこでキャンプから二〇キロメートル圏内でアザラシを探し、網を張って捕まえる。そしてタグ付けしてから解放し、タグを通じて行動を記録する予定だった。

先ずは北に向かった。この数年間、その選択肢はなかった。新型コロナウイルス感染症が発生して治療が始まると、人里離れた北極圏でも蔓延への不安が広がり、規制が非常に厳しくなったのだ。カナダ運輸省は二〇二〇年から二〇二一年にかけて、カナダ南部から北極圏の準州への不要不急の旅行を禁じた。そのためハリデイは、二〇一九年の夏に設置しておいたレコーダーを回収できなくなった。そこで急遽、地元住民の協力を仰いだ。

「ここですべての準備を整えた」とハリデイは回想する。「すべての装置をセットして稼働できる状態にしたうえで、ロープにつないだ。それから、全部を大きな箱に入れて送った」。地元住民はそれを受け取ると、海岸から五キロメートル離れた地点で、水深およそ三〇メートルの海底にハイドロフォンを沈めた。そして二〇二一年の夏にそれを回収し、ハリデイのもとに送った。そこからは「素晴らしいデータが集まった」。

二〇二二年になってようやく、ハリデイは最初の音声実験を行なうためにアザラシキャンプへ向かった。先ずは民間航空機でイヌヴィックに向かい、そこからチャーター便でウルハクトクに到着すると、最後は三〇キロメートル離れたキャンプまでボートを使う予定だった。チャーター便で目的地までは一時間半しかかからないが、数千ドルの費用がかかるだけでなく、安全を考慮して重量が厳しく制限される。しかも濃霧などの悪天候の影響で、常にスケジュールが変更される可能性がある。そして今回も、まさにそれが起こった。濃霧のためにチャーター便の出発は一日遅れ、ようやくウルハクトクに到着すると、今度は強風に見舞われ、スケジュールにさらに二日の遅れが生じた。しかもキャンプにたどり着くと、用心していたにもかかわらず、ひとりのメンバーが病に倒れ、テントで自主隔離する羽目になった。

ハリデイはクルーを集めて装備をまとめ、アザラシへのタグ付けに取りかかろうとした。しかしアザラシはまったく協力するつもりがないのか、一二日間で一頭も捕まらなかった。しかも悪天候のおかげで野外活動の半分は犠牲になり、時速九〇キロメートルの強風が二度も吹いた。キャンバス地のメインのテントが吹き飛ばされたときもあった。そしてテントの生地が大きな音を立ててバタバタ揺れるので、睡眠をとることができなかった。

それでも退散するわけにはいかない。霧が深い日、ハリデイはタグ付けされていない一頭のアザラシを追跡した。条件は悪かったがスピーカーを海中に沈め、船の音を再現してみた。するとアザラシは、水中のスピーカーから泳いで遠ざかっていった。個人的な見解にすぎないかもしれないが、それでも一筋の光明が差したようだった。

ハリデイはこうした努力のいっさいを放棄して、もっと南に生息するアザラシの調査に基づいて推論することもできた。しかしそれでは、現地のデータを使えない。北極圏のサウンドスケープ（音風景）は南とかなり異なり、全体的にひっそりしている。そして北極圏の動物は、ひっきりなしに聞こえるノイズに鈍感になった南の同胞と比べ、長い距離を介して音を聞きとることに慣れている。遠くから聞こえる音に応えて静かに声を上げ、聞きなれない音に強い反応を示すので、緯度の異なる地域でのデータのほとんどが当てはまらない可能性があった。

　ベルーガやイッカクなど北極圏の動物種の一部は、南の動物種に比べてノイズにずっと敏感に反応を示す。それには十分な証拠による裏付けもある。ある調査では、ベルーガは五〇キロメートル離れた砕氷船のノイズに反応した。ノイズは環境音よりもかろうじて大きい程度だ。「これは十分に納得できる」とハリデイは語る。もしもベルーガが一年に二隻の船にしか遭遇しなければ、遠くから聞こえるプロペラの音にも警戒感を抱くだろう。さらにハリデイは、ユーコンの北にあるマッケンジー川のデルタ付近のベルーガは、船の近くで発声を減らすことも発見した。

　音の「影響ゾーン」がまったく当てはまらないわけではないが、同じ音でも場所によって、あるいは音を聞く動物の種類によって、解釈は異なる。こうした変数は現地での計測に重要な意味を持つ。これらを参考にすれば、船や地震探査活動などノイズの音源と動物との距離を規制するために役立つ。

水中ノイズのない北極圏

　人類が創造する音が稀にしか存在しない場所は地球上にほとんど残っていないが、北極圏はそんな最後の場所のひとつだ。この状況が変化しないうちに、ハリデイは音響の観測データを集めたいと考えている。いまや世界中の海のほとんどで、それは不可能になった。水中のノイズの有望な解決策のひとつが優れた政策だ。そして、優れた政策を考案して事前に試してみる貴重な機会が、極地域では提供される。ハリデイは何日も現地に滞在し、強風のなかで眠り、ハイドロフォンをかついでカナダを横断する覚悟だった。クジラやアザラシを対象に音声実験やタグ付けを行なえば、集めたデータを使って政策を実行できる。

他には、ハリデイが最も長い時間をかけてきた調査、すなわち凍てつく海の環境音、船のノイズ、魚や哺乳類の鳴き声の観察記録も、優れた政策の実行を後押しするだろう。彼はバンクス島のサックスハーバーやはるか東のウルハクトクの沖、他にもノースウエスト準州の一三カ所に分散させて、長期にわたって水中音響レコーダーを設置している。さらにヌナブト準州にひとつ、チュクチ海に複数のレコーダーを設置した。レコーダーは九本の単一電池を電源としており、水中で一年間持続する。ウルハクトクとサックスハーバーのレコーダーに関しては、水深三〇メートルの海底を選んで設置した。ここは海岸に近いので、地元の船がレコーダーまで安全に到達できる一方、水深が十分なので、氷が移動したり割れたりしてもレコーダーが流される心配がない。

レコーダーは重りと水中音響切離装置と一緒に沈められる。特定の信号が送られてくると、この装置は水中に漂うレコーダーを切り離す（こうしたハイドロフォンの重りには、セメントを詰めたバケツや古い列車の車輪など、色々なものが使われる）。アザラシキャンプに近いウルハクトクの沖で、ハリデイは二〇一六年から一年じゅう環境音を録音し続けている。いまでは、年間を通じた音の変化を理解できるようになった。

新年には、海は暗くて氷に覆われている。静かだが無音ではない。氷はパリンッと割れる。魚は静かなうめき声を上げ、アゴヒゲアザラシはトリルに集中する。五月ごろに氷が割れると、バリバリ、パリンッと音が響き、風や波のシューッという音が強くなる。ベルーガやホッキョククジラはコールを始めるが、アゴヒゲアザラシは静かになる。コールがピークに達する七月と八月には、船のノイズもピークに達する。七月に録音される音の五パーセントは、モーターボートの音だ。八月には、一〇キロメートル圏内の大型船の音が一〇パーセントを占める。

北極圏には沿岸警備隊の船や軍用船の他に、数隻のクルーズ船が盛んに往来する。はるか東のバフィン島の近くには、商業漁船の姿が見える。船は北極圏の共同体に食料や乗り物や衣類を運ぶ。これらの船の音は夏のノイズのなかで最も大きく、ピーク時には一二〇デシベル以上になる。ノイズがやかましいと、ホッキョククジラやベルーガのコールは少なくなる。いやもしかしたら、静かなときのほうが声は伝わりやすいのかもしれない。

一一月までには海が再び氷に覆われ、クジラはベーリング海に移動するので声が聞こえなくなる。一方、アゴヒゲアザラシはコールを再開する。時々スノーモービルが氷の上でブンブン音を立てる。夏には、ノイズのレベルは船によって高くなるが、冬に入ると氷と風と波によって高くなる。

ハリデイには魚の声も聞こえる。一二月を除き、魚の唸り声やしわがれ声は毎月レコーダーに記録される。こうした鳴き声は八月と三月にピークに達する。八月の鳴き声のほうが短くて周波数が低い。そこからは、複数の種類の魚が鳴いているか、もしくは同じ種類の魚が異なる複数のコールを発している可能性が考えられる。理由ははっきりわからないが、こうした鳴き声の一部は*Boreagadus saida*というタラとよく似ている（地域によってpolar codとarctic podのふたつの呼び方があるが、ここではpolar codすなわちホッキョクダラと呼ぶことにする）。

ホッキョクダラは脂肪質のカイアシ類と同様、動物プランクトンを好む。そして自身は、ベルーガやイッカクやアザラシの好物である。広く分布して食物網の重要リンクになっているので、この魚の生態系を理解することには意味がある。

長いあいだ、ホッキョクダラは発音魚とは思われなかった。声を出せないのか、あるいは出そうとしないのか、誰にもわからなかった。本来の生息場所で声を聞きとるのは困難だが、飼育するのも非常に難しい。なぜなら非常に冷たい水が必要とされるからだ。水温が氷結温度よりも少し上昇するだけで死んでしまう。

フランシス・ジュアネスは二〇一八年、ブリティッシュコロンビア大学（ＵＢＣ）の水産学部の学生マシュー・ギルバートが、ビクトリア州からジョージア海峡を渡るあいだに数匹のホッキョクダラを捕まえて、水槽で飼育していることを聞いた。ジュアネスのラボのメンバーで、研究員の資格を持つアマリス・リエラは、ロドニー・ラウントリーと研究を行なった経験があり、マリー・フィッシュらの著作を読んでいた。そして魚の声に興味を抱いたが、本当の意味で「試聴」するためには、隔離した状態で録音する必要があることを理解していた。ラウントリーはこれを「サウンドトゥルーシング」(音の検証測定)と呼んでいる。そこでリエラは、ホッキョクダラの声を試聴するためUBCに向かった。水槽が置かれた小さな隔離部屋には冷房装置があったが、その金属音はやかましく、かりにタラが鳴き声を上げてもほとんど聞きとれない。そこでリエラは、かすかなうめき声を録音するため、ほんの一瞬だけ冷房装置のスイッチを切った。

結果に勇気づけられたリエラは、今度はオレゴン州のハットフィールド海洋科学センターに向かった。ここでも数匹のホッキョクダラを飼育していたのだ。そして今度は、前回よりも良い結果が得られた。重要な地域でキーストーン種【訳注/個体数が少なくても、その種が属する生物群集や生態系への影響が大きい種】となる魚の鳴き声が、はじめてきれいに録音されたのである。

同じタラ科に属するタイセイヨウダラの声ならたくさん録音されている。それなのに、なぜわざわざ面倒なことをするのか。どんな魚も声を出すときは自分の存在を誇示するので、お腹を空かせたアザラシなど捕食動物に狙われやすい。しかしあまりにも静かにしていると、声を出すことの本来の目的を達成できないリスクが発生する。大西洋と北極海はサウンドスケープが大きく異なる。そして異なった音は異なった情報を伝える。たとえば魚がうめき声を上げるときの目標やリスクは場所によって異なるし、船のノイズによるコールのマスキングも同じようには発生しない。これらは魚にとって死活問題であり、ひとつの地域での科学的研究の成果を別の地域にそのまま当てはめられないことは証拠からも明らかだ。しかも、正確なデータの必要性は高まっている。なぜなら変化はすぐそばまで迫っているからだ。

北極は、今後数十年間で大きく変化すると予想される。気候変動の影響で、長年かけて厚みを増した海氷は後退すると考えられる。この地域は世界平均の四倍の速さで温暖化が進み、海氷量はほぼ毎年のように過去最低を記録している。気候変動に関する政府間パネル（ＩＰＣＣ）は、北極の夏は早ければ二〇五〇年には氷がなくなると予測している。ウルハクトク近郊では、ボーフォート海とアムンゼン湾が新たに開放水域になった影響で、八月には嵐に頻繁に見舞われるようになった。ハリデイは二〇二二年にそれを現地でじかに経験し、いまでは変化を考慮して野外研究のスケジュールを変更している。

環境におよぼす脅威を個別に考慮するなら、気候変動や汚染や乱獲のカスケード効果に比べて、ノイズの脅威は深刻とは思えない。しかしタドゥサックやクック湾などでの調査からも明らかなように、音はすでに存在する問題を複雑にして、ただでさえ脆弱になった生物種にさらなるストレスを加える可能性がある。したがって、この差し迫った変化を理解することは非常に重要である。

開放水域が増えれば風や波の音が増えて、背景音のレベルが上昇する。そうなると動物は、声を大きくしなければ相手に聞こえない。しかしこれは、お腹を空かせたアザラシに気づかれたくない獲物にとって危険な行為だろう。

氷が消えた海に射しこむ太陽の光が増えれば、植物プランクトンが繁殖して栄養分が増える。水温が上昇して循環に変化が起これば、新しい動物種がやって来て新しい鳴き声が加わる。シャチは夏にベーリング海を渡ってチュクチ海にやって来るが、氷が薄くなると、もっと寒かった時代よりも早く訪れ、以前よりも北を目指すようになる。さらにシャチは、一年の様々な時期にアザラシやホッキョククジラなどの餌を追いかけて、ハドソン湾にまで進入するようになった。

ホッキョクダラ、なかでも変化に敏感な稚魚は、生存に欠かせない冷たい水を奪われ、どんどん北に逃避する。一方、タイセイヨウダラも北に移動している。では、ホッキョクダラを餌にしてきた動物は、あとを追いかけて北へ向かうのだろうか。それとも新たにタイセイヨウダラを餌にするのだろうか。グリーンランドの西海岸沖では水温が上昇した影響で、カイアシ類の種類の相対的比率が変化した。いまや大西洋の食物網はあらゆるレベルで変化の危険にさらされる恐れがあり、一部ではすでに変化が進行している。かつては氷の下でベルーガがささやき、ホッキョクダラがつぶやいていた場所で、シャチの方言やタイセイヨウダラのうめき声が聞こえるようになる日も近いだろう。

人類は、現在カナダと呼ばれる北極圏で何千年も生活してきた。ここには従来、複数の先住民が暮らしてきたが、いまでは九つのイヌイットの集団が暮らし、自治を認められている。彼らはここをイヌイット・ヌナンガット（我らの土地）と呼んでいる。現在のロシアからカナダを横断し、グリーンランドまで広がる我らの土地は、四つの地域に分割される。イヌヴィアルイト（ユーコン準州北部とノースウエスト準州）、ヌナブト（ウルハクトクの所在地）、ヌナビク（ケベック北部）、ヌナツィアブト（ラブラドル北部）だ。カナダにはおよそ七万人のイヌイットが存在するが、そのほとんどはこうした居住地域の複数の共同体のひとつで暮らしている。人口はカナダ全体の一パーセントに満たないが、カナダの海岸線の半分以上を含む。共同体の生活は漁業と狩猟に支えられており、ホッキョククジラ、イッカク、ベルーガ、アザラシなどを捕獲する。そして多くの場所で氷の上を移動する。

しかし海から氷が消えて、未開発の天然資源が残っていれば、この地域を通過する船が増え、観光や産業が発展する可能性がある。そうなると将来、航路からは良からぬ影響がもたらされるかもしれない。たとえば、北西航路はヨーロッパとアジアを短時間で結ぶルートとして知られるが、一年のうちの数カ月しか利用できない。閉鎖されているあいだ、船は喜望峰を回るルートに迂回するか、スエズ運河かパナマ運河を通過する。だが北極の氷が解ければ、航路を利用する商船は増加して、ひいてはそれが、ハリデイが行なっている録音に最もやかましいノイズとして割り込んで、グラフに尖った山形として記される。船は本土のやや北に位置する群島を縫ってゆっくり進み、ハリデイがウルハクトクとサックスハーバーに設置したレコーダーの近くを通過するので、ここでの観測データはきわめて貴重な情報源になる。

だが実際のところ、こうした航路が本格的に利用されるまでには時間がかかる。今後、船による最大のノイズ発生源は、バフィン島の鉱山に向かう船舶の往来だろう。ここは豊かな鉱床に恵まれている。バンカー船は、ケベックの北に位置するこの大きな島、なかでも特にメアリーリバーの鉱山から採掘された鉱石をせっせと運び、タンカーは燃料を補給する。この海域では一日に複数の船が目撃される可能性がある。

ハリデイの調査は政策立案を助けるだけではない。採掘許可、環境アセスメント、さらには法廷闘争などに地域住民が対処するためにも役立っている。

カナダは世界最長の海岸線を持ち、三つの海、すなわち太平洋と大西洋と北極海に接している。そして少なくとも政治的には、北極海とその海岸の広い範囲を統轄している。「したがって事態が悪化しないうちに、「来る変化」に関して何らかの行動を起こすことが重要だ」とハリデイは語る。海運回廊や海洋保護区を適切に考案するなど、いまのうちに保護対策を打ち出せれば、ベースラインを守れる可能性は高くなるだろう。何かが実際に起きてから介入策を考えるよりは、こちらのほうがずっと良い。

包括的な国際機関が存在する産業は僅かだが、そのひとつが海運業だ（航空産業も含まれる）。海運業関連の国際機関、すなわち国際海事機関（ＩＭＯ）は国連の専門機関のひとつで、複数の加盟国による総会や理事会によって政策が決定される。何らかの政策の実行に過半数の加盟国が同意した場合、各国はそれぞれ独自に規制を行なう。ＩＭＯは二〇一四年、水中ノイズに関する拘束力のない指針を提案した。しかし今日に至るまで、水中ノイズに関する強制力のある規制を導入した法域はＥＵのみだ。ＥＵは、海洋戦略枠組み指令を策定した。二〇一六年には、カナダの気候分析課（ＣＡＤ）で一五億カナダドルを投じた海洋保護計画（ＯＰＰ）が始められ、そこには拘束力のない海洋ノイズ戦略も含まれた。水中ノイズを制限する方法が列挙されており、二〇二三年に施行される予定だ。一方アメリカでも、NOAA（海洋大気庁）が海洋ノイズ戦略を打ち出した。ノイズの政策には標準単位が必要とされる。二〇〇九年には米国国家規格協会（ANSI）が、船の音を計測するための指針を発表した。国際標準化機構（ISO）には音響用語に関する基準があり、深海部での船のノイズ計測も含まれる。その他にも、浅海部での船のノイズやソナーによる計測などに関して、基準の考案に取り組んでいる。

船舶以外にもうひとつ、北極圏にはノイズの大きな発生源がある。それは地震探査用のエアガンで、アラスカ北部の海岸沖やボーフォート海で頻繁に使われてきた。エアガンの音は、北極圏で一〇〇キロメートル先まで伝わる可能性がある。ハリデイによれば、「最長で一〇〇〇キロメートルだという調査結果もある」。非常に大きな音の信号が、非常に遠くまで伝わる。しかも、こうした低周波数の信号は相性の良い音響ダクトを介すると、伝わる距離がかなり伸びる可能性がある。しかしボーフォート海では二〇一七年以来、エアガンぬきの探査が行なわれていない。デンマークによるグリーンランド西海岸沖での探査も同様で、エアガンぬきの探査は徐々に減少している。

二〇一六年にはバフィン島のクライド川周辺で暮らす地域住民が、近くの水域で地震探査を実施する提案に激しく抗議した。この地震探査は、石油やガスを探すため、海底の下の構造を解析することが目的だった。提案はカナダの国家エネルギー委員会によって承認されたが、現地のコミュニティと国内外の支援者たちが決定を不服として抗告した。ここでは、地元住民への相談なしに事を運んだ点が指摘された。さらに、大きなノイズが海洋哺乳類におよぼす危険について何も知らされなかった点も強調された。アザラシやクジラやセイウチは地元住民にとって狩りの対象であり、文化的に大きな意味を持つ。この訴訟はカナダの最高裁判所まで争われ、地震探査の承認は最終的に撤回された。この勝利は、水中のノイズに関する懸念にも後押しされた。

良い政策には、ベースライン測定【訳注／最初期の測定】など優れたデータが必要とされる。だが実際のところ、もっと南の地域でこうしたデータはそろっているのだろうか。

人間の活動が停止した世界と動物たち

一九六三年にウィリアム・タヴォルガが企画した会議で、ゴードン・ウェンツは「海洋の環境騒音：スペクトル（波長による分布）とソース」というタイトルの論文を発表した。学術論文は読んでも楽しくないし、現実から逃避できるわけでもない。しかし私はこれを何度も繰り返し読んでいる。なぜなら、彼が海で聞いた様々なノイズの音源が一通り紹介されているからだ（それに文章が美しいと思う）。

ウェンツは海の音を丁寧に細かく描写している。たとえば「風が引き起こす泡と噴射音」の項目には、海の様々な状態から生まれる様々なノイズが分類されている。「鏡のように凪いだ海」から「波が猛り狂い、山のように盛り上がった海」まで色々で、波しぶきについての記述もある。海に風が吹いて波がしらが砕ける部分の描写を読むと、私はいつもエリオットの以下の詩を思い出す。「白と黒の海に風が吹きつけて　波の白い髪を後ろへ撫でつける」

最近では、もっと新しい情報が掲載された論文がいくつも発表されているが、私はこの論文を時々好んで読み返す。一九六〇年代と時代は古いが、産業の営みが生み出す人工的なノイズに関して丁寧に描写している。中周波帯域から低周波帯域にかけては、「やかましい交通騒音」「浅海部で途切れることのない交通騒音」「深海部で途切れることのない騒音」が集中している。そしてウェンツによれば、深海部では交通騒音が一〇〇〇キロメートル以上離れた場所まで容易に反響する可能性がある。では北極圏以外では、原始の海でどんな音が新たに聞こえるようになったのか理解できるだろうか。

ほとんどの場所では、人間がいない海でどんな音が聞こえるのかわからない。僅かな例外はあるが、不幸に

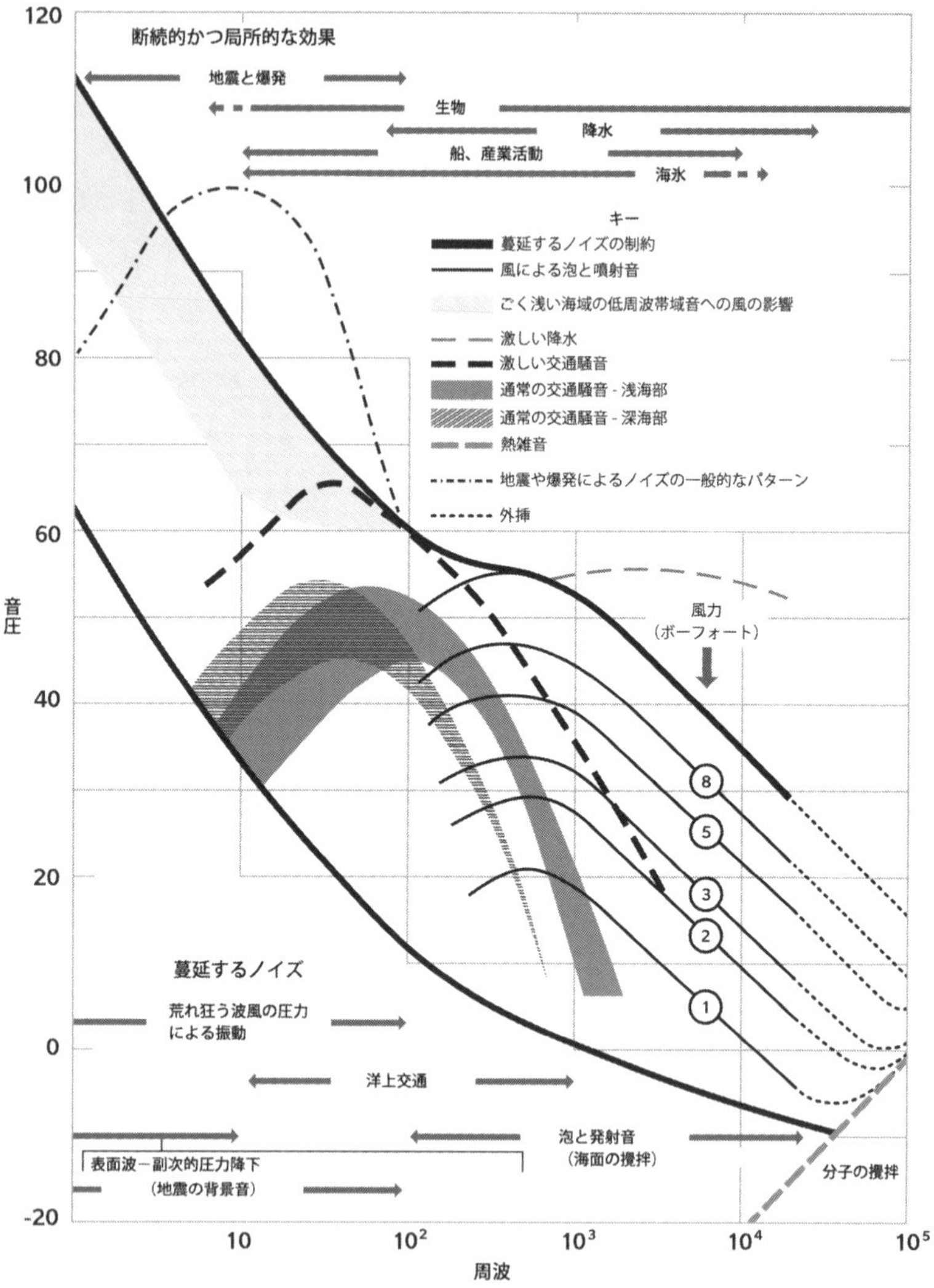

海洋の環境騒音

出典：Gordon M. Wenz, “Acoustic Ambient Noise in the Ocean: Spectra and Sources,” Journal of the Acoustical Society of America 34, no. 12 (December 1962), 1936-1956 DOI: https://doi.org/10.1121/1.1909155.

もそれはとんでもない悲劇を伴う。

二〇〇一年九月一一日、ニューヨークシティへのテロリストの攻撃を受けて、世界中でヒトやモノの移動が途絶えるという前代未聞の事態が発生した。飛行機は地上に待機して、空からは飛行機雲が消えた。そして船の往来も減少した。

ファンディ湾には、キタタイセイヨウセミクジラが夏の終わりに授乳と子育てのためにやって来るが、ここには海上交通路もある。ニューイングランド水族館の科学者は、一九八〇年からここでクジラの調査を行なってきた。九月一一日のテロ攻撃によってあらゆる交通手段が待機させられたが、こうして海が従来よりもずっと静かになると、研究チームはサンプルの収集に取り組んだ。八月末、この地域を通過する船は平均すると一日で四、五隻だったが、九月一二日と一三日には一、二隻に減少した。そして船舶の音が多くを占める周波数のノイズは六デシベル低減し、それに合わせてクジラのストレスホルモンも減少した。

動物がノイズからストレスを受けるのか、それとも船の存在そのものがストレスになるのか、こうした調査で確認できないのは確かだ。だが船は、大きな胴体を滑らせて海を進んでいくのだから、ひょっとしたら存在自体がクジラにストレスをかけるのかもしれない。いずれにせよ、海洋交通が途絶えたときの海洋動物の行動の変化を確認した事例は、二〇二〇年三月までこの調査を含めて僅かしかなかった。

ところが、新型コロナウイルスの蔓延はロックダウンにつながった。

新型コロナウイルスは、世界中で調査や研究を中断させた。スティーブ・シンプソンはリザード島を訪れることができなくなった。船の移動ではソーシャルディスタンスが徹底されたため、船のクルーは人数を減らされ、野外研究はキャンセルされた。多くの研究者が一年分、いやしばしば二年分のデータを失った。

研究者のクリスチャン・ルッツは、二〇二〇年に発表した論文で「アンスロポーズ」【訳注／コロナウイルスによる人間の活動停止、さらには移動や旅行の減少に伴い、野生動物の活動範囲が拡大した現象】という造語を紹介した。それによれば、人間による干渉がなくなったときの動物の行動の変化について学ぶまたとない機会が、ロックダウンによって提供された。そして実際に多くの都市住民には、野生生物が思う存分活動できる機会を楽しんでいるように見えた（ただし都市で動物の目撃情報が急に増えたのは、動物の行動に本格的な変化が引き起こされたというよりも、ロックダウンのあいだに人間の観察力に磨きがかかったことと関連しているのかもしれない）。そして海では、人間のいない環境で音響などの貴重なベースラインデータを収集するための、またとないチャンスが訪れたように感じられた。ロックダウンがなければ不可能だっただろう。

一部の地域では、期待通りの成果が得られた。ニュージーランドの研究者マット・パインは、オークランド沖合のハウラキ湾に複数のレコーダーをたまたま設置していた。ニュージーランド政府はロックダウンを宣言すると舟遊びを禁じたため、港湾は静かになった。するとパインは、レコーダーの上を這いまわる無脊椎動物の音からイルカのボーカリゼーションまで、あらゆる音を以前よりも頻繁に聞きとれるようになった。動物たちのコミュニケーションスペースは、三キロメートル未満から四キロメートル以上に拡大した。

ザトウクジラの生息地であり、多くのクルーズ船の目的地でもあるグレーシャーベイ国立公園では、いきなり船の往来が途絶えると静かな環境が創造された。その結果、海岸に設置された国立公園局のハイドロフォンは、ザトウクジラの母子がはぐれないように呼び合う静かなコールを拾えるようになった。

しかし他の場所では事情が違った。フロリダ州のサラソタ湾では、船舶での隔離が許可された。そのためノイズのレベルは一カ所で変わらず、もう一カ所で八〇パーセント増加した。そしてバンクーバー島の沖では、ヨットやモーターボートなどプレジャーボートをロックダウンの場所にすることが許されたため、ボートの売り上げが急に増えた。

オーシャン・ネットワークス・カナダのハイドロフォンのネットワークＮＥＰＴＵＮＥやＶＥＮＵＳから得られたアンスロポーズに関する暫定値からは、海上交通路とノードの位置関係によって、ロックダウン当初の数カ月間で深海部の音のレベルは変化がないか、もしくは一・五デシベル低下したことがわかった。ジョージア海峡でも音を聞きとるノードによって、音の大きさがおよそ二・五デシベルから、場合によっては七デシベルちかくまで小さくなった。この時期にはちょうど、バンクーバー港を通過するコンテナの容量がおよそ一三パーセント、別の船への積み替えがおよそ二一パーセント減少している。

しかしその後、船の往来は回復し、むしろ以前よりも増えた。二〇二一年までには、世界のコンテナ輸送はかつてない規模に膨らんだ。これは、オンラインでの商品購入が増えたことも一因になっている。そこにパンデミックによる労働問題が加わった結果、ロサンゼルスやロングビーチの港では一週間を通して交通渋滞が続いた。

私たち人間がいなくなれば動物は以前よりも音をはっきり聞きとり、コミュニケーションは改善されることが、アンスロポーズのデータからは確認されることを多くの人たちは期待した。

なかには良いタイミングに恵まれ、期待通りの成果が表れたところもある。しかし多くは音が静かになったと言っても、数デシベル程度でしかない。そして調査が進むと、最も劇的な変化に感じられた事例でさえ、多くはすでに知られている事実の説明にすぎないことがわかった。結局、アンスロポーズからは期待通りのデータが得られなかった。だが、いまよりもっと速やかに調査や探査を進め、海洋音響について理解するために、効果を発揮する戦略が他にも何かあるかもしれない。いまや気候変動と産業の発展が、海の変化を加速させている。そこで私は、キーラン・コックスのケルププロジェクトについて学んでいるあいだに知った有望な戦略をここで紹介したい。それはサウンドスケープの計測だ。

「サウンドスケープ」の誕生

一九六八年にバーニー・クラウスは、『In a Wild Sanctuary』〈ワイルドサンクチュアリにて〉というアルバムの録音をワーナー・ミュージックから依頼された。それには、屋外で自然の音を録音しなければならない。そのためには何が必要か、あるいはどんな方法が最善なのか、まったくわからないまま、彼はサンフランシスコの北に位置するミュアウッズに向かい、森の音をあるがままに録音することにした。

「音楽的な視点に立つと、ひとつひとつの音を切り離すよりも、総体的にとらえる［ほうがよい］」とクラウスは語る。つまり全体を俯瞰して、野生生物が自然界の生息地で奏でる「オーケストラ」を録音するのだ。そうすれば世界が開かれ、ワタリガラスの翼が羽ばたき、林冠で木の葉がサラサラと擦れ合う音が聞こえる。近くの小川の水が滴る音も耳に入ってくる。そんな音の競演を、彼はこれまで聞いたことがなかった。

こうしたサウンドスケープには癒し効果があり、クラウスはすっかり魅了された。実際、「残りの人生をこれに打ち込もうと決心した」。当時の彼はシンセサイザープログラマーでもあり、窓のないスタジオでドアーズやビーチボーイズなどの演奏にセッション・プレーヤーとして参加していたが、そんな録音現場に幻滅していた。『In a Wild Sanctuary』がリリースされた後も、クラウスは音楽業界での仕事を続け、映画『地獄の黙示録』にも関わったが、徐々に自然の環境音の録音へと軸足を移した。

陸にせよ水中にせよ、音に対する科学のアプローチでは、ひとつの生物種に注目するのが一般的だ。何かひとつの声を特定することに専念し、生物の音の全体像を把握しようとはしない。「僕は、そのアプローチをいつもこんなふうに考えた。ベートーベンの交響曲第五番の素晴らしさを理解するために、オーケストラ全体のなかからひとりのバイオリン奏者の音に注目し、その音だけを聞きとろうとするのと少し似ている」と、クラウスは著書『野生のオーケストラが聴こえる』（みすず書房、二〇一三年、伊達淳訳）に記している。音楽のバックグラウンドを持つ彼は、様々な音から成る全体像の重要性に注目し、場所ごとに異なる音響指紋の理解に努めた。

もしもあなたが過去二〇年ほどのあいだに「サウンドスケープ」について聞いたことがあるなら、バーニー・クラウスに感謝すべきだろう。サウンドスケープは、クラウスによる造語ではない。バックミンスター・フラーが考案し、一九六六年のエッセイで紹介したもので、一九六九年にマイケル・サウスワースが論文で紹介した都市計画との関連で使われた。やがて、クラウスが一九八〇年代から一緒に仕事をしてきたカナダの作曲家マリー・シェーファー（すでに故人）が、自然豊かな場所の音楽との関連でこの言葉を広めた。クラウスは一九七七年頃にこう回想している。「彼はサウンドスケープという言葉を人間と同様、自然界にも使った。自然界を音楽で表現しようとした」

一九七〇年代末、クラウスは博士号を取得するために復学した。先ずはMIT（マサチューセッツ工科大学）に入学し、最終的にシンシナティのユニオン・インスティテュートを一九八一年に卒業した。海洋音響生物学についても短期間学んだ。ブリティッシュコロンビア州のジョンストン海峡にも足を運び、野生のシャチの発声を録音したうえで、かつて同じ場所に生息していたが、いまはカリフォルニアで飼育されているシャチのポッドの発声と比較した（シャチのポッドは、マリンワールド・アフリカUSAというテーマパークで飼育されていた）。しかし最終的にクラウスは、地上のサウンドスケープに焦点を絞り、様々なアイデアの考案を始めた。そのひとつが音のニッチ仮説だ。

一九八三年、録音のためにケニアを訪れたクラウスは、夜更けまで起きていた。およそ三〇時間も眠らなかったので、くたくたに疲れていた。そして、頭が朦朧とした状態でその日の録音を聞いていると、一続きの音が耳に入ってきた。生態系からランダムに生み出される音のひとつではなく、ある意味、構造化されて秩序のある音が聞こえた。

「カリフォルニアに戻るとスタジオを訪れた。当時ここには旧式のスペクトグラムがあった」。「そこで持ち帰った録音をスペクトグラムのパネルに表示してみた。すると思った通り、昆虫の音はひとつのニッチに収まっていた。夜鳥やカエル、哺乳類などにも、それぞれニッチがあった。どの生物にも独自の周波と時間帯域幅があることがわかった」。そこでクラウスは、動物は他の生物がまだ注目していない音響スペクトルを使うように音を進化させたのではないかと推論した。それならどの生物種の音も、お互いに干渉し合わない。

クラウスはこの仮説を周囲の人たちに紹介した。当時は誰もが一度に一種類の動物の音だけに注目することに慣れていたため、動物の音のあいだに関連性があるというアイデアを受け入れようとしなかった。しかし彼は、「たとえば鳥が周囲の音との関係を考慮してどのようにさえずっているのか理解したければ、音の全体像に注目しなければならない」と考えた。「ニッチ」という言葉は一九五〇年代から生態学で使われ始め、当時は動物がそれぞれ生態系のなかで占める独自の場所を指した。そこでクラウスらは「音響ニッチ」という言葉を使い、動物がそれぞれ独自の時間や場所を考慮してユニークな周波の音を創造し、しかもそれが全体にうまく収まるように配慮していることを表現した。

クラウスはスチュアート・ゲイジと研究を続けたすえ、聞こえてくる音を従来とは異なる形で表現する用語を作り出した。それはバイオフォニーで、生命が奏でる音、すなわちあらゆる生命が同じ場所で同じ時間に生み出す集合的な音を意味する。そして、従来のアントロフォニー（人間が生み出す音。音楽、言語、演劇など制御された音と、ノイズと呼ばれる無秩序で一貫性のないシグナルに分類される）、ジオフォニー（生物以外のものが自然界で発する音。木々を揺らす風、海岸に打ち寄せる波、地球の動きなど）という分類にこれを加えた。クラウスの枠組みでは、自然界のサウンドスケープにはバイオフォニーとジオフォニーが含まれる。

ところがウェンツが一九六〇年代に初めてグラフを作成して以来、海では三つの要素のすべてが聞かれるようになった。

クラウスらが考案した「サウンドスケープ」という枠組みは、水中音を研究する手段としてよく使われるようになった。いまでは多くの音響学者が、ひとつの生物種の音だけを取り上げるのではなく、様々な音が重なり合って創造される音風景を研究している。音の計測は比較的やさしい半面、多くの情報を学べる点が魅力的だ。野外研究の一環として動物を本来の生息場所で観察するのは、時間も費用もかかるだけでなく、必要な物資の管理が困難で、時には危険を伴う。しかしサウンドスケープならば、音を聞くだけで多くを学べる。知識は増える一方、手間と費用は少なくなる。

遠く離れた過酷な環境の生態系では、これは特に魅力的だ。目下、これが大いに役立ちそうな場所が深海域だ。いまでは科学者は、人間の活動や産業に干渉される以前の生態系の実態解明に取り組んでいる。

海の音を研究すると言っても、対象となる生物種の圧倒的多数は水面に近い浅海域や海岸の近くに生息し、調査する場所もそこに集中する。ところが非常に深い海底（概して二〇〇メートル以上の深さがあり、光がほとんど、あるいはまったく届かない場所）では、生息する生物種のおよそ二〇パーセントしか確認されず、研究対象にもなっていない。

水深が三〇〇〇メートル以上の非常に深い場所の一部では、海底にポテト大の塊がころがっている。海面に引き上げてみると、まるで錆びた金属のようで何の魅力もない（はっきり言って、私は犬の糞を連想する）。しかしこれらの小さな丸い塊は、鉱物を豊富に含んでいる。非常に深い海底で何百万年もの歳月をかけて、海水中の鉱物が少しずつ沈殿して形成されたものだ。鋼鉄の原料となるマンガンだけでなく、コバルト、ニッケル、銅など、携帯電話をはじめとする電子機器で使われる希土類鉱物も含まれる。

こうした多金属団塊を採掘すれば利益につながるという発想は、一九六〇年代に初めて提起された。やがて二〇〇〇年代初めになると、マンガンなど希土類鉱物の価格は跳ね上がった。すると鉱業権益を求めて、まだ手が付けられていない資源の開発が始まった。

　多金属団塊の採取に興味を持つ深海底採掘関連企業の行動は規制しなければならない。しかし海底の管理を任されている国連の国際海底機構は二〇二三年の時点で、採掘に関する規範の導入に未だに苦労している。金属の団塊は深海部で形成され、太平洋、特にキリバスなど太平洋諸島周辺の深海部の海底に多くが存在している。ハワイの南東に位置するクラリオン・クリッパートン海域には、二一一億トンのマンガンの団塊が眠っていると推測される。こうした地域の島国国家の多くは、将来有望な新しい産業が自分たちに利益と危害のどちらをもたらすのか、大きく意見が分かれている。結局、深海部の生態系についてはほとんど何もわかっていないが、実際のところ採掘活動によってどんな危害がもたらされるのだろうか。そして将来の採掘活動の影響を計測するには、どんな方法が最善なのか。

　こうした過酷な環境でも、サウンドスケープの計測からは多くのデータが速やかに得られる可能性がある。何が聞こえるのか正確にはわからないが、基準値に基づいて深海部での音響の変化を観察することができる。日本の海岸沖の深海部では複数の場所で、研究者がサウンドスケープの観察を続けている。深海部でも深さが異なれば、サウンドスケープがどのように異なるのか解明することが目的で、ひとつの海山、深さ五キロメートルの深淵、比較的浅いふたつの地点が観察場所に選ばれた。浅い地点では船のノイズが鳴り響く。深い地点はもっと静かで、地球上で最も深いマリアナ海溝の底で記録された音よりも、さらに小さいほどだった（マリアナ海溝では、船のノイズが聞こえる）。そして、熱水噴出孔のある地点でも音は計測された。ここでは海底の亀裂から、地殻のなかで熱せられた水が噴出しており、岩石を上昇してくる水が引き起こす低周波の音が鳴り響く。場所によってサウンドスケープは様々に異なる。

　サンゴ礁から発せられる音に、浅海域で動物たちが導かれることはいまではよく知られている。同じ現象は、砂漠深海部でも発生している可能性がある。噴出孔のゴロゴロという音には多くの深海生物が引き寄せられ、のように殺伐とした海底に生命のオアシスが形成される。こうした動物の一部に幼生期があることは知られている。深海の噴出孔や隆起から発せられる低い音が、ちょうど沿岸のサンゴ礁の音と同様、幼生の帰巣本能を刺激する歌になっているかどうかはわからない。だがもしもそうだとすれば、音は生息環境の特性を反映している可能性が考えられる。深海部の噴出孔やチムニー【訳注／煙突状の構築物】の周辺に形成されたコミュニティが発する音を聞きとれば、生態系の健康を測るリトマス試験として応用できる。

他にも音に注目するだけで、ユニークな生態系やまったく新しい生態系を理解できる可能性がある。たとえば、ガラス海綿はとっくに絶滅したと思われていたが、一九八〇年代になって、バンクーバー島周辺の（サンゴ礁にしては）比較的深い水域で生存が確認された。名前からもわかるように、白くて繊細で、まるで磁器のような海綿動物だ。比較的深い海域に生息し、同じ水深で行動する動物に住処や集いの場を提供している。

ウィリアム・ハリデイらは、ガラス海綿が生息するサンゴ礁のサウンドスケープを記録した。二〇一六年、アクティブパスの北の深さおよそ九〇メートルの海中で、透過性構造物から発せられる音を聞きとった。その結果、サンゴ礁のなかでは魚の声が四一回（一九回はうめき声、二二回は衝撃音）、サンゴ礁の縁では一二〇回（三六回はうめき声、八四回は衝撃音）にわたって聞こえるが、サンゴ礁から離れると、衝撃音が七回だけ聞こえ、うめき声はまったくなかった。実際、サンゴ礁はユニークなサウンドスケープであり、魚にとってユニークな集いの場となっていた。こうした音を手がかりにした研究チームは、サンゴ礁は魚が暮らし、仲間と集う場所であり、ユニークなコミュニティが形成されている可能性を明らかにした。一方、ここでは船のプロペラが空洞現象を引き起こすときのピークノイズや、付近を航行する船のノイズが、一日中絶え間なく聞こえた。

サウンドスケープの枠組みは、あらゆるものに役立つわけではない。たとえば、音響レベルを知るためには良い手段だ。動物の集団がどんなときに独自の音を創造するのか理解できる。夜にはサンゴ礁にコーラスが響き渡ることがわかるし、ふたつの生物種はコールを交わす時間帯が異なるかどうか確認できる。さらにサウンドスケープは監視ツールでもあり、変化のベンチマーク（基準）になり得る。もしもサウンドスケープに変化が見られたら、それは問題の発生を知らせる早期警戒信号だと考えてよい。静かなサウンドスケープよりは、賑やかなサウンドスケープのほうが幼生は集まる。さらに、サウンドスケープは生物種の個体数を調査するうえで、少なくともある程度は役立つ。

そこでいまでは多くの科学者が、この枠組みを土台にして、サウンドスケープ指数の考案に取り組んでいる。サウンドスケープは周期性の観点から計測される。たとえば音のパターンは毎日繰り返されるだろうか、それとも季節ごとに異なるだろうか。そして音は衝動的だろうか。あるいは、ほとんどの音はひとつの場所でずっと同じなのだろうか。それとも変化するのだろうか。

このようにサウンドスケープを基準にした計測は役に立つ可能性がある一方、限界もある。マリー・フィッシュらが発見したように、どの生物種がどんな鳴き声を出すのか整理した目録がなければ、どんな魚がどれだけ存在するのか確認できない。たとえばブリティッシュコロンビア州にガラス海綿が形成する礁では、集まってくる魚を目で確認することしかできない。サウンドスケープによる計測では、何匹の魚がいるのか数えられない。私が波止場に立ってミッドシップマンの鳴き声に耳を傾けたときも、海岸に集まっていることはわかったが、五〇匹のオスが大声を上げているのか、一〇〇匹がひっそりと鳴いているのか、区別するのは不可能だった。

ビクトリア大学の兼任教授のロドニー・ラウントリーは、長年にわたって魚の声を聞いてきた。そして私にケープコッドのソコボウズを紹介してくれた人物でもあるが、まだ十分に理解されていない生態系にサウンドスケープの指数や測定基準などの価値基準を導入することに全面的には賛成しない。「しばらく前から、どうも効果があるとは思えなかった」という。「それよりはむしろ［……］実際に声を出している姿を見て確認するほうがずっと良いと思う」。動物種に関して野外観測を行ない、ひとつの地域でどんな関係が成り立っているのか確認するのが従来のやり方だった。それをしなければ数字には意味がないし、誤解を招く可能性もある。資金が十分に確保できないときや、規制機関から助言を強く求められるときには、何もないよりはサウンドスケープのほうがましなときもある。しかしラウントリーは、これは残念な結果だと嘆く。海洋動物の声はカタログに整理されるべきだと、彼はかねてより確信してきた。そうすれば指数は知識に裏付けられる。いまでは気候変動や産業開発が大きく進まないうちに、サウンドスケープの枠組みの構築に急いで取り組んでいる科学者もいる。その一方、個々の海洋動物種の音のカタログやデータベースの作成に急いで取り組んでいる科学者もいる。特に哺乳類ほど音の実態が知られていない魚や無脊椎動物に関しては、作業が優先的に進められている。

ラウントリーは、マリー・ポーランド・フィッシュとモーベリーの著書を初めて手にしたとき、本で説明されている音を録音したカセットテープが当初は付いていたことを知った。しかしフィッシュの母校であるロードアイランド大学にはテープがなかった。アナログ録音の媒体は磁気テープかカセットテープのどちらかだったが、一九五九年にフィッシュのラボで火災が発生したあと、焼け残ったものはどこかに移されたことを知った。マリー・フィッシュは一九六六年に退官し、一九八九年に没した。

ラウントリーはマリー・フィッシュの研究を受け継いでライブラリやデータベースを作成し、魚の声の図鑑に関する決定版を提供する構想を思い描いた。そうすれば研究者が協力し合うために役立つだけでなく、ソナーのオペレーターらが水中音に耳を傾けるべき何らかの理由も提供される。漁師が獲物の魚を追跡するためにも、あるいは生物学者が音響指数や魚の行動生態を理解するためにも役に立つ。しかしマリー・フィッシュのアーカイブはなかなか手に入らず、ごく一部の動物種しか取り上げられなかった。

最終的にラウントリーは、ポール・パーキンスという人物を見つけ出した。彼は海軍にソナーの技術者として所属して、コククジラの鳴き声の初めての録音に参加しただけでなく、魚のアーカイブの設立にも貢献していた。パーキンスはフィッシュの研究成果を利用して、生物が発する声と敵の潜水艦の音を区別した。さらに、バハマ諸島でのソナー技術者の訓練にも参加していた。ラウントリーは他にも、フィッシュと一緒に研究した人たちの話を聞き、その結果ついに、フィッシュのオリジナルのテープが古い倉庫のパレットに保管されていることを発見した。

ラウントリーは仰天した。魚の声の記録に関する最初の包括的なコレクションが、人知れず埋もれていたのだ（さらに、アザラシとクジラの声の一部もあった）。こうした記録はアーカイブに保管すべきだと彼は確信した。なぜならこれは歴史的価値があるだけでなく、少なくとも、待望の本格的なアーカイブを完成させるきっかけになるからだ。こうしてラウントリーはテープを入手した。オリジナルのカセットテープをデジタル化すると、コーネル大学との共同作業を通じて歴史的な記録を整理して、こちらもデジタル化に取り組んだ。「僕たちは新しいライブラリを構築する必要がある」とラウントリーは語る。「魚の声や他の動物の声に関して、体系的なカタログを作らなければならない」

サウンドスケープと芸術の融合

オードリー・ルービーは南カリフォルニア大学で学び、卒業時には環境学の学士号を取得した。専門は群集生態学で、将来はサウンドスケープの研究を希望したが、この分野で資金を確保するには、経験——科学者には欠かせない手札——が不足していた。そこでフロリダ大学の大学院に進み、水生生態学を学んだ。そんなある日、共通の友人からキーラン・コックスを紹介された。一緒にビールを飲みながら、コックスはこう語った。自分はビクトリア大学で、音響生態学の博士号取得を目指して学んでいる。何か質問があれば、遠慮なく尋ねてくれ。ルービーには素朴な疑問があった。発音魚はどれくらいいるのだろうか。

魚が歌うと言っても、それがごく一握りの魚なのか、すべての魚なのか、それとも一部の種の集団なのか、あるいは一部の生息地に限られるのかによって、話は異なる。音が生態系モデルにどのように組み込まれるかは、このような違いに左右される。保護区での規制に影響がおよぶだけではない。そもそも魚はなぜ声を出すように進化したのか、それはどんなプロセスを経たのか理解するうえでも無視できない。

ルービーが調べた結果、発音魚は八〇〇種類というのが最もよく使われる数字だった。だが彼女がこの数字の起源をたどってみると、それは未公表のデータセットだった。ここにはもともと五二〇種ほどが挙げられていたが、時間の経過とともに伝言ゲームのように統計の数字は変化しており、科学的に疑問の余地があった。マリー・フィッシュからロドニー・ラウントリーを経て現在に至るまで、魚の声に関しては集計もデータセットも存在しないことは、コックスによって確認されていた。

そこでルービーは、自分がデータセットを作ろうと決心した。作業には、空き時間を使えばよい。ルービーはコックスやラウントリーと一緒に公表された科学文献に目を通し、確認ずみの魚の鳴き声の記録やその具体的な説明をしらみつぶしに探した。「みんなから変人だと思われた」とルービーは回想する。「でも正直に言って、こんなに楽しい作業はなかった」という。おかげで魚の生物音響学や科学の信憑性について、短期集中コースで学ぶ機会が与えられた。

ルービーは六〇カ国の文献のなかから、魚の鳴き声に関する言及を二九四三カ所で見つけ、研究を進めた。文献に使われている言語は全部で一一もあり、日本語、インドネシア語、ロシア語も含まれ、古い文献は一八七四年にまで遡った（彼女がフランス語とスペイン語を読めることは役に立った）。彼女は最終的に、現時点で発音魚として知られているのは九八九種類だと結論した。ただしこれは試聴をすませた魚に限られるので、数は毎年増えている。

二〇二一年、ルービーとコックスとラウントリーは共同研究者たちと共に、FishSounds.netを立ち上げた。これはオープンソースのデータベースで、録音、地域、魚の種類、さらには音を収集した人物による検索が可能だ。ここにはマリー・フィッシュによる録音も含まれる。ロドニー・ラウントリーは、それまでの膨大なコレクションを寄贈した。そしてトニー・ホーキンスからは、一九六〇年代にスコットランドで行なった調査での録音が送られた。

このデータセットからは、いくつかのパターンが浮かび上がった。たとえば発音魚は、(いまのところは)南極を除き、世界のすべての場所で発見されている。そこからは、様々な状況や場所で様々な種類の魚にとって、音がきわめて重要であることが裏付けられる。音の重要性は、ごく一部の場所のごく一部の魚に限定されない。

ルービーのお気に入りの鳴き声は、プレーンフィンミッドシップマンを含むトードフィッシュ科の魚のもので、「音調が多彩で、すごく素敵」だった。好きが高じて、ついにはFishSoundのロゴにまで採用した。情熱的な表情を浮かべたトードフィッシュのロゴは、膨らんだ体から音波を発している。

動物やその鳴き声に関する詳細なデータベースを創造する作業はある意味、サウンドスケープの研究へのアプローチと正反対だ。データベースを作成するためには、たとえば個々の魚の鳴き声に耳を傾けなければならない。一方、サウンドスケープのアプローチでは、全体に注目する。しかし、ふたつのアプローチが補完し合えば好都合だ。いまでは、水中の音の世界について一刻も早く多くを学ぶことが求められている。

私はアザラシのホールアウトに船で近づいたとき、サウンドスケープについてコックスに尋ねた。すると彼は、サウンドスケープのようなひとつの計測基準を持つことには、大きな利点がひとつあると教えてくれた。専門家以外に科学を説明するときに役立つのだ。彼の音声再生実験には、多くの学問分野が関わる。ケルプの森の生態系、生息地の喪失、汚染物質の導入など、様々な問題に取り組む。複数の学問分野の研究をまとめるには、あるいはそこから政策を考案するには、共通の言語が必要とされる。彼はそれを、海洋騒音戦略に関して国会議員らと話をしたときに実感した。

「これまで考案された指数には、素直に賛成できないものもある」とコックスは認める。しかし彼はリアリストであり、指数を通貨にたとえてこう語った。「自分はこれが大好きだから大好きになってくれと訴えるだけではだめなんだ」。そんなときの感情は、サイエンスライターである私も経験しており、深く共感する。「よその国に行けば、自分の国の通貨は通用しないだろう。政治家と同席したからと言って、僕の通貨を受け取ってくれるわけではない。僕にとって通貨とは、自然への愛情だよ」。でもそれだけでは十分ではない。ケルプの森のサウンドスケープという共通の通貨が存在したおかげで、このプロジェクトは動き出したのだという。

船で海を漂っているうちに時間は経過して、いまは昼下がりになった。

「海に潜ると、たくさんの音が聞こえる」とコックスは、チームメイトがブクブク吐きだす泡を眺めながら言った。

実際ダイバーは、連携するために音を頻繁に利用する。人間の聴覚でも時には役立つことが、水中で時間を過ごすとわかる。たとえば、暗くて前方を見通せないほど深い場所では、自分の存在を相棒に知らせるためにエアタンクを思い切り叩く。あるいはコックスが握りこぶしをもう一方の手で叩けば、水中に潜っているバディにその音が聞こえる。

「僕にとってダイビングは不思議な体験だ」とコックスは語る。「潜っているときは確実に、どこにいるときよりも静かで落ち着いて、リラックスできる」

私には彼の言っていることが理解できる。私はいつも落ち着きなく何かを考えているが、シュノーケリングやダイビングで水中にいるときは、気持ちが穏やかになる。そしてそんなときは常に、アレックス・ガーランドの『ビーチ』（アーティストハウスパブリッシャーズ、一九九八年、村井智之訳）の一節が思い浮かぶ。作品中で語り手は、海に飛び込んで心を鎮めようとしたときの様子をこう語る。「海のなかは僕にとって、いつでも最高の避難場所だ。静かで何も見えず、何も聞こえず、完璧な逃げ場だ。しかも時間は短いけれどもかならず、得も言われぬ冷たさで僕を包み込んでくれる。魚と違ってえらを持たない僕は、何度も海面に上昇しなければならない。そしてそのたび、心のなかでは堂々巡りの議論が再開される」

音が減衰したケルプの森の実態を調査するプロジェクトをコックスが思いついたのも、友人とダイビングしているときだった。彼はバンクーバー島の南端に位置するビクトリアのダウンタウンに近い、オグデンポイントというケルプの豊富なダイビングスポットにやって来た。ダウンタウンから数分の距離にあるオグデンポイントの防波堤は、全長八〇〇メートルの石のブロックがくの字形に曲がりながら延びて、ファンデフカ海峡に大きく突き出している。どこまでも続く防波堤に観光客もジョガーも、犬を散歩する人たちもしばしば圧倒されるが、周囲の海には見事なケルプの森があって、コールドウォーターダイビングの人気スポットになっている。アザラシは、二〇メートルもあるケルプの茎のまわりをぐるぐる泳ぐ。ミズダコ、幽霊のように青白いヒダベリイソギンチャク、オオカミウナギ、メバル、ウミウシ。他にも何十種類もの動物がケルプに群がっている。

「僕は、ちょうどこのケルプのあたりで飛び込んだ。ケルプを通して光が差し込み、まわりにはチューブスナウトやクロソイが泳いでいた……そして気がつくと、あたりには一種の静けさが漂っていた」。コックスはこれを、陸の大きな森林の静けさにたとえる。音がまったく聞こえないというより、音の質が微妙に変化しているのだ。水中で簡単にホバリングして、生息環境を楽しみながら観察できる熟練のダイバーでなければ、こうした変化には気づかない。コックスは水中に長くとどまるほど、静寂に包まれた貴重な瞬間に音の影響を感じ取った。

当時コックスは博士課程の最終年で、課程修了後の研究について悩んでいた。サウンドスケープは候補に挙がっていなかったものの、常に興味はあった。しかしケルプのなかを漂いながら森のような静けさに包まれているとき、そうだ、これだと閃いたと回想している。自分なら、これを数値化できると考えた。静かなのは、サウンドスケープが守られているからだ。ケルプの生息地が失われれば、おそらくこの静寂も失われるだろう。このときすでにコックスは、サウンドスケープに関する数本の論文を発表していた。さらに生息地の複雑さの研究にも取り組み、音はしばしば構成要素として見落とされていることに気づいていた。「自分がやろうとしていることが、これまで問題にされてこなかったのはわかっていた」とコックスは語る。「確かに奇抜な発想だった」。だがこうした問題への回答が、少しずつ事態を進展させ、やがて意義のある政策へとつながる。

ケルプの研究はちょっとした飛躍で、共通点のないトピックが結びつけられる。サウンドスケープと測量、生態学と音響学が組み合わせられる。確かに複雑だが、そもそも生命は複雑極まりない。

コックスが経験したケルプの森の静寂は、クラウスがミュアウッズで初めて経験したバイオフォニーと同様、音の超越性を認識するきっかけになった。これを認識した瞬間から、新しい世界が開かれる。そうなると、何かひとつの声に強く印象づけられる代わりに、あらゆる音を含むサウンドスケープの包括的な魅力が、しばしば心に強く迫ってくる。単純な計測基準や指数と同様、畏怖の念は強力な要因になる。いまでは多くの人たちが、水中の音の世界の実態を理解するための作業に、テクノロジーと科学、さらにはアートを使って取り組んでいる。

クラウスはすでに八〇歳を過ぎている。七〇歳までは、最大で一八キロヘルツの音まで聞きとれたが、この一〇年で聴覚は衰え、七キロヘルツが限界になった。そしてある朝、右の耳の聴覚が失われた。すっかり失われてしまった。

「音のスペースも深さも聞きとれない」という。「それは本当につらい。でも、スペクトグラムを読み取る方法を学んだ。そしてスペクトグラムを読めるようになると、音のスペースについてかなり正確に判断できるようになった。本当は聞こえないのにね」

この一〇年から一二年のあいだは、「アーカイブに保管されているデータからアート作品を、すなわちサウンドアートを創作する作業にほとんどの時間を費やしている」という。私が二〇二二年に彼と会ったときには、サウンド・インスタレーション【訳注／室内や屋外に音響を設置することで、その空間や場所・環境を体験させる表現形態をとる作品】の『グレートアニマル・オーケストラ』がパリで上演されており、二〇一六年に始まって以来、入場者数は一〇〇万人を超えた。そしてパリの他にも、ロンドン、ミラノ、上海、ソウルなど世界中の多くの都市を回っている。

「アート」は「言語」や「文化」と同じく、そう簡単には説明できない言葉のひとつで、自然界を表現するアート作品は特にその傾向が強い。ところが『ザトウクジラの歌』がベストセラーアルバムになると、それ以来、海の音には研究者だけでなく、アーティストも触発された。たとえば最近は、つぎのような企画が実現している。二人組のユニットのルフトヴァークは氷解する氷山の音を使い、心に残るサウンド・インスタレーションをシカゴで開催した。これは、二〇一七年に南極のラーセンC棚氷から五八〇〇平方キロメートルにわたって氷の塊が分離した出来事がインスピレーションになった。あるいはアーティストのヤナ・ヴィンデレンは、二〇二一年に『サイエンス』誌に掲載された「人新世の海」のサウンドスケープに関する論文の付録として、サウンド・インスタレーションの作品を創作した。

本書では、科学の旅に読者を誘う。だが科学の片隅にアートが関わり、独創性や影響力を持つ作品が創作されるのは嬉しいかぎりだ。もしもアートが結びつきを目的とするなら、海の音を公共スペースや個人のイヤフォンに流すことは、人間の耳を水中に注目させるためのきわめて効果的な方法のひとつだろう。

まだ夜も明けやらぬ早朝、私は荷物をまとめ、メイソンジャーにコーヒーを入れた。急いでいたのは、決定的瞬間を見逃したくなかったからだ。それはハンターズムーンで、一〇月の満月の日に訪れる。そしてスマートフォンによれば、この日は午前七時五七分が決定的瞬間になるはずだった。しかし私がここまでやって来たのは、単に月を鑑賞することだけが目的ではない。

私は、雨で滑りやすく人気のないビクトリアの街路に車を走らせた。坂を下って海に向かう。街灯が立ち並ぶ街路を飛ぶように過ぎていくが、夜明け前でもサイクリングを楽しむ人の姿があり、バスがガタガタ走っている。目的地はオグデンポイントの防波堤だ。まだ真っ暗ではないか、私以外には誰もいないのではないかと案じたが、取り越し苦労だった。薄明のなかで、高齢の女性たちが速足でウォーキングをしている姿が見えた。若い女性たちはジョギングを楽しみ、ツイードの服を着た男性たちは海を眺めている。頭上では、セグロカモメの金切り声が聞こえた。

私はスマホの画面に radioamnion.net を表示して、防波堤を歩きながら音を聞きとる準備をした。この防波堤は、ボルダーを積み重ねた上に造られたもので、コンクリートの道がくの字形に延びて、太平洋に数百メートル突き出している。そして突端には赤と白の灯台が立っている。

私がここから三〇〇キロメートル沖まで泳ぎ、そのあとさらに二・七キロメートル直進したとすれば、その下の海底には、オーシャン・ネットワークス・カナダのＮＥＰＴＵＮＥプロジェクトの一環として、カスカディア海盆に海底観測用アレイのノードがケーブルで接続され敷設されている。どのノードにも計器が詰め込まれている。世界各地の科学者がここに機器を取り付け、海洋学に関する計測を行なう。ナガスクジラの鳴き声を聞きとるジオフォンや、雨や風の音を聞きとるハイドロフォンに混じって、ドイツの物理学者の手によるデモンストレーション用のニュートリノ観測機器もあった。

ニュートリノは宇宙空間から飛んでくる微粒子で、宇宙物理学者は大きな関心を持っているが、検出するのが難しい。鉱山の縦坑など地下奥深く、あるいは深海部など、ニュートリノ以外の物質はほとんど貫通できない場所が最も検出しやすい。いまここのニュートリノ観測機器の一部からは、ごく小さな光パルスが発信されている。

これはラジオ・アムニオンというインスタレーション・アートの作品で、現在はアーティスト・イン・レジデンス【訳注／アーティストが一定期間ある場所に滞在し、芸術活動や調査を行なう】のジョル・トムズとドイツ人チームの協力を受けながら、ＯＮＣが率先して進めている企画だ。毎月の満月の日になると、別のアーティストから海中に送られてきた音声が、ニュートリノ観測機器を介して「放送される」。音はオンラインでも放送されるので、誰でもそれを聞くことができる。

いま点滅している光波は音が変換され可視化されたもので、もとになる音声に私はいま耳を傾けている。私が音に集中しているあいだも、光はすぐ沖で点滅している。私は毎月、これを聞き続けてきた。深海域まで達する微かな光パルスが、機器のどれかに問題を引き起こす可能性は想像できるし、そこから「役に立つ」データが得られるとも確信できない。それでも私は光が美しいと思う。

この数カ月間の満月に放送された音声の内容は音楽性が強く、抽象的なサウンドスケープもあれば、低くて心地よい調べもあった。そして今月の満月には、アーティストのケイトリン・ベリガンによるスポークン・ワード【訳注／物語などを声に出して語る芸術的パフォーマンス】が拡散された。「音声は平面鏡になり、平面鏡は完面像になる」というタイトルの二二分間のストーリーだ。明瞭でも単調な女性の声で、不思議な美しいストーリーは語られる。そしてそれが、私がポケットにしのばせているスマホから静かに響いてくる。

これはある女性のストーリーで、彼女には所属する「母親たち」のコミュニティのために海に潜って貝を収穫する役目がある。しかし海温が上昇して藻類が死ぬと、貝を採ってくるためにもっと深く潜らなければならない。

私の周囲の早朝の世界には青とグレーの二色しかない。あたりはもやに包まれ、コンスタンスバンクに二隻のコンテナ船が停泊しているのがぼんやりと見える。一隻は手すり全体に白い光が連なって点滅し、まるでクリスマスのようだ。無料のトラッキングサイトでＡＩＳのデータに急いで目を通した結果、船の正体がわかった。どちらもＭＳＣに所属する船で、一方はヴェガ号、もう一方はマリアコス号と言って、やはりどちらもリベリア船籍だった。そしてここに停泊しながら、積み荷の消費財を下ろすための順番を待っていた。近いほうにいるのはライトを点滅させているマリアコス号で、一〇日前には韓国の釜山にいた。全長は七六メートル以上で、取扱貨物量は四三〇〇ＴＥＵに達する。ＭＳＣ所属のもう一方の船のヴェガ号も、二週間前に釜山からやって来た。こちらも巨大で、鉄製の舷側は水中に一四メートルも沈んでいるが、それは五階建てのビルの高さにほぼ匹敵する。

防波堤の陰では黄色い水先案内船が上下に揺れている。てっぺんのライトがイチゴミルク色に点滅しているので、作業中であることがわかる。

空はどんより曇っているので、私はあまり期待せずに月を探した。ナイトスカイのアプリをかざしながら、西の水平線のあたりを調べてみた。思っていたよりもずっと北では、水平線の上で小さな光が瞬いているのが見える（天王星の近くで、魚座の星に間違いない）。

今朝の海は静かで澄み切っている。ウェンツならば、「さざ波が立ち」、「鏡のように」凪いでいると表現するところだ。このままでは、風や波の音が聞こえることはあまり想像できない。防波堤の手すりから乗り出して眺めると、まだら模様の岩が真っ青な水のなかで揺れているのが見えた。潮の流れが変化している。まもなく防波堤の亀裂から潮流が勢いよく入ってくるだろう。

この日のストーリーは不思議なほど、私の周囲の状況とうまくマッチした。語り手が「波浪」と語るときには、鏡のような海面で波が大きく膨らみ、防波堤の近くの小さな浜辺に打ち寄せる音が聞こえた。つぎに語り手は厳かにこう語った。「ケルプの森は死んだ……」。そこで私は防波堤に沿って海のなかを観察した。三メートルほど離れた場所で、ブルケルプが海面でもつれ合い、渦巻いていた。ホースのように茎がとぐろを巻いているあいだから、こぶしを突き出すような形で漂っている。

このケルプの森の不思議な静けさに触発され、コックスはバムフィールドで実験を行なったのだ。私もここに潜ったことがある。スキューバのタンクを防波堤で背負い、後ろ向きでブロックから水中に入った。ここにはバークレー・サウンドのような青々と茂った大型藻類の森ではなく、光沢のあるスリムなブルケルプが集まっている。海面では、こぶし大のふくらみが漂い、葉身がゆらゆら揺れているが、一〇メートル、一二メートルと潜っていくと、茎は吊り下がったケーブルのように細くなる。これでは簡単に絡み合ってしまう。白いヒダベリイソギンチャクが、堅い岩塊から大きく生長している。高さは二フィート（六一センチメートル）に達し、まるで巨大なブロッコリーのように不気味だ。特徴的な顎を持つオオカミウナギは、こちらを睨みつけてくる。カラフルなウミウシがゆらゆら漂っている。そして防波堤は石のブロックで造られているが、ふたつのブロックのあいだの亀裂は、しわの寄ったオレンジ色の物体で満たされている。それは巨大なミズダコで、ビーンバッグチェア【訳注／お手玉を大きくしたような柔軟な椅子】ほどの大きさがある。いまは巣穴で身を縮めている。そして完璧に丸い吸盤が連なる脚を丸め、その上では不気味な目を光らせている。さらに二〇メートル潜ると、最後は岩や大きな石のまわりにケルプの茎がしっかり貼りついている。ヒトデやウニが薄明かりに照らされた岩を覆い、ゴマアザラシは深く潜っては、不思議なほど優雅に身をよじっていた。

さらに歩き続けると、BCフィッシュサウンドプロジェクトがアレイをテストした場所にやって来た。これは、ロドニー・ラウントリーの温室をまねて行なわれたものだ。そのあいだも、スマホのなかではストーリーが続く。ある日、ナレーターはうんと深い場所まで潜り、熱水噴出孔と金属製のノジュールの森を発見した。そしてノジュールを海面まで持ち帰った。

やがてカモメの鳴き声と自分の足音と一緒に、防波堤の反対側のドックから様々な周波数帯域のノイズがさかんに聞こえてきた。すでに一日の作業が始まっているのだ。トラックはビーッと警告音を発する。頭上のどこかで飛行機の音が小さく聞こえる。倉庫の反対側のヘリポートからは、離陸するヘリコプターの音がバタバタと響く。ノイズを打ち消す機能を持つヘッドフォンを付けていても、せっかくのストーリーがちょっぴり台無しにされた。

私は防波堤を下から支えている岩まで下りていく小さな階段を見つけたが、どうやらアオサギを驚かせてしまった。アオサギが気分を害して飛び去るとき、翼を羽ばたかせる音が聞こえた。

月が（午前七時三六分に）沈んでもストーリーは続き、私の後ろではいつの間にか（午前七時四一分に）太陽が昇っていた。ノジュールを持ち帰った語り手は、そこに含まれる希土類鉱物に価値があり、「……あらゆる車やタービンや機械」が大量に必要とする動力の供給源であることを知った。そこでノジュールをほしがっている科学関係の企業とリース契約を結び、再び海に潜る準備を始めた。私はその内容に心を奪われた。大声で呼ばれているような気分だった。私が耳を傾けているスマホのハードウエアは、希土類鉱物で作られているのだ。

黄色い水先案内船が接近してきて私は現実に引き戻されたが、船はいきなり通り過ぎていった。背後には渦が白く攪拌している。船首には小さなブロックタイの文字で「パシフィックスピリット」と書かれている。これから霧のなかで待機している船のもとへパイロットを連れて向かうのだ。パイロットは大型船に乗り移り、豊かな自然と生物の鳴き声で満たされた海域のなかで、船をゆっくり誘導していく。

いま満月は水平線の下に沈んだ。コーヒーは空っぽで、ジャーは冷たくなった。私は防波堤をさらに先へと歩き続けた。

エピローグ

三年ごとに開催される「水生生物にノイズがおよぼす影響」という会議には、生物音響学のグローバルコミュニティに所属する多くのメンバーが集う。そこでは報告が行なわれるほかに、政策や今後の研究や協力体制について協議される。二〇二二年には、ベルリンのホテルに再び数百人のメンバーが集まった。参加者は、この会議のロゴがプリントされたトートバッグを持っている。そのロゴは、ホーキンスがスケッチした海洋動物たちだ。

アーサー・ポパーが、メリーランド州からＺｏｏｍで開会宣言を行ない、参加者全員を歓迎した。トニー・ホーキンスは手短に発言した。

ロドニー・ラウントリーと魚の声に関して研究しているジョー・ルツコビッチは、ランチの列に一緒に並んでいるときに卓上鍋を指しながら、なかの魚は発音魚だと教えてくれた。そして、圧力や粒子運動が浅海域では制約にならない仕組みについて説明してくれた。

この会議が最初に開催されたときには、地震探査に伴うノイズの影響がもっと注目されたと誰かが発言した。いまではセッションのほとんどで、杭打ち機のノイズが大きく取り上げられる。トニー・ホーキンスの教え子のルイス・ロバーツは、振動によるコミュニケーションについて語った。一日目の午前中のセッションで議長を務めたジョー・シスネロスは、飲食のとき以外はマスクの着用をお願いしますと全員に呼びかけた。私はロベルト・ロッカを脇に連れ出した。当時一緒に研究していたジョー・スクリムガーが、カウチン・ベイで海に降る雪の音を聞きとったからで、何か情報を手に入れたかった。

ヴァレリア・ヴェルガラは会場にいない。このときも、セントローレンス湾の近くに建てられたやぐらで野外調査を続けていた。

ポスターセッションで目的もなく歩き回っていると、フランシス・フアネスから声をかけられ、帰りの乗り継ぎはスペインの空港がよいと助言された。

キーラン・コックスは会場に姿を見せた。アーティチョークがプリントされた黒いドレスシャツをオシャレに着こなし、相変わらずエネルギッシュだ。この分野の立ち上げに貢献した人たちや、基準を考案した人たちとの出会いを大いに楽しんでいる。

開催中のある日の午前中には、ドルフィンドクターとして知られるサム・リッジウェイが前の晩に亡くなったというアナウンスがあり、会場全体がしんみりとした。

私はこの二年間というもの、水中音の研究に人生の多くを費やしてきたが、時々落ち着かない気分になる。たしかに水中音というテーマには、驚くような発見も解決すべき懸案もある。しかし実際のところ、気候変動が海におよぼす深刻な脅威と比べれば、ノイズは大して注目されない。それでもやはり、どちらもひとつの問題として取り上げることはできないし、単独で存在するわけではない。海水温の上昇や酸化の進行によって、音の伝わり方は変化する。そして、サンゴ礁などの生態系や北極の食物網に音がおよぼす影響は、気候変動への動物の反応に跳ね返ってくる。

世界を新しいレンズで、すなわち新しい感覚を通して研究することは、決して無駄ではないと私は確信している。水中では、音は空気中と伝わり方が違う。水中のほうが遠くまで速く伝わり、ゆっくりと減衰する。動物が水中で発する声は、あなたには聞こえない。それは不可能だ。この事実を知るだけで私は気持ちが落ち着き、胸が躍る。私たちが耳と呼ぶものは、音を知覚するための唯一の手段ではないことが水中の動物からはわかる。水中の生物種のかなり多くは、音圧ではなく粒子運動によって音を知覚する。これは人間にとっての音とまったく異なる。何を言っているのか、ピンとこないかもしれないが、ウェイブプール【訳注／人工的に波を作り出すプール】で波が干渉し合うところを想像してほしい。定常波などの現象が発生するところを思い浮かべれば、粒子で音がどのように（聞こえるか）理解できるかもしれない。実際、それはどのようなものだろう。さらに私は、振動コミュニケーションという新しい科学の登場にも驚かされる。それによると、魚は側線などの構造を利用して感触と音を結びつける。しかも、魚は水中の音を検知できるように進化を遂げており、その長い歴史の末に有毛細胞は誕生したのだから驚く。私たちの耳に連なる有毛細胞には、長い歴史があるのだ。

振動コミュニケーションに関する研究が進んだ結果、かつては謎だった水中音について理解して計測し、検討することがようやく可能になった。さらにこの研究が興味をそそることには、もうひとつ理由がある。汚染源のなかでもノイズは最も解決しやすいと考えられるからだ。

ただし、実際にはそう簡単ではない。確かに、石油流出などに比べればノイズの「除去」は簡単だろう。しかし目を回したロブスター、傷ついたホタテ貝、混乱した哺乳類は、ノイズの被害が微妙でも長引く何よりの証拠だ。明確な回答や応急処置は期待できない。すでにストレスを受けたりお腹を空かせたり、あるいは病気になった動物にとって、ノイズはすでに存在する問題をさらに複雑にすることが多い。それに正直なところ、ノイズは問題にならないときもある。多くの動物はノイズに適応しているか、適応能力を持っていて、まったく影響を受けない。

では何をすべきなのか。どんな音が無脊椎動物にとって問題なのか、そして私たち人間が引き起こすノイズや振動が無脊椎動物にどんな影響を与えるのか確認するため、科学者はデータギャップの解消に取り組んでいる。具体的には音圧だけでなく音の粒子運動も計測し、海底での振動にも注目しなければならない。

一方、音響データファイルは気が遠くなるほど膨大な量にのぼるが、研究者はそれを迅速に処理するためAIなどの新しいテクノロジーを利用している。サウンドスケープ、ベースラインモニタリング、そして従来の細かい野外調査など複数の枠組みを使って北極や深海などから優れたデータをたくさん集めれば、まだあまり手が付けられていない環境について多くを学ぶことができる。

キーラン・コックスなど音響学者以外の研究者も、自分たちの研究に音を取り入れている。そして生物音響学者は、海洋哺乳類の複雑な発声が生態について何を教えてくれるか徹底した研究を続けている。たとえばデータベースを構築し、新しい計測基準を考案するだけでなく、アーティストと協力し、この問題に対する一般市民の理解を深める努力を怠らない。近い将来には、画期的な規制に関して重要な決断を下す予定だ。

ただし、規制はすべてを解決してくれるわけではない。悪い規制は恨みや腐敗を招くので、それなら規制などないほうがよい。しかもいままでは残念ながらグリーンウォッシング【訳注／環境配慮をしているように見せかけること】が、多くの保護活動に広がっている。このような状況からは失敗の機会が生み出される。規制は慎重かつシンプルで、効果を発揮しなければならない。

規制を行なう方法については意見が分かれるかもしれないが、規制すべき内容に関して科学の立場は鮮明になっている。ソナー、地震探査、杭打ちからは大きな影響が考えられる。しかし世界的には、ノイズの影響は船によるものが最も大きい。船舶の設計の見直し、減速、海上交通路の計画的な設定は役に立つ。だが最終的には、いちばんいけないのは私たちの生活様式だ。石油、消費財、そしてクルーズ船も悪影響をおよぼす。私たちはノイズに満たされた海を嘆く一方、あらゆる家財道具をオンラインで注文することなど許されない。注文した商品は船で運ばれるのだ。

だが実際のところ私は、アンスロポーズが必要だと思わない。それは、新型コロナウイルスが蔓延する以前のデータを見れば明らかだ。ノイズが蔓延する環境、なかでも大きな音が絶えず近くで鳴り続け、逃れる術がないような環境は、海洋生物を苦しめる。そして二〇二〇年のロックダウン以降に確認したデータによれば、この状況は根本的に変化しなかった。

いま科学は、どの生き物を規制の対象にして守るべきか、以前よりも明確に把握するようになっている。海洋哺乳類は確かに重大な危機にさらされている。しかし無脊椎動物の実態、あるいは粒子運動や海底の振動に対する無脊椎動物の反応に関するデータは不足しており、その解消に取り組む必要がある。

そして、いつどこで規制を行なうべきかという問題もある。人の多い海域やノイズのやかましい海域の他にも、まだデータがあまり集まっていないふたつの地域が荒らされないうちに、優れた規制を行なうチャンスを逃してはならない。それは北極と深海だ。これにはすぐにでも取り組まなければならない。

では何が理由かと言えば、ノイズの低減には経済的な理由がある。たとえば貴重な海が守られ、船の効率が高まる。しかし私は、何よりも大切なのは自然に内在する価値だと信じている。とにかくそれに尽きる。世界は私たちが理解しているよりもはるかに大きい。はるかに不思議で、はるかに豊かである。そんな世界について疑問を抱き、じっくり観察して耳を傾け、何かを学ぶことができれば、私たちは人間として豊かになる。これはかけがえのないことだ。

私はベルリンの会議から戻ると、実家を訪れた。そしてある晩、ハイドロフォンを持ってカヌーで湖に漕ぎだした。かつて私が兄と一緒にトラックで遊んだ波止場から出発した。やがて藻や水草が密集している場所にハイドロフォンをそっと沈めると、バリバリとかみ砕くような音が大きくはっきりと聞こえた。私はこの湖で小さい頃から泳いで育ったが、こんな音を聞いた経験はなかった。

「ひょっとしたら、ごく小さなマツモムシかもしれない」と、あとからクラウスに言われた。これは昆虫の幼虫で、水草をかじりながら成長する。

波止場に戻ると雨が降り始めた。私はハイドロフォンを沈めて耳を集中させた。呼吸のようなシューッという音が聞こえてくる。雨が他の場所に落ちてくる音とは違う。兄が騒々しい家から逃れ、私の様子を見に降りてきた。私は兄にヘッドフォンを渡した。

謝辞

今回は、ここで全員を紹介できないほど大勢の方々が、時間と情報と援助を提供してくれた。先ずは私の担当編集者のリビー・バートンと、私の素晴らしいエージェントのギリアン・マッケンジーに感謝したい。ふたりとも、今回のプロジェクトの価値を信じてくれた。ヘザーにはシャーウッド・チャットなどで助けられた。ジュードとアドリエンヌは編集補佐として支えてくれた。他にもこのプロジェクトのために私に話を聞かせてくれた方々、自分の研究やストーリーを教えてくれた方々、原稿を読んで論評し、チェックしてくれた方々全員に感謝している。特に以下の方々にはお世話になった。エリン・クレノウ、スプーシー・ラマン、ソフィー・ワイラー、アーサー・ポパー、スティーブン・ワインバーグ。誰もが本当に献身的に私を助けてくれた。間違っているところや省略された部分、不正確な場所が本書に残っていたら、それはすべて私の責任だ。

私は素晴らしい教師にも恵まれた。ボブ・ロディーの海洋学の講義で、私は初めてサンゴについて学び、海に興味を抱いた。シンシア・ランキンからは、あなたはライターになれると初めて言われ、自分の研究成果を世に送り出すべきだと励まされた。そしていまは亡きペニー・パークは、私が一緒に研究を行なう特権に恵まれ、強い印象を受けた寛大な方々のひとりだ。

私は、幸運にも多くの素晴らしい友人に囲まれている。ウェンディ、ケイト、アリソン、スニタ、カリ、アーロン、ビクトリア・グループ。みんなが私を理解し、チャットで交流し、寄り添ってくれたおかげで、私は正気を保つことができた。

家族も忘れてはいけない。リビア、ニール、ブレア、ありがとう。ピーターと過ごした時間は刺激的だった。そしてこのプロジェクトの進行中に帰らぬ人となった祖母は、いつでも私を信じ続けてくれた。

コートニーの強さに私は毎日刺激を受ける。オリビアがこの美しい世界にやって来たことを心から歓迎する。私は知っていることのすべてを両親から教えられた。数えきれないほどのサポートを受けてきたが、いまではそのありがたみがわかる。それからウエストは、トラックゲームなどたくさんのことを教えてくれた。

最後にウォレンへ。この人生が何のためにあるのか、私はあなたから学んだ。

訳者あとがき

私は海に潜った経験がないが、スキューバダイビングを楽しんでいる友人に尋ねると、海のなかは静かで音がしないと言われた。なかにはクジラのように声を出す生き物がいるのは知っていたが、魚は無口で、音を使ったコミュニケーションとは無縁だと思ってきた。ところが本書によれば、海は様々な音が満ちあふれた世界だという。それなのに沈黙の世界だと信じられてきたのはなぜか。私たち人間は陸の環境で快適に暮らし、仲間と円滑にコミュニケーションできるような形で五感を進化させてきた。だから音にしても、可聴範囲に収まらなければ聞き取ることができない。そして海の生物が発する音は、ほとんどが人間の耳の可聴範囲から外れている。

著者のアモリナ・キングドンはブリティッシュコロンビア州のビクトリアに在住するサイエンスライターで、執筆したエッセイは高い評価を受けている。海の生き物が音をどのように利用しているのか興味をそそられたキングドンは、音響学者たちと交流し、自分でも海に出かけて魚たちのユニークな音をハイドロフォンで聞き取ることに挑戦する。美しくも過酷な自然のなかでの体験記は興味深いが、それと同時に、多くの科学者の長年にわたる努力によって海のなかの音の実態が明らかになっていくプロセスや、魚たちが人間とは違う形で音を聞き取る能力についての解説は読みごたえがある。観察記録と初心者向けの入門書の要素が組み合わされた本書は、間違いなく一読の価値がある。

私たち人間は音を聞くときに耳を使い、それが当たり前だと思ってしまうが、実は魚は耳以外の場所でも、人間とはまったく違う方法で音を聞き取る。魚を切り身ではなく、丸ごと一匹の形で手に入れたら、よく観察してほしい。体の中央に頭から尾に向かって点線状のものが見える。それは側線といって、音を聞くために重要な役割を果たしている。詳しくは、本書を読んでいただきたい。あるいはエコーロケーションといって超音波を発し、その反響音によって物体の距離や大きさや方向を知る裏技もある。コウモリのエコーロケーションは有名だが、海の生物もこれを上手に利用している。大きなクジラはともかく、小さな魚にこんなすごい能力が備わっているとは驚かされるが、魚より小さなプランクトンも音を聞き取ることができる。たとえばサンゴの幼生は、誕生するとすぐにサンゴ礁を離れ、しばらくすると生まれ故郷のサンゴ礁にちゃんと戻ってくる。幼生は誕生後、親から守ってもらえないが、サンゴ礁には命を狙う敵がたくさん棲みついている。そのためしばらくは安全な場所に避難して、十分に成長したら戻ってくるのだ。小さな幼生にとって、その道のりはとてつもなく長い。人間なら、月に行って帰ってくるような大冒険だろう。耳がないのに、なぜそんなことができるのか。それは、体の表面にある繊毛のおかげだ。私たち人間の耳のなかでは、音を聞き取るために有毛細胞が重要な役割を果たすが、それと同じようなものが、体の表面を覆っている。一方、魚よりも大きな哺乳類のクジラやシャチも、聴覚に関わる体の部分をユニークな形で進化させた。

海の生物がこのように音を利用する目的は、自分はここにいると仲間に知らせ、敵はどこにいるか確認し合い、コミュニケーションを通じて生き残りを図ることだ。広大な海で仲間同士、あるいは親子が交流するためには、音が欠かせない存在になっている。光が届かない海は暗くて視界が悪いし、匂いはすぐに消えてしまう。しかし音ならば、音波が遠くまで伝わりやすい階層を使って周波数をうまく調整すれば、大事な情報を伝えることができる（この能力が自然に発達するのは、本当にすごい！）。シャチなど、集団ごとに異なる方言がある。

本書を読んで、海は沈黙の世界というよりも、豊穣の世界であることがよくわかった。様々な生物が様々な声を発し、それがまとまってひとつのサウンドスケープ（音風景）を創造している。しかも混みあった場所で音が干渉し合わないよう、音波は微妙に調整されている。意図的でなければ、これも本当にすごい！　ケルプが鬱蒼と茂るなかで、あるいはサンゴ礁のなかで、さらには大海原の海中で、多彩な音が重なり合って美しいオーケストラを奏でている。その一方、シャチなどは音を聞き分けて獲物の存在を確認する。そして狙われるほうも、シャチの音が聞こえたら逃げようとする。海は弱肉強食の世界でもある。

本書では海のユニークな生物が色々と紹介されているが、なかでも私はプレーンフィンミッドシップマンから強い印象を受けた。ユニークな名前から想像できるかもしれないが、ずいぶん風変わりな姿をしている。ナマズに似ているが、ナマズよりもグロテスクとも、愛嬌があるとも解釈できる。ミッドシップマンとは海軍士官候補生のことで、その制服のボタンによく似た模様が体の裏側に連なっている。まだその存在が確認される前、夜になると不気味な唸り声が海から聞こえてきた。エイリアンではないか、海軍が軍事演習しているのではないかと所説が飛び交ったが、最終的に音の正体はプレーンフィンミッドシップマンであることがわかった。他には真っ白なベルーガも、何とも可愛らしい。

私たち人間はこれまで、海は沈黙の世界だという前提で海を利用してきた。漁船に乗って魚を捕り、豪華客船で海の旅を楽しみ、巨大なコンテナ船で荷物を運び、さらには海底から石油を採掘し、それが今日の豊かな生活を支えている。魚はそんな音の影響を受けないと思い込んできたが、実のところこうした音は、海の生物にとって迷惑な騒音でしかない。たとえば私たちが電車に乗っているとき、いきなり誰かの携帯が大きな音を立て、大声で仕事の話など始められたら、気分が悪いのと同じだ。それがいつまでもずっと続くのだから、悪影響がおよばないはずがない。大きな音が絶えず鳴り響いたら、クジラの歌は遠くにいる仲間のもとに届かないかもしれない。クジラの歌をユーチューブで聞いてみると、本当に歌のようなパターンがあって驚かされるが、声はどこまで行っても朗々と鳴り響くわけではない。

ただし、騒音を鎮めるのは簡単ではない。海を航行する船の数を減らしてもよいが、それでは商品の輸送が滞る。そして海底から採掘される石油、さらには海に設置される風力発電から供給されるエネルギーは、いまや私たちの生活にとって欠かせない存在だ。たとえばいまあなたは、この本をどんな状態で読んでいるだろうか。原書は船で日本に運ばれてきたかもしれない。冬ならば、部屋は石油ストーブで温められているだろう。本を読みながら飲むお茶や、お腹が空いたときに食べるお菓子も、船で運ばれてきた可能性がある。こうした環境をいきなり奪われたら、ずいぶん不便な思いをするだろう。だが著者も指摘しているが、この世界には人間以外の生物が暮らし、人間とは異なる営みをしている。世界は人間を中心に回っているわけではない。いまは多様性が重視される時代だが、海の生き物たちの多様な生き方も重視しなければならない。さもないと、いつか私たちにしっぺ返しがくる。いまの便利な生活をすっかり手放し、大昔のような生活に戻る必要はないが、海の生き物たちの多様性に配慮しながら、うまく落としどころを見つけるのが大切ではないか。本書を読んで、それをわかっていただければ幸いだ。

今回も、築地書館の土井二郎さんからお話をいただき、編集作業では北村緑さんに大変お世話になった。どうもありがとうございました。

二〇二五年三月

小坂恵理

wanderer/.

284 ヤナ・ヴィンデレン : Carlos M. Duarte et al., "The Soundscape of the Anthropocene Ocean," *Science* 371, no. 6529 (February 2021): 1 of 10, https://doi.org/10.1126/science.aba4658; フランシス・フアネスとのインタビュー、2021 年。

285 カスカディア海盆 : 海盆のノードの緯度と経度を以下で参照。https://www.fdsn.org/networks/detail/NV/.

285 デモンストレーション用のニュートリノ観測機器 : "Where P-ONE Will Be Located," P-ONE, accessed September 2023, https://www.pacific-neutrino.org/p-one/where-p-one-will-be-located/.

285 宇宙空間から飛んでくる : "What Is a Neutrino?" *Scientific American,* September 7, 1999, https://www.scientificamerican.com/article/what-is-a-neutrino/.

286 ラジオ・アムニオン : Interview with Jol Thomas, 2021.

286 音声は平面鏡になり : Caitlin Berrigan, "A Voice Becomes a Mirror Plane Becomes a Holohedral Wand," SoundCloud file, accessed October 20, 2021, https://soundcloud.com/berrigan/a-voice-becomes-a-mirror-plane-becomes-a-holohedral-wand/.

287 MSC ～ヴェガ号 : "MSC Vega," Marine Traffic, accessed October 20, 2021, https://www.marinetraffic.com/en/ais/details/ships/shipid:755543/mmsi:636015506/imo:9465265/vessel:MSC_VEGA/.

287 マリアコス号 : "Maliakos," Marine Traffic, accessed October 20, 2021, https://www.marinetraffic.com/en/ais/details/ships/shipid:755245/mmsi:636015131/imo:9464247/vessel:MALIAKOS/.

287 ウェンツならば～表現するところだ : Wenz, "Acoustic Ambient Noise."

288 BC フィッシュサウンドプロジェクトがアレイをテストした : ザヴィエ・モウイとのインタビュー、2021 年。

Continental Shelf: A Unique 'Living Fossil,' " *Geoscience Canada* 28, no. 2 (2001): 71–78.

275 ガラス海綿が生息するサンゴ礁のサウンドスケープを記録: Stephanie K. Archer et al., "First Description of a Glass Sponge Reef Soundscape Reveals Fish Calls and Elevated Sound Pressure Levels," *Marine Ecology Progress Series* 595 (2018): 245–252, https://doi.org/10.3354/meps12572/.

275 サウンドスケープの枠組み: Jennifer L. Miksis-Olds, Bruce Martin, and Peter L. Tyack, "Exploring the Ocean Through Soundscapes," *Acoustics Today* 14, no. 1 (Spring 2018): 26–34.

276 ブリティッシュコロンビア州にガラス海綿が形成する礁: Archer et al., "First Description."

277 1959年に〜火災が発生: Veronica M. Berounsky, "Bay Campus (B)log: The Once and Future Heart of the Bay Campus," University of Rhode Island Graduate School of Oceanography, December 6, 2018, https://web.uri.edu/gso/news/bay-campus-blog-the-once-and-future-heart-of-the-bay-campus/.

278 オリジナルのカセットテープをデジタル化: これはほぼ真実だと思われる。たとえば、第二次世界大戦中から戦後にかけてマーティン・ジョンソンらが行なった報告には、「水中のノイズ」と「生物のノイズ」という言葉がタイトルに加えられている。以下も参照。Martin Johnson, "Underwater Noise and the Distribution of Snapping Shrimp with Special Reference to the Asiatic and Southwest and Central Pacific Areas," University of California Division of War Research at the US Navy Radio and Sound Laboratory, UCDWR No U146 Copy no 63, 1944.

278 オリジナルのカセットテープをデジタル化: ロドニー・ラウントリーとのインタビュー、2021年。

279 最もよく使われる数字: Audrey Looby et al., "A Quantitative Inventory of Global Soniferous Fish Diversity," *Reviews in Fish Biology and Fisheries* 32 (2022), https://doi.org/10.1007/s11160-022-09702-1; オードリー・ルービーとのインタビュー、2022年。

279 1874年にまで遡った: M. Dufossé, "Recherches sur les bruits et les sons expressifs que font entendre les poisons d'Europe," Annales.des Sciences Naturelles 5, no. 19 (1874): 1–53, and no. 20: 1–134.

279 989種類: Looby et al., "Quantitative Inventory."

280 FishSoundのロゴ: See www.fishsounds.net.

281 素直に賛成できない: キーラン・コックスとのインタビュー、2022年。

282 海のなかは僕にとって、いつでも最高の避難場所だ: Alex Garland, *The Beach* (New York: Riverhead Books, 1999), 364.(『ビーチ』アレックス・ガーランド、アーティストハウスパブリッシャーズ、1998年、村井智之訳)

282 コックスが思いついた: キーラン・コックスとのインタビュー、2022年。

283 クラウスはすでに80歳を過ぎている: バーニー・クラウスとのインタビュー、2022年。

284 『グレートアニマル・オーケストラ』: "Exhibition: The Great Animal Orchestra," Fondation Cartier, accessed September 2023, https://www.fondationcartier.com/en/exhibitions/le-grand-orchestre-des-animaux.

284 100万人: バーニー・クラウスとのインタビュー、2022年。

284 2人組のユニットのルフトヴァーク: "Requiem: A White Wanderer," Luftwerk, accessed September 2023, https://luftwerk.net/projects/requiem-a-white-

Stuck Outside LA. What's Happening?" *The Guardian*, September 23, 2021, https://www.theguardian.com/us-news/2021/sep/22/cargo-ships-traffic-jam-los-angeles-california/.

270 バーニー・クラウスは〜依頼された：バーニー・クラウスとのインタビュー、2022年。

270 ベートーベンの交響曲第五番の素晴らしさ： Bernie Krause, *Krause's Voices of the Wild* (New Haven & London: Yale University Press, 2013).

271 1966年のエッセイ： Buckminster Fuller, "The Music of the New Life," *Music Educators Journal* 52, no. 6 (1966): 52.

271 マイケル・サウスワース：Michael Southworth, "The Sonic Environment of Cities," *Environment and Behavior* 1, no. 1 (1969): 49–70, https://doi.org/10.1177/001391656900100104/.

271 この言葉を広めた：R. Murray Scaffer, *The Soundscape: Our Sonic Environment and the Tuning of the World* (New York: Simon & Schuster, Destiny Books, 1993).

272 「ニッチ」という言葉：G. E. Hutchinson, "Concluding Remarks," *Cold Spring Harbor Symposia on Quantitative Biology* 22 (1957): 415–427. これはハッチンソンによる造語ではない。もっと以前から使われていた。以下を参照。E. Takola and H. Schielzeth, "Hutchinson's Ecological Niche for Individuals," *Biology and Philosophy* 37, no. 25 (2022), https://doi.org/10.1007/s10539-022-09849-y/.

272 バイオフォニー： Bernie Krause, "Biophony," *Anthropocene Magazine*, accessed September 2023, https://www.anthropocenemagazine.org/2017/08/biophony/: バーニー・クラウスとのインタビュー、2022年。

273 200メートル以上の深さ： "What Is the 'Deep Ocean'?" NOAA Ocean Explorer, accessed September 12, 2023, https://oceanexplorer.noaa.gov/facts/deep-ocean.html/.

273 およそ20パーセントしか確認されず：シーベッド2030プロジェクトでは20パーセントを超えた。Jonathan Amos, "Mapping Quest Edges Past 20% of Global Ocean Floor," BBC, June 21, 2021, https://www.bbc.com/news/science-environment-57530394/.

273 多金属団塊： Sabrina Imbler and Jonathan Corum, "Deep Sea Riches: Mining a Remote Ecosystem," New York Times, August 29, 2022, https://www.nytimes.com/interactive/2022/08/29/world/deep-sea-riches-mining-nodules.html/.

274 採掘に関する規範の導入に未だに苦労している：Elizabeth Claire Alberts, "Deep-Sea Mining Rules Delayed Two More Years; Mining Start Remains Unclear," *Mongabay*, July 25, 2023, https://news.mongabay.com/2023/07/deep-sea-mining-rules-delayed-two-more-years-mining-start-remains-unclear/.

274 日本の海岸沖：C. Chen, et al., "Baseline Soundscapes of Deep-Sea Habitats Reveal Heterogeneity Among Ecosystems and Sensitivity to Anthropogenic Impacts," *Limnology and Oceanography* 66 (2021): 3714–3727, https://doi.org/10.1002/lno.11911/.

274 船のノイズが聞こえる： Robert Dziak, "Ambient Sound at Full Ocean Depth: Eavesdropping on the Challenger Deep," NOAA Ocean Exploration, accessed September 16, 2023, https://oceanexplorer.noaa.gov/explorations/16challenger/welcome.html/.

274 深海部でも発生している可能性がある：Chen et al., "Baseline Soundscapes."

275 ガラス海綿： K. W. Conway et al., "Hexactinellid Sponge Reefs on the Canadian

www.offshore-technology.com/features/the-greenland-freeze-why-has-greenland-stopped-oil-and-gas-exploration/?cf-view/.

264 クライド川周辺で暮らす地域住民：*Clyde River (Hamlet) v. Petroleum Geo Services Inc.*, 2017 SCC 40, [2017] 1 S.C.R. 1069, https://scc-csc.lexum.com/scc-csc/scc-csc/en/item/16743/index.do/. John Paul Tasker, "Supreme Court Quashes Seismic Testing in Nunavut, but Gives Green Light to Enbridge Pipeline," CBC News, July 26, 2017, https://www.cbc.ca/news/politics/supreme-court-ruling-indigenous-rights-1.4221698/.

265 ゴードン・ウェンツは〜論文を発表した：Gordon M. Wenz, "Acoustic Ambient Noise in the Ocean: Spectra and Sources," *Journal of the Acoustical Society of America* 34, no. 12 (December 1962): 1936–1956, https://doi.org/10.1121/1.1909155/.

265 白い髪を〜撫でつける：T. S. Eliot, "The Love Song of J. Alfred Prufrock," *Gleeditions*, April 17, 2011, www.gleeditions.com/alfredprufrock/students/pages.asp?lid=303&pg=7. Originally published in *Poetry: A Magazine of Verse*, June 1915, 130–135.

265 1000キロメートル以上：Wenz, 1962

267 ファンディ湾には：Rosalind M. Rolland et al., "Evidence That Ship Noise Increases Stress in Right Whales," *Royal Society* (June 2017), https://doi.org/abs/10.1098/rspb.2011.2429/.

267 スティーブ・シンプソンは〜訪れることができなくなった：スティーブ・シンプソンとのインタビュー、2022年。

267 クリスチャン・ルッツ：C. Rutz, et al., "COVID-19 Lockdown Allows Researchers to Quantify the Effects of Human Activity on Wildlife," *Nature Ecology and Evolution* 4 (2020): 1156–1159, https://doi.org/10.1038/s41559-020-1237-z/.

268 動物の目撃情報が急に増えた："The Urban Wild: Animals Take to the Streets Amid Lockdown—In Pictures," The Guardian, April 22, 2020, https://www.theguardian.com/world/gallery/2020/apr/22/animals-roaming-streets-coronavirus-lockdown-photos/.

268 ニュージーランドの〜パインは〜たまたま設置していた：M. K. Pine et al., "A Gulf in Lockdown: How an Enforced Ban on Recreational Vessels Increased Dolphin and Fish Communication Ranges," *Global Change Biology* 27 (2021): 4839–4848, https://doi.org/10.1111/gcb.15798/.

268 グレーシャーベイ国立公園：Jan Wesner Childs, "Coronavirus Pandemic Brought Quieter Ocean Waters for Humpback Whales, Other Marine Life," *The Weather Network*, December 10, 2020, https://weather.com/health/coronavirus/news/2020-12-09-quiet-ocean-coronavirus-pandemic-humpback-whales/.

268 サラソタ湾：E. G. Longden, et al., "Comparison of the Marine Soundscape Before and During the COVID-19 Pandemic in Dolphin Habitat in Sarasota Bay, FL," *Journal of the Acoustical Society of America* 152, no. 6 (December 2022): 3170–3185, https://doi.org/10.1121/10.0015366/.

268 暫定値〜ロックダウン：David R. Barclay, "The Effect of COVID-19 on Underwater Sound," *Journal of the Acoustical Society of America* 150, no. 4 (October 2021), https://doi.org/10.1121/10.0008142. 2020年のコンテナ輸送の減少を参照。"2020 Statistics Overview," Port of Vancouver, accessed September 2023, https://www.portvancouver.com/wp-content/uploads/2021/02/2020-Stats-Overview.pdf/.

269 1週間を通して交通渋滞：Dani Anguiano, "A Record Number of Cargo Ships Are

263　利用されるまでには時間がかかる：ウィリアム・ハリデーとのインタビュー、2021年。

263　船による最大のノイズ発生源：ウィリアム・ハリデーとのインタビュー。Ruth Teichroeb, "Underwater Noise Pollution Poses a New Threat to Arctic Wildlife," *Floe Edge Blog, Oceans North*, June 27, 2023, https://www.oceansnorth.org/en/blog/2023/06/underwater-noise-pollution-poses-a-new-threat-to-arctic-wildlife/; PAME, "Underwater Noise."

263　メアリーリバーの鉱山：Joshua M. Jones, "Underwater Soundscape and Radiated Noise from Ships in Eclipse Sound, NE Canadian Arctic," *Oceans North*, January 18, 2021, https://www.oceansnorth.org/wp-content/uploads/2021/02/jjones-eclipse-soundscape-and-ship-noise.pdf/.

263　1日に複数の船：Jones, "Eclipse Sound," 20–27.

263　世界最長の海岸線：Statistics Canada, "International perspective," *Canada Year Book*, last modified 2016-10-07, https://www150.statcan.gc.ca/n1/pub/11-402-x/2012000/chap/geo/geo01-eng.htm/.

263　（航空産業も含まれる）：リー・キンドバーグとのインタビュー、2022年。

263　拘束力のない指針：International Maritime Organization, "Addressing Underwater Noise from Ships—Draft Revised Guidelines Agreed," IMO, January 30, 2023, https://www.imo.org/en/MediaCentre/Pages/WhatsNew-1818.aspx/.

263　海洋戦略枠組み指令：Nathan D. Merchant et al., "A Decade of Underwater Noise Research in Support of the European Marine Strategy Framework Directive," *Ocean & Coastal Management* 228 (2022), https://doi.org/10.1016/j.ocecoaman.2022.106299.

263　海洋保護計画："Justin Trudeau Announces $1.5B Ocean Protection Plan," CBC News, last updated November 7, 2016, https://www.cbc.ca/news/canada/british-columbia/trudeau-spill-response-1.3840136/.

263　海洋ノイズ戦略："Mitigating the Impacts of Ocean Noise," Department of Fisheries and Oceans, May 16, 2022, https://www.dfo-mpo.gc.ca/oceans/noise-bruit/index-eng.html/; "Ocean Noise Strategy Roadmap," NOAA, September 2016, https://oceannoise.noaa.gov/sites/default/files/2021-02/ONS_Roadmap_Final_Complete.pdf/.

264　ANSI: Quantities And Procedures For Description And Measurement Of Underwater Sound From Ships—Part 1: General Requirements, ANSI/ASA S12.64-2009/Part 1 (R2019), (American National Standards Institute, 2019), https://blog.ansi.org/ansi-asa-s12.64-2009-measuring-ships-underwater-sound#gref.

264　国際標準化機構（ISO）：Underwater Acoustics, ISO/TC 43/SC 3 (International Organization for Standardization, 2011), https://www.iso.org/committee/653046.html.

264　地震探査用のエアガン：Kelly A. Keen et al., "Seismic Airgun Sound Propagation in Arctic Ocean Waveguides," *Deep-Sea Research Part I*, https://doi.org/10.1016/j.dsr.2018.09.0/.

264　伸びる："Order Prohibiting Certain Activities in Arctic Offshore Waters: SOR/2019-280," *Canada Gazette*, July 30, 2019, https://www.gazette.gc.ca/rp-pr/p2/2019/2019-08-21/html/sor-dors280-eng.html/.

264　グリーンランド西海岸：J. P. Casey, "The Greenland Freeze: Why Has Greenland Stopped Oil and Gas Exploration?" *Offshore Technology*, August 31, 2021, https://

Mammal Science 39 (2023): 387–421, https://doi.org/10.1111/mms.12978/.

257 マッケンジー川のデルタ付近のベルーガ: W. D. Halliday et al., "Beluga Vocalizations Decrease in Response to Vessel Traffic in the Mackenzie River Estuary," *Arctic* 72, no. 4 (2019): 337–346, https://www.jstor.org/stable/26867457.

258 観察記録 : ウィリアム・ハリデーとのインタビュー、2022 年。

258 1 年じゅう環境音 : W. D. Halliday et al., "Seasonal Patterns in Acoustic Detections of Marine Mammals Near Sachs Harbour, Northwest Territories," *Arctic Science* 4 (2018): 259–278, https://doi.org/10.1139/AS-2017-0021/.

259 魚の声も聞こえる: M. K. Pine et al., "Fish Sounds near Sachs Harbour and Ulukhaktok in Canada's Western Arctic," *Polar Biology* 43 (2020): 1207–1216, https://doi.org/10.1007/s00300-020-02701-7/.

259 *Boreagadus saida* というタラ: Magnus Aune et al., "Distribution and Ecology Of Polar Cod (*Boreogadus saida*) in the Eastern Barents Sea: A Review of Historical Literature," *Marine Environmental Research* 166 (2021), https://doi.org/10.1016/j.marenvres.2021.105262; https://www.fishbase.se/summary/boreogadus-saida.

259 発音魚とは思われなかった : アマリス・リエラとのインタビュー、2021 年。

260 魚の鳴き声 : A. Riera et al., "Sounds of Arctic Cod (*Boreogadus saida*) in Captivity: A Preliminary Description," *Journal of the Acoustical Society of America* 143, no. 5 (May 2018), https://doi.org/10.1121/1.5035162/; PMID: 29857742.

261 大きく変化すると予想される : PAME, "Underwater Noise," 13.

261 4 倍の速さ : M. Rantanen, et al., "The Arctic Has Warmed Nearly Four Times Faster Than the Globe Since 1979," *Communications Earth and Environment* 3, no. 168 (2022), https://doi.org/10.1038/s43247-022-00498-3/.

261 北極の夏は〜氷がなくなる: IPCC, "Regional Fact Sheet—Polar Regions," Sixth Assessment Report Working Group I—The Physical Science Basis, https://www.ipcc.ch/report/ar6/wg1/downloads/factsheets/IPCC_AR6_WGI_Regional_Fact_Sheet_Polar_regions.pdf/.

261 嵐に頻繁に見舞われるようになった: Nikk Ogasa, "Cyclones in the Arctic Are Becoming More Intense and Frequent," *Science News*, January 17, 2023, https://www.sciencenews.org/article/cyclones-arctic-intense-frequent-climate/; ウィリアム・ハリデーとのインタビュー、2022 年。

261 早く訪れ : Chelsea Harvey, "As Arctic Sea Ice Melts, Killer Whales Are Moving In," *Scientific American*, December 3, 2021, https://www.scientificamerican.com/article/as-arctic-sea-ice-melts-killer-whales-are-moving-in/.

261 ホッキョクダラ〜北に逃避する : P. E. Renaud, et al., "Is the poleward expansion by Atlantic cod and haddock threatening native polar cod, *Boreogadus saida?" Polar Biology* 35 (2012): 401–412, https://doi.org/10.1007/s00300-011-1085-z/.

262 カイアシ類の種類の相対的比率: Niall McGinty et al., "Anthropogenic Climate Change Impacts on Copepod Trait Biogeography," *Global Change Biology* 27 (2021): 1431–1442, https://doi.org/10.1111/gcb.15499/.

262 人類は〜北極圏で〜生活してきた have lived in the Arctic: "Inuit Nunangat," Indigenous Peoples' Atlas of Canada, accessed September 12, 2023, https://indigenouspeoplesatlasofcanada.ca/article/inuit-nunangat/.

262 7 万人のイヌイット: "The Oceans That We Share: Inuit Nunangat Marine Policy Priorities and Recommendations," Inuit Tapiriit Kanatami, https://www.itk.ca/wp-content/uploads/2023/03/20230322-Marine-Policy-Paper-FINAL-SIGNED.pdf/.

はこれにあまり従わなかった）

250　海上交通路を移動することを決定：Jakob Tougaard et al., “Effects of Rerouting Shipping Lanes in Kattegat on the Underwater Soundscape: Report to the Danish Environmental Protection Agency on EMFF project TANGO,” *Scientific Report from DCE–Danish Centre for Environment and Energy* 63, no. 535 (2023), http://dce2.au.dk/pub/SR535.pdf/.

251　接近できる距離を制限：“Marine Activities in the Saguenay–St. Lawrence Marine Park Regulations,” https://parcmarin.qc.ca/wp-content/uploads/2016/10/ParcMarin-Regulations_v2_www-1.pdf/.

251　北極を航海する：William E. Schevill and Barbara Lawrence, “A Phonograph Record of the Underwater Calls of *Delphinapterus leucas*,” Woods Hole Oceanographic Institution, Woods Hole, Massachusetts, January 1950.

251　同意見で：Roger S. Payne and Scott McVay, “Songs of Humpback Whales,” Science 173 (1971): 585–597, https://doi.org/10.1126/science.173.3997.585/.

第10章

253　アゴヒゲアザラシは北極海のみに生息する：Department of Fisheries and Oceans, “Bearded Seal,” August 13, 2019, https://www.dfo-mpo.gc.ca/species-especes/profiles-profils/beardedseal-phoquebarbu-eng.html.

254　150万平方キロメートル：“Arctic Archipelago,” *Encyclopedia Britannica,* March 10, 2009, https://www.britannica.com/place/Arctic-Archipelago/.

254　ヒゲクジラの一種のホッキョククジラ：年齢は少なくとも100歳だと思われてきた。高齢のクジラからは、体に打ち込まれた捕鯨用の石の銛が回収されたからだ。しかし200歳を超えている可能性もある。“Bowhead Whale,” NOAA Fisheries, accessed September 12, 2023, https://www.fisheries.noaa.gov/species/bowhead-whale/.

254　調査が進んでいないとハリデイは考えた：ウィリアム・ハリデーとのインタビュー、2022年。

254　複雑な歌：おそらく主観的な判断だが、実際に聞いてみると、私も賛成したくなる。K. M. Stafford et al., “Extreme Diversity in the Songs of Spitsbergen's Bowhead Whales,” *Biology Letters* 14, no. 4 (April 2018), https://doi.org/10.1098/rsbl.2018.0056/.

254　数種類のアザラシ：Protection of the Arctic Marine Environment (PAME), “Underwater Noise in the Arctic: A State of Knowledge Report,” Arctic Council, May 2019, 13.

254　「アザラシキャンプ」：ウィリアム・ハリデーとのインタビュー、2022年。

255　金銭的コスト：北極で飛行機に乗るときには、チャーター便を使うことが多い。その費用は1000カナダドルを簡単に超えてしまい、2000カナダドルを超える可能性もある。

255　船の音を再生する実験：ウィリアム・ハリデーとのインタビュー、2021年。

255　不要不急の旅行を禁じた：Transport Canada, “Ban on Cruise Ships and Pleasure Craft Due to Covid-19,” February 2021, https://tc.canada.ca/en/binder/ban-cruise-ships-pleasure-craft-due-covid-19/.

256　北極圏のサウンドスケープ（音風景）は～異なり：PAME, “Underwater Noise,” 16.

257　砕氷船のノイズ：M. J. Martin et al., “Exposure and Behavioral Responses of Tagged Beluga Whales (*Delphinapterus leucas*) to Ships in the Pacific Arctic,” *Marine*

242 世界最大数のコンテナ船を運用："MSC Recognized as World's Largest Container Line Surpassing Maersk," *The Maritime Executive*, last updated January 5, 2022, https://maritime-executive.com/article/msc-recognized-as-world-s-largest-container-line-surpassing-maersk/.

242 2000年代半ば：リー・キンドバーグとのインタビュー、2022年。

243 「抜本的改修」: V. M. ZoBell et al., "Retrofit-Induced Changes in the Radiated Noise and Monopole Source Levels of Container Ships," *PLoS ONE* 18, no. 3 (2023), https://doi.org/10.1371/journal.pone.0282677/.; リー・キンドバーグとのインタビュー、2022年。

244 ECHOプログラム："Enhancing Cetacean Habitat and Observation (ECHO) Program, Port of Vancouver," accessed September 10, 2023, https://www.portvancouver.com/environmental-protection-at-the-port-of-vancouver/maintaining-healthy-ecosystems-throughout-our-jurisdiction/echo-program/.

244 音やノイズは損失エネルギーである：リー・キンドバーグとのインタビュー、2022年。

244 ボスキャップフィン：ZoBell, et al., "Retrofit-Induced Changes," 2023; リー・キンドバーグとのインタビュー、2022年。Hae-ji, Ju and Jung-sik Choi, "Experimental Study of Cavitation Damage to Marine Propellers Based on the Rotational Speed in the Coastal Waters," *Machines* 10, no. 9 (2022), https://doi.org/10.3390/machines10090793/.

245 水中ハイドロフォン〜監視している：ZoBell et al., "Retrofit-Induced Changes."

245 北米大陸最大のコンテナ港："Overview of California Ports," Legislative Analyst's Office, accessed September 12, 2023, https://lao.ca.gov/Publications/Report/4618/.

246 予備データ：M. Gassmann, S. M. Wiggins, and J. A. Hildebrand, "Deep-Water Measurements of Container Ship Radiated Noise Signatures and Directionality," *Journal of the Acoustical Society of America* 142, no. 3 (2017): 1563–1574, pmid:28964105.

246 改修後に〜大きくなった：ZoBell et al., "Retrofit-Induced Changes."

246 「ロイドミラー効果」: ヴァネッサ・ゾベルとのインタビュー、2022年。

247 国際標準化機構：Underwater Acoustics: Quantities and procedures for description and measurement of underwater sound from ships, Part 1: Requirements for precision measurements in deep water used for comparison purposes, ISO17208-1:2016 (International Organization for Standardization, 2021), http://www.iso.org/standard/62408.html.

248 プロの水先案内人が必要：The minimum requirements are here: "How to Become a Marine Pilot," British Columbia Coast Pilot, https://www.bccoastpilots.com/become-a-marine-pilot/.

248 減速させる：Krista Trounce et al., "The Effects of Vessel Slowdowns on Foraging Habitat of the Southern Resident Killer Whales," *Proceeding of Meetings on Acoustics* 37, no. 1 (July 2019), https://doi.org/10.1121/2.0001230/.

249 キンドバーグは〜好感を持っている：リー・キンドバーグとのインタビュー、2022年。

249 減速を〜義務付けて：Transport Canada, "Protecting North Atlantic Right Whales from Collisions with Vessels in the Gulf of St. Lawrence," last modified September 9, 2023, https://tc.canada.ca/en/marine-transportation/navigation-marine-conditions/protecting-north-atlantic-right-whales-collisions-vessels-gulf-st-lawrence/. (実際、船

org/10.1002/2014GL061786/.

235 騒音レベル～倍増した：Mark A. McDonald, John A. Hildebrand, and Sean M. Wiggins, "Increases in Deep Ocean Ambient Noise in the Northeast Pacific West of San Nicolas Island California," *Journal of the Acoustical Society of America* 230, no. 120(2) (August 2006): 711–718, https://doi.org/10.1121/1.2216565/.

235 発生源はプロペラ：John A. Hildebrand, "Anthropogenic and Natural Sources of Ambient Noise in the Ocean," *Marine Ecology Progress Series* 395 (2009): 5–20, https://doi.org/10.3354/meps08353/.

236 9メートル：Smita, "8 Biggest Ship Propellers in the World," Marine Insight, March 30, 2019, https://www.marineinsight.com/tech/8-biggest-ship-propellers-in-the-world.

236 帯域幅が広い：McDonald, Hildebrand, and Wiggins, "Increases in Deep Ocean Ambient Noise."

236 外輪：Anthony D. Hawkins and Arthur N. Popper, "A Sound Approach to Assessing the Impact of Underwater Noise on Marine Fishes and Invertebrates," *ICES Journal of Marine Science* 74, no. 3 (March–April 2017): 635–651.

237 すでに擦り切れてなくなっていた：Ryan D. Day, et al., "Lobsters with Pre-Existing Damage to Their Mechanosensory Statocyst Organs Do Not Incur Further Damage from Exposure to Seismic Air Gun Signals," *Environmental Pollution* 267 (2020), https://doi.org/10.1016/j.envpol.2020.115478.

237 特定の音を聞きとる感度を高める：2021年にシアトルで開催された米音響学会協会の会議における、デイヴィッド・ハネイの話。以下から引用。Jesse R. Barber, Kevin R. Crooks, and Kurt M. Fristrup, "The Costs of Chronic Noise Exposure for Terrestrial Organisms," *Trends in Ecology & Evolution* 25, no. 3 (2010): 180–189, https://doi.org/10.1016/j.tree.2009.08.002.

237 ホンソメワケベラ（掃除魚）：Sophie L. Nedelec et al., "Motorboat Noise Disrupts Co-Operative Interspecific Interactions," *Scientific Reports* (2017), https://doi.org/10.1038/s41598-017-06515-2/.

238 曲がりくねった立体感のある線：Marla Holt et al., "Vessels and Their Sounds Reduce Prey Capture Effort by Endangered Killer Whales (*Orcinus orca*)," *Marine Environmental Research* 170 (2021), https://doi.org/10.1016/j.marenvres.2021.105429.

239 デンマーク沖の海域：D. M. Wisniewska et al., "High Rates of Vessel Noise Disrupt Foraging in Wild Harbour Porpoises (*Phocoena phocoena*)," Proceedings of the Royal Society B: Biological Sciences 285 (2018), http://dx.doi.org/10.1098/rspb.2017.2314/.

240 孤立した集団は縮小しつつある：M. Amundin et al., "Estimating the Abundance of the Critically Endangered Baltic Proper Harbour Porpoise (*Phocoena phocoena*) Population Using Passive Acoustic Monitoring," *Ecology and Evolution* 12 (2022), https://doi.org/10.1002/ece3.8554/.

241 分娩場所が観察の対象：V. Vergara et al., "Can You Hear Me? Impacts of Underwater Noise on Communication Space of Adult, Sub-Adult and Calf Contact Calls of Endangered St. Lawrence Belugas (*Delphinapterus leucas*)," *Polar Research* 40 (2021), https://doi.org/10.33265/polar.v40.5521; interview with Valeria Vergara, 2022 and 2023.

242 700隻：リー・キンドバーグとのインタビュー、2022年。

(*Placopecten magellanicus*)," *Scientific Reports* 12, no. 15380 (2022), https://doi.org/10.1038/s41598-022-19838-6/.

229 ヤドカリ: Louise Roberts et al., "Exposure of Benthic Invertebrates to Sediment Vibration: From Laboratory Experiments to Outdoor Simulated Pile-Driving," *Proceedings of Meetings on Acoustics*. 27, no. 1 (2016), https://doi.org/10.1121/2.0000324/.

229 プレイス: As Jayson Semmens describes, the seabed visibly fluttering would certainly be tangible to a flatfish. Interview with Jayson Semmens, 2021.

229 動物門のライフサイクル: Adrienne Mason, "The Micro Monsters Beneath Your Beach Blanket," *Hakai Magazine*, March 21, 2016, https://hakaimagazine.com/videos-visuals/micro-monsters-beneath-your-beach-blanket/.

229 生息環境の振動を聞きとっている: Roberts et al., "Exposure of Benthic Invertebrates."

229 最も古いコミュニケーションシステムのひとつ: Peggy S. M. Hill, *Vibrational Communication in Animals* (Cambridge, MA: Harvard University Press, 2008).

第9章

231 13種類: "The 13 Species," Whales Online: A GREMM Project, accessed September 14, 2023, https://baleinesendirect.org/en/discover/the-species-of-the-st-lawrence/the-13-species/.

232 1頭につき15ドル: Fisheries and Oceans Canada (DFO), "Recovery Strategy for the Beluga (*Delphinapterus leucas*) St. Lawrence Estuary Population in Canada [Proposed]," Species at Risk Act Recovery Strategy Series, 2011, https://www.canada.ca/en/environment-climate-change/services/species-risk-public-registry/recovery-strategies/beluga-delphinapterus-leucas-st-lawrence-estuary-proposed-2011.html.

233 世界貿易の80ないし90パーセント: "Ocean Shipping and Shipbuilding," OECD, accessed September 2023, https://www.oecd.org/ocean/topics/ocean-shipping/.

234 世界全体の商船: "Merchant Fleet by Flag of Registration and by Type of Ship, Annual," UNCTAD STAT, accessed September 2023, https://unctadstat.unctad.org/wds/TableViewer/tableView.aspx?ReportId=93/.

234 商船全体の10パーセント程度: "Number of Ships in the World Merchant Fleet as of January 1, 2022, by Type," *Statista*, accessed September 12, 2023, https://www.statista.com/statistics/264024/number-of-merchant-ships-worldwide-by-type/.

234 世界全体の貨物のおよそ半分: Stephanie Nikolopoulos, "Container Shipping: By the Numbers," Thomas Insights, last updated January 26, 2022, https://www.thomasnet.com/insights/container-shipping-by-the-numbers/.

234 SMライン社のコンテナ船の釜山号: "SM Busan," Marine Traffic, accessed September 10, 2023, https://www.marinetraffic.com/en/ais/details/ships/shipid:462822/mmsi:440141000/imo:9312767/vessel:SM_BUSAN/.

235 2万TEU以上の規模: Zahra Ahmed, "Top 20 World's Largest Container Ships in 2023," *Marine Insight*, last updated April 11, 2023, https://www.marineinsight.com/know-more/top-10-worlds-largest-container-ships-in-2019/.

235 船の往来は〜4倍に増加した: J. Tournadre, "Anthropogenic Pressure on the Open Ocean: The Growth of Ship Traffic Revealed by Altimeter Data Analysis," *Geophysical Research Letters* 41, no. 22 (2014): 7924–7932, https://doi.

225　一部の生き物は～引き寄せられてしまう：A. Cresci et al., "Atlantic Cod (*Gadus Morhua*) Larvae Are Attracted by Low-Frequency Noise Simulating That of Operating Offshore Wind Farms," *Community Biology* 6, no. 353 (2023), https://doi.org/10.1038/s42003-023-04728-y/.

225　船舶会社は～何百万ドルも投じている：Department of Homeland Security, Acquisition Directorate Research & Development Center, "Vessel Biofouling Prevention and Management Options Report," (2015), https://apps.dtic.mil/sti/tr/pdf/ADA626612.pdf.

225　浮体式：C. M. Wang et al., "Research on Floating Wind Turbines: A Literature Survey, *The IES Journal Part A: Civil & Structural Engineering* 3 no. 4 (2010): 267–277, https://doi.org/10.1080/19373260.2010.517395/.

226　パイルを打設する："Pile Driving," DOSITS, accessed September 13, 2023, https://dosits.org/animals/effects-of-sound/anthropogenic-sources/pile-driving/.

226　2015年9月：連邦海洋エネルギー管理局、再生可能エネルギー局プログラム "Field Observations During Wind Turbine Installation at the Block Island Wind Farm, Rhode Island," Final Report to the U.S. Department of the Interior, OCS Study 2019.

226　しかし水深が深くて：米国内務省、海洋エネルギー管理局 "Comparison of Environmental Effects from Different Offshore Wind Turbine Foundations," OCS Study BOEM 2020-041, Table ES-1.

226　13度の角度で：Amaral et al., "Underwater Sound," Figure 4.

226　75メートル：Amaral et al., "Underwater Sound," 14.

226　500から5000回以上も叩きつけなければ：Amaral et al., "Underwater Sound," 15.

227　音響モニタリングプログラム：BOEM, "Wind Turbine Installation at the Block Island Wind Farm."

228　プランクトンが打ちのめされるかもしれない：地震探査用エアガンの衝撃によって杭に衝撃ノイズが発生すると、プランクトンがダメージを受ける可能性がある。

228　サケやタラ：A. N. Popper and A. D. Hawkins, "An Overview of Fish Bioacoustics and the Impacts of Anthropogenic Sounds on Fishes," *Journal of Fish Biology* 94 (2009): 692–713, Table 2, https://doi.org/10.1111/jfb.13948/.

228　ロングフィンイカ：Ian T. Jones, Jenni A. Stanley, and T. Aran Mooney, "Impulsive Pile Driving Noise Elicits Alarm Responses in Squid (*Doryteuthis pealeii*)," *Marine Pollution Bulletin* 150 (2020), https://doi.org/10.1016/j.marpolbul.2019.110792.

228　ナガスクジラ：BOEM, "Wind Turbine Installation at the Block Island Wind Farm."

228　地震波："Discern Between Body and Surface Waves, Primary and Secondary Waves, and Love and Rayleigh Waves," *Encyclopedia Britannica*, accessed September 16, 2023, https://www.britannica.com/video/181934/rock-vibrations-Earth-earthquake-waves-P-surface/.

228　エバネッセント波：Richard Hazelwood and Patrick C. Macey, "Modeling Water Motion near Seismic Waves Propagating Across a Graded Seabed, as Generated by Man-Made Impacts," *Journal of Marine Science and Engineering* 4, no. 3 (2016): 47, https://doi.org/10.3390/jmse4030047.

228　音圧を海底の近くで計測：Arthur N. Popper et al., "Offshore Wind Energy Development: Research Priorities for Sound and Vibration Effects on Fishes and Aquatic Invertebrates," *Journal of the Acoustical Society of America* 151, no. 205 (2022), https://doi.org/10.1121/10.0009237.

229　音やその基板：Y. Jézéquel et al., "Pile Driving Repeatedly Impacts the Giant Scallop https://www.offshore-mag.com/regional-reports/us-gulf-of-mexico/article/14282603/us-federal-oil-and-gas-leasing-hits-historically-low-levels; Morten Butler, "Greenland Bans All Future Oil Exploration, Citing Climate Concerns," *Time*, last updated July 16, 2021, https://time.com/6080933/greenland-bans-oil-exploration/.

223　世界的には〜減少している : David H. Johnston, "Four-Dimensional Seismic In The Downturn," Hart Energy, March 27, 2017, https://www.hartenergy.com/exclusives/four-dimensional-seismic-downturn-29684; 要するに、ノイズが水生生物におよぼす影響に関する2022年の会議では、石油やガスの地震探査は全般的に減少しているということで意見が一致した。

223　別の衝撃音に注目を移している : ノイズが水生生物におよぼす影響に関する2022年の会議のプログラムによると、風力発電に関する調査は急激に増えている。

224　90メートルに達する : Liz Hartman, "Wind Turbines: The Bigger the Better," Office of Energy Efficiency and Renewable Energy, August 24, 2023, https://www.energy.gov/eere/articles/wind-turbines-bigger-better/.

224　軽く100メートルを超え : たとえば、マーサズ・ヴィニヤード（マサチューセッツ州）沖で現在建設中のヴィンヤード・ウィンドは、ハブの高さが100メートルを超える。ブレードはもっと長い。"Vineyard Wind: Draft Construction and Operations Plan, Volume 1," https://www.boem.gov/sites/default/files/documents/renewable-energy/Vineyard%20Wind%20COP%20Volume%20I_Section%203.pdf/.

224　90パーセント以上 : "Wind," The International Energy Association, accessed September 12, 2023, https://www.iea.org/energy-system/renewables/wind: "In 2022, of the total 900 GW of wind capacity installed, 93% was in onshore systems, with the remaining 7% in offshore wind farms."

224　デンマークのヴィンデビー : "Making Green Energy Affordable," Orsted, accessed September 12, 2023, https://orsted.com/-/media/WWW/Docs/Corp/COM/explore/Making-green-energy-affordable-June-2019.pdf/.

224　30億ドルをつぎ込んだ : The White House, "FACT SHEET: Biden Administration Jumpstarts Offshore Wind Energy Projects to Create Jobs," March 29, 2021, https://www.whitehouse.gov/briefing-room/statements-releases/2021/03/29/fact-sheet-biden-administration-jumpstarts-offshore-wind-energy-projects-to-create-jobs/.

225　ブロック・アイランド風力発電所 : "Block Island Wind Farm," Orsted, accessed September 10, 2023, https://us.orsted.com/renewable-energy-solutions/offshore-wind/block-island-wind-farm.

225　バージニア州沖 : "Coastal Virginia Offshore Wind," Dominion Energy, accessed September 10, 2023, https://www.dominionenergy.com/projects-and-facilities/wind-power-facilities-and-projects/coastal-virginia-offshore-wind.

225　BOEM: J. Amaral et al., "The Underwater Sound from Offshore Wind Farms," *Acoustics Today* 16, no 2 (2020): 13–21, https://doi.org/10.1121/AT.2020.16.2.13.

225　低くて単調な音 : Dave Seglins and John Nicol, "Wind Farm Health Risks Claimed in $1.5M Suit," CBC News, last updated September 21, 2011, https://www.cbc.ca/news/canada/wind-farm-health-risks-claimed-in-1-5m-suit-1.1044943/.

225　運転中はノイズが : F. Thomsen et al., "Effects of Offshore Wind Farm Noise on Marine Mammals and Fish," biola, Hamburg, Germany, on behalf of COWRIE Ltd, 2006, https://tethys.pnnl.gov/sites/default/files/publications/Effects_of_offshore_wind_farm_noise_on_marine-mammals_and_fish-1-.pdf/.

217　他の科学者も～再現を試みた : David M. Fields et al., "Airgun Blasts Used in Marine Seismic Surveys Have Limited Effects on Mortality, and No Sublethal Effects on Behaviour Or Gene Expression, in the Copepod *Calanus finmarchicus,*" *ICES Journal of Marine Science* 76, no.7 (December 2019): 2033–2044, https://doi.org/10.1093/icesjms/fsz126/.

218　20 以上の石油やガスのプラットフォーム : ジェイソン・セメンスとのインタビュー、2021 年。

218　最近行なわれた地震探査で : "Scallop Deaths Spark $70m Compo Claim," ABC News, last updated Thursday May 12, 2011, https://www.abc.net.au/news/2011-05-13/scallop-deaths-spark-70m-compo-claim/2710510/.

219　じっくり調べた : Ryan D. Day et al., "Assessing the Impact of Marine Seismic Surveys on Southeast Australian Scallop and Lobster Fisheries," Fisheries Research and Development Corporation, University of Tasmania, Hobart, FRDC 2012/008 (2016), http://www.frdc.com.au/ArchivedReports/FRDC%20Projects/2012-008-DLD.pdf/.

219　セメンスによれば、エアガンが身体に衝撃を与える様子は目で確認できる : ジェイソン・セメンスとのインタビュー、2021 年。

219　「非難の嵐」: ジェイソン・セメンスとのインタビュー、2021 年。R. D. Day et al., "Examining the Potential Impacts of Seismic Surveys on Octopus and Larval Stages of Southern Rock Lobster—PART A: Southern Rock Lobster," FRDC project 2019-051, The Institute for Marine and Antarctic Studies, University of Tasmania, Hobart, Tasmania, 2021.

220　実際の海底探査 : Day et al., "Southern Rock Lobster."

220　成体で生きている期間は 15 年 : Day et al., "Southern Rock Lobster," 26.

220　「ル・グラン K」: Maya Wei-Haas, "The Kilogram Is Forever Changed. Here's Why That Matters," *National Geographic*, May 20, 2019, https://www.nationalgeographic.com/science/article/kilogram-forever-changed-why-mass-matters/.

220　デシベルは～単純ではない : "Introduction to Decibels," DOSITS, accessed September 10, 2023, https://dosits.org/science/advanced-topics/introduction-to-decibels; Interview with Jim Miller, 2022.

222　20 デシベル小さくなる : Gisiner, "Sound and Marine Seismic Surveys."

222　様々な周波 : Gisiner, "Sound and Marine Seismic Surveys," Figure 7.

222　バス海峡で 4 日間の実験 : ジェイソン・セメンスとのインタビュー、2021 年。Ryan D. Day et al., "The Impact of Seismic Survey Exposure on the Righting Reflex and Moult Cycle of Southern Rock Lobster (*Jasus Edwardsii*) Puerulus Larvae and Juveniles," *Environmental Pollution* 309 (2022), https://doi.org/10.1016/j.envpol.2022.119699.

223　技術が進歩したおかげで : Gisiner, "Sound and Marine Seismic Surveys"; interview with Jayson Semmens, 2021.

223　多くの国は : "Moratorium Extended on Oil and Gas Activities in Georges Bank," *Natural Resources Canada*, April 27, 2022, https://www.canada.ca/en/natural-resources-canada/news/2022/04/moratorium-extended-on-oil-and-gas-activities-in-georges-bank.html/; Natalie Pressman, "Feds Extend Restrictions on Arctic Offshore Drilling," CBC News, January 2, 2023, https://www.cbc.ca/news/canada/north/arctic-offshore-drilling-restrictions-extending-1.6699833; "US Federal Oil and Gas Leasing Hits Historically Low Levels," *Offshore Magazine*, September 11, 2022,

211 湾を出発点 : R. D. McCauley et al., “The Response of Humpback Whales (*Megaptera novangeliae*) to Offshore Seismic Survey Noise: Preliminary Results of Observations About a Working Seismic Vessel and Experimental Exposures,” *The APPEA Journal* 38 (1998), 692–707, https://doi.org/10.1071/AJ97045.

211 我々は〜乗り込んだ : ロバート・マッコーリーとのインタビュー、2021 年。

211 地震探査船は〜横切っていた : McCauley et al., “Response.”

212 光合成を行なうごく小さな藻類 : “Bioluminescence,” National Geographic Education, accessed September 12, 2023, https://education.nationalgeographic.org/resource/bioluminescence/ (see “Other Bioluminesence”).

212 大型のザトウクジラを悩ませる : McCauley et al., “Response.”

212 プランクトンは〜様々に異なる : “Plankton,” National Geographic Education, accessed September 12, 2023, https://education.nationalgeographic.org/resource/plankton/.

213 同じ 1 キロメートルの範囲で数カ月にわたってしばしば継続される : ロバート・マッコーリーとのインタビュー、2021 年。

213 産業用調査を行なう企業〜数が少なく : ジェイソン・セメンスとのインタビュー、2021 年。

213 陸で始まった : Susan Schlee, *The Edge of an Unfamiliar World* (New York: E.P. Dutton & Co, 1973), 325–326.

214 構造を地図に描いた : J. B. Hersey and M. Ewing, “Seismic Reflections From Beneath the Ocean Floor,” *Eos, Transactions, American Geophysical Union* 30, no. 1 (1949): 5–14, https://doi.org/10.1029/TR030i001p00005/.

214 1950 年代に : William E. Schevill, Allyn C. Vine, and Charles Innis, “Memorial to John Brackett Hersey, 1913–1992,” *Geological Society of America* (1993): 207–209, https://rock.geosociety.org/net/documents/gsa/memorials/v24/Hersey-JB.pdf/.

214 もっと制御しやすい音源 : J. B. Hersey, “Continuous Seismic Reflection Profiling” in *The Sea*, vol. 3, ed. M. N. Hill (New York: Interscience-Wiley, 1963), 47–72.

215 世界の原油生産量のおよそ 30 パーセント : The United States Energy Information Association, “Offshore production nearly 30% of global crude oil output in 2015,” *Today in Energy*, last updated October 25, 2016, https://www.eia.gov/todayinenergy/detail.php?id=28492#/.

215 海底資源探査船は複数の長い「ストリーマーケーブル」〜曳航する : “Marine Seismic Surveys: The Search for Oil and Natural Gas Offshore,” Canada’s Oil and Natural Gas Producers (CAPP), November 2015, https://www.capp.ca/wp-content/uploads/2019/11/Marine_Seismic_Surveys_The_Search_for_Oil_and_Natural_Gas_Offshor-291866.pdf/.

215 U ターンするだけでも普通は 4 時間もかかる : ロバート・マッコーリーとのインタビュー、2021 年。

215 平均的な調査 : CAPP, “Marine Seismic Surveys.”

215 ようやくチャンスを : ロバート・マッコーリーとのインタビュー、2021 年。

216 2015 年 3 月 : ロバート・マッコーリーとのインタビュー、2021 年。実験の描写については、下記を参照。

217 プランクトンに深刻な影響 : R. D. McCauley et al., “Widely Used Marine Seismic Survey Air Gun Operations Negatively Impact Zooplankton,” *Nature Ecology and Evolution* 1 (2017), https://doi.org/10.1038/s41559-017-0195.

217 油っぽい : ロバート・マッコーリーとのインタビュー、2021 年。

Mammals," DOSITS Webinar, October 5, 2021, https://dosits.org/decision-makers/webinar-series/2021-webinar-series/webinar-hearing-loss/.

207 聴覚の問題 : Ketten, "Causes of Hearing Loss."

207 アメリカ〜海洋哺乳類保護法 : U.S. Congress, "Marine Mammal Protection Act of 1972," U.S. Government Publishing Office, December 26, 2022, https://www.govinfo.gov/app/details/COMPS-1679/.

207 保護法の適用除外 : U.S. Congress, "Protection Act," 16–18, 24.

208 可聴範囲によって動物がグループ分け : Southall et al., "Marine Mammal Noise Exposure Criteria: Updated Scientific Recommendations for Residual Hearing Effects," *Aquatic Mammals* 45, no. 2 (2019): 125–232, https://doi.org/10.1578/AM.45.2.2019.125/.

208 研究や実験が十分に進んでいない : 最初の詳しいテストは2023年の夏にようやく行なわれた。"First Successful Hearing Tests Conducted with Minke Whales Will Improve Conservation and Protection of Baleen Whales Globally," *National Marine Mammal Foundation*, updated July 7, 2023, https://www.nmmf.org/our-work/biologic-bioacoustic-research/minke-whale-hearing/.

208 モデルを構築 : ニック・パイエンソンとのインタビュー、2021年。

208 ヒゲクジラ類のなかでも小柄なミンククジラ : Ian N. Durbach et al., "Changes in the Movement and Calling Behavior of Minke Whales (*Balaenoptera acutorostrata*) in Response to Navy Training," *Frontiers of Marine Science* 9 (July 2021): Sec. Marine Ecosystem Ecology, Volume 8, https://doi.org/10.3389/fmars.2021.660122.

209 シロナガスクジラは〜餌を探しているとき : Jeremy A. Goldbogen et al., "Blue Whales Respond to Simulated Mid-Frequency Military Sonar," *The Royal Society Biological Sciences* 280 (August 2013), https://doi.org/10.1098/rspb.2013.0657/.

209 ノルウェーで行なわれた一連の実験 : L. D. Sivle et al., "Changes in Dive Behavior During Naval Sonar Exposure in Killer Whales, Long-Finned Pilot Whales, and Sperm Whales," *Frontiers of Physiology* 3, no. 400 (October 2012), https://doi.org/10.3389/fphys.2012.00400; PMID: 23087648; PMCID: PMC3468818/.

209 低周波のソナーが〜実験 Arthur N. Popper et al., "The Effects of High-Intensity, Low-Frequency Active Sonar on Rainbow Trout," *Journal of the Acoustical Society of America,* 122 no. 1 (July 2007): 623–635, https://doi.org/10.1121/1.2735115/.

210 ソナーの実験をバスやパーチ（スズキ） やナマズにも行なった : Michele B. Halvorsen et al., "Effects of Low-Frequency Naval Sonar Exposure on Three Species of Fish," *Journal of the Acoustical Society of America* 134 (2013): 205–210, https://doi.org/10.1121/1.4812818/.

211 オーストラリア北部の海岸で : ロバート・マッコーリーとのインタビュー、2021年。

211 強力なパルス音 : Robert C. Gisiner, "Sound and Marine Seismic Surveys," *Acoustics Today* 12, no. 4 (Winter 2016): 10–16, https://acousticstoday.org/wp-content/uploads/2018/08/Sound-and-Marine-Seismic-Surveys-Robert-C.-Gisiner.pdf/.

211 ザトウクジラが子育てをする場所として有名 : Lars Bejder et al., "Low Energy Expenditure and Resting Behaviour of Humpback Whale Mother-Calf Pairs Highlights Conservation Importance of Sheltered Breeding Areas," *Nature Scientific Reports* 9, no. 771 (2019), https://doi.org/10.1038/s41598-018-36870-7/.

211 ヨーグルトのように濃厚なミルクを毎日大量に : 母乳は濃度が非常に高く、具体的な数字は種によって異なる。サワークリームから歯磨き粉まで、私は様々なたとえを聞かされた。

nwtteis.com/About-the-Study-Area/.

202　ソナーの音を録音：直接の対話、2015年。

202　海軍の報告書：U.S. Navy, Pacific Fleet, "Report on the Results of the Inquiry into Allegations of Marine Mammal Impacts Surrounding the Use of Active Sonar by USS *SHOUP* (DDG 86) in the Haro Strait on or About 5 May 2003" (2004), Figure 1.

203　ソナーは本来：Angela D'Amico et al., "Beaked Whale Stranding and Naval Exercises," *Aquatic Mammals* 35, no. 4 (2009): 452–472, esp. 455.

203　恐ろしい結果が引き起こされる：E.C.M. Parsons, "Impacts of Navy Sonar on Whales and Dolphins: Now Beyond a Smoking Gun?" *Frontiers of Marine Science* 4 (September 13, 2017), https://doi.org/10.3389/fmars.2017.00295/.

203　報告されるようになった：M. Simmonds and L. Lopez-Jurado, "Whales and the Military," *Nature* 351, no. 448 (1991), https://doi.org/10.1038/351448a0.

203　自然界によくある現象：U.S. Navy, "Allegations of Marine Mammal Impacts"; Department of Conservation, Te Papa Atawhai, "Why Do Marine Mammals Strand?" accessed September 12, 2023, https://www.doc.govt.nz/nature/native-animals/marine-mammals/marine-mammal-strandings/why-do-marine-mammals-strand/.

203　1980年代：Simmonds and Lopez-Jurado, "Whales and the Military."

204　アカボウクジラは〜激しい反応を示す：J. E. Stanistreet et al., "Changes in the Acoustic Activity of Beaked Whales and Sperm Whales Recorded During a Naval Training Exercise Off Eastern Canada," *Scientific Reports* 12 (2022): 1973, https://doi.org/10.1038/s41598-022-05930-4/.

204　急上昇する：Horowitz, *War of the Whales*, 278–279.

204　海軍の報告によれば：U.S. Navy, "Allegations of Marine Mammal Impacts."

205　バルコム：Horowitz, *War of the Whales*, 309.

205　ベインをはじめ：National Marine Fisheries Service, "Assessment of Acoustic Exposures."

205　厄介な単語：Anthony D. Hawkins and Arthur N. Popper, "A Sound Approach to Assessing the Impact of Underwater Noise on Marine Fishes and Invertebrates," *ICES Journal of Marine Science* 74, no. 3 (March–April 2017): 635–651, https://doi.org/10.1093/icesjms/fsw205/.

205　逃げ場のない至近距離で響く強烈な：Anthony D. Hawkins and Arthur N. Popper, "Assessing the Impact of Underwater Sounds on Fishes and Other Marine Life," *Acoustics Today* (Spring 2014), 30–41.

205　衝撃的：Hawkins and Popper, "Assessing the Impact."

205　「上昇時間」：Hawkins and Popper, "Assessing the Impact."

206　反応して：Paul E. Nachtigall and Alexander Y. Supin, "A False Killer Whale Reduces Its Hearing Sensitivity When a Loud Sound Is Preceded by a Warning," *The Journal of Experimental Biology* 216 (2013), 3062–3070, https://doi.org/10.1242/jeb.085068/.

206　動物の聴覚に深刻な問題：Gordon Hastie et al., "Effects of Impulsive Noise on Marine Mammals: Investigating Range-Dependent Risk," *Ecological Applications* 29 (2019), e01906. 10.1002/eap.1906.

206　「影響ゾーン」：Peter Mcgregor et al., "Anthropogenic Noise and Conservation" in H. Brumm, ed., *Animal Communication and Noise* (2013): 409–444. 10.1007/978-3-642-41494-7_14.

207　小さならせん状の蝸牛：Darlene Ketten, "Causes of Hearing Loss in Marine

Gleeditions, April 17, 2011, www.gleeditions.com/alfredprufrock/students/pages.asp?lid=303&pg=7. Originally published in *Poetry: A Magazine of Verse*, June 1915, 130–135.

195 （オーシャン・）ネットワークがカスカディア湾に設置したノード：オーシャン・ネットワークス・カナダの観測所による以下を参照。https://www.oceannetworks.ca/observatories/physical-infrastructure/cabled-networks/. Image available at Christopher Barnes et al., "Understanding Earth: Ocean Processes using Real-time Data from NEPTUNE, Canada's Widely Distributed Sensor Networks, Northeast Pacific," *Geoscience Canada* 38 (2011): 21–30.

196 カスカディア湾のノードは〜設置された：オーシャン・ネットワークス・カナダのドワイト・オーエンスとのインタビュー、2021 年。

196 ナガスクジラは有効活用される：Václav M. Kuna and John L. Nábělek, "Seismic Crustal Imaging Using Fin Whale Songs," *Science* 371 (2021): 731–735, https://doi.org/10.1126/science.abf3962/.

第８章

200 「absurd」〈理不尽な〉: Diane Ackerman, *A Natural History of the Senses* (New York: Random House, 1990), 175.

200 太陽の光が〜キラキラ輝いていた：BabyWildFilms, KOMO 4 News (ABC Seattle), "US Navy Sonar Blasts Orcas," April 30, 2013, YouTube video: The KOMO Seattle news report seen here shows the weather at the scene: https://www.youtube.com/watch?v=tQ0JPLyYoJk&t=53s&ab_channel=BabyWildFilms/.

200 シャチのポッド：National Marine Fisheries Service, Office of Protected Resources, "Assessment of Acoustic Exposures on Marine Mammals in Conjunction with USS *Shoup* Active Sonar Transmissions in the Eastern Strait of Juan de Fuca and Haro Strait, Washington, 5 May 2003," January 21, 2005.

201 マイケル・ビッグがJ2と名付けた：Elin Kelsey, "What Happens When an Endangered Whale Pod Loses Its Wise Old Grandma?" *Hakai Magazine*, January 25, 2017, https://hakaimagazine.com/news/what-happens-when-endangered-whale-pod-loses-its-wise-old-grandma/.

201 ラッフルズ："JPod," The Whale Trail, accessed September 12, 2023, https://thewhaletrail.org/wt-species/j-pod/.

201 水族館用に生け捕り："Southern Resident Killer Whales," U.S. Environmental Protection Agency, updated June 2021, https://www.epa.gov/salish-sea/southern-resident-killer-whales/.

201 ケン・バルコム：Joshua Horowitz, *War of the Whales* (New York: Simon & Schuster, 2014), 309.

201 デイヴィッド・ベイン：デイヴィッド・ベインとのインタビュー、2021 年。National Marine Fisheries Service, "Assessment of Acoustic Exposures."

201 ベインからは〜報告があった：National Marine Fisheries Service, "Assessment of Acoustic Exposures."

201 シャウプ号：U.S. Navy, "Allegations of Marine Mammal Impacts."

202 海岸に向かって近づいていた：デイヴィッド・ベインとのインタビュー、2021 年。

202 軍事実験場ならびに演習場：たとえば以下を参照。the Whiskey Golf testing range near Nanaimo: https://www.navy-marine.forces.gc.ca/assets/NAVY_Internet/docs/en/poesb/hso(e)_7356gr_cfmetr-area_wg-warning_(2016-12-21)_en1.pdf: https://

s41598-017-09423-7/.

185 A コールとBコールが結びつき : 以下を参照。Abstract of Ally Rice et al., "Update on Frequency Decline of Northeast Pacific Blue Whale (Balaenoptera Musculus) Calls," *PLOSOne* 17, no. 14 (2022).

186 周波数を毎年シフトさせる必要があった : Mark A. McDonald, John A. Hildebrand, and Sarah Mesnick, "Worldwide Decline in Tonal Frequencies of Blue Whale Songs," *Endangered Species Research* 9 (2009): 13–21.

186 A コールも〜低くなっている : Rice et al., "Update."

187 52 ヘルツの基本周波数で : William A. Watkins et al., "Twelve Years of Tracking 52-Hz Whale Calls from a Unique Source in the North Pacific," *Deep Sea Research Part I: Oceanographic Research Papers* 51, no.12 (2004): 1889–1901.

187 人々の想像力を掻き立てた : 以下を参照。Leslie Jamieson, "52 Blue" in Leslie Jamieson, *Make It Scream, Make It Burn* (New York: Back Bay Books, 2019), 3-27; Joshua Zeman, dir., *The Loneliest Whale: The Search for* 52, produced by Bleecker Street, https://www.youtube.com/watch?v=uDBZ3pTe4Jg/.

188 体長の 2 倍以上 : ジム・ミラーとのインタビュー、2021 年。

189 ごくシンプルなシグナルに限られる : Eduardo Mercado, "Coding and Redundancy: Man-Made and Animal-Evolved Signals: Jack P. Hailman," *Integrative and Comparative Biology* 48, no.6 (December 2008): 875–876, https://doi.org/10.1093/icb/icn095/.

189 マルチパス : W. Munk, P. Worcester, and C. Wunsch, *Ocean Acoustic Tomography* (Cambridge, UK: Cambridge University Press, 1995).

190 1970 年代末に〜提案した : Joshua Horowitz, *War of the Whales* (New York: Simon & Schuster, 2014), 158–159.

190 ムンクは海洋気象の予報が専門だった : Kat Galbraith, "Walter Munk: The Einstein of the Oceans," *New York Times*, August 24, 2015, https://www.nytimes.com/2015/08/25/science/walter-munk-einstein-of-the-oceans-at-97.html/.

190 海の向こう側で受信 : Walter H. Munk et al., "The Heard Island Feasibility Test," *Journal of the Acoustical Society of America* 96, no. 4 (October 1994), https://doi.org/0001-4966/94/96(4)/2330/13/.

192 「耳が聞こえないクジラは死んだのも同然だ」: Richard C. Paddock, "Undersea Noise Test Could Risk Making Whales Deaf," *Los Angeles Times*, March 22, 1994, https://www.latimes.com/archives/la-xpm-1994-03-22-mn-37069-story.html/.

192 「音を介して群れが」: R. Payne and D. Webb, "Orientation by Means of Long Range Acoustic Signaling in Baleen Whales," *Annals of the New York Academy of Sciences* (December 1971): 110–141, https://doi.org/10.1111/j.1749-6632.1971.tb13093.x; PMID: 5288850.

192 大きすぎる海は存在しない : Payne and Webb, "Songs," Figure 1.

193 海の反対側で : David Brand, "Secrets of whales' long-distance songs are being unveiled by U.S. Navy's undersea microphones—but sound pollution threatens," *Cornell Chronicle*, February 19, 2005, https://news.cornell.edu/stories/2005/02/secrets-whales-long-distance-songs-are-unveiled.

194 午前 1 時半 : この想像の場面は、ONC が投稿して私が共有した録音に基づいている。他には、ユーチューブへの以下の投稿も参考にした。https://www.youtube.com/watch?v=yurmOoHvWkU&ab_channel=NeptuneCanada.

195 コソコソ走り回っている : T. S. Eliot, "The Love Song of J. Alfred Prufrock,"

182 オスにとって協調：James D. Darling, Meagan E. Jones, and Charles P. Nicklin, "Humpback Whale Songs: Do They Organize Males During the Breeding Season?" *Behaviour* 143, no. 9 (2006): 1051–1101, http://www.jstor.org/stable/4536395.

182 一種のソナー：Eduardo Mercado III, "The Sonar Model for Humpback Whale Song Revised," *Frontiers in Psychology* 9, no. 1156 (2018), https://doi.org/10.3389/fpsyg.2018.01156/.

182 歌は長い距離を伝わりやすくなる：動物のコミュニケーション理論では、信号が繰り返されるのは受け取られたことを確認するためだと考えられる。たとえば、冗長性に関しては以下で取り上げられている。Jack W. Bradbury and Sandra L. Vehrencamp, *Animal Communication* (Sunderland, MA: Sinauer Associates, 2011), 469

182 オレゴン動物園で1週間を過ごし：Jane E. Brody, "Scientist at Work: Katy Payne," *New York Times*, November 9, 1993, https://www.nytimes.com/1993/11/09/science/scientist-at-work-katy-payne-picking-up-mammals-deep-notes.html/.

183 2キロメートルなら簡単に〜伝わる：K. B. Payne, W. R. Langbauer, and E. M. Thomas, "Infrasonic Calls of the Asian Elephant (*Elephas maximus*)," *Behavioral Ecology and Sociobiology* 18 (1986): 297–301, https://doi.org/10.1007/BF00300007; William R. Langbauer et al., "African Elephants Respond to Distant Playbacks of Low-Frequency Conspecific Calls," Journal of Experimental Biology 157, no. 1 (May 1991): 35–46, https://doi.org/10.1242/jeb.157.1.35/.

183 歌が得意：「歌」を歌うのはヒゲクジラ類だけだが、ヒゲクジラ類ならどのクジラも歌うわけではない。

183 シロナガスクジラ："Baleen Whales," The Center for Coastal Studies, accessed September 12, 2023, https://coastalstudies.org/connect-learn/stellwagen-bank-national-marine-sanctuary/marine-mammals/cetaceans/baleen-whales/.

183 こんなに巨大なのは：D. E. Cade, et al., "Minke Whale Feeding Rate Limitations Suggest Constraints On The Minimum Body Size For Engulfment Filtration Feeding," *Nature Ecology and Evolution* 7 (2023): 535–546, https://doi.org/10.1038/s41559-023-01993-2/.

183 水中にいるから：Whitehead and Rendell, *Cultural Lives,* 53.

184 海のあちこちで聞こえる20キロヘルツの「ピッピッというブリップ」：W. E. Schevill, W. A. Watkins, and R. H. Backus, "The 20-Cycle Signals and Balaenoptera (Fin Whales)" in *Marine Bio-Acoustics: Proceedings of a Symposium Held at the Lerner Marine Laboratory, Bimini, Bahamas, April 11–13, 1963*, ed. William N. Tavolga (London: Pergamon Press, 1964), 147–152.

184 シロナガスクジラのコールは〜非常に低い："Blue Whale: Sounds of Blue Whale" DOSITS, accessed September 11, 2023, https://dosits.org/galleries/audio-gallery/marine-mammals/baleen-whales/blue-whale/.

184 謎の多いイワシクジラ："Sei Whale," DOSITS, accessed September 11, 2023, https://dosits.org/galleries/audio-gallery/marine-mammals/baleen-whales/sei-whale/.

184 ナガスクジラのコールは最も単純だろう："Fin Whale," DOSITS, accessed September 11, 2023, https://dosits.org/galleries/audio-gallery/marine-mammals/baleen-whales/fin-whale/.

185 北太平洋の東部：R. P. Dziak, et al., "A Pulsed-Air Model of Blue Whale B Call Vocalizations," *Scientific Reports* 7, no. 9122 (2017), https://doi.org/10.1038/

176　論文を『サイエンス』誌に発表し : Payne and McVay, “Songs.”
176　「ネウマ」という中世の記譜記号 : Rothenberg, *Thousand Mile Song*, 139–140.
177　勢いづいていた : 環境保護運動のような複雑なものの始まりを特定することはできない。しかし、カーソンが1962年に発表した『沈黙の春』は、自然資源防衛協議会などの組織から重要な転機だったと認められている。https://www.nrdc.org/stories/story-silent-spring/.
177　全面的な停止を提案 : Burnett, *Sounding*, 16.
177　声もしくは楽器の音 : “Song,” Oxford English Dictionary, https://www.oed.com/search/dictionary/?scope=Entries&q=song/.
177　1秒につき1ビット未満 : ボルカー・ディークとのインタビュー、2022年。他にもたとえば以下を参照。Ryuji Suzuki, John R. Buck, and Peter L. Tyack, “Information Entropy of Humpback Whale Songs,” *Journal of the Acoustical Society of America* 119 (2006): 1849–1866.
177　人間の歌と同様 : Rothenberg, *Thousand Mile Song*, 132.
177　そこには構造があって : Payne and McVay, “Songs.”
178　規則的な連続のおかげで : Nolan Gasser, *Why You Like It* (New York: Flatiron Books, 2022), p. 60.
178　ペイン夫妻は〜世界各地で : Roger Payne, *Among Whales* (New York: Scribner, 1995), 62（『クジラたちの唄』ロジャー・ペイン著、青土社、1997年、宮本貞雄、松平頼暁訳）and the rest of the chapter “Living Among Whales in Patagonia.”
179　時間の経過とともに歌は進化した : Payne, *Among Whales*, 147（ペイン『クジラたちの唄』）; K. Payne, P. Tyack, and R. S. Payne, “Progressive Changes in the Songs of Humpback Whales (*Megaptera Novaeangliae*): A Detailed Analysis of Two Seasons in Hawaii” in *Communication and Behavior of Whales*, ed. R. Payne (Boulder, CO: Westview Press, 1983), 9–57.
179　何種類かのテーマをまとめたうえで : Rothenberg, *Thousand Mile Song*, 154.
179　ダグラス・カトーと助手たち : Rothenberg, *Thousand Mile Song*, 147.
179　衝撃的な展開 : Michael Noad et al., “Cultural Revolution in Whale Songs,” *Nature* 408, no. 537 (2000), https://doi.org/10.1038/35046199/.
180　ビルボード100でトップにランクされた : *Billboard*, December 27, 1997–January 3, 1998.
180　パフ・ダディとフェイス・ヒル : *Billboard*, December 27, 1997–January 3, 1998.
180　捧げられた : Todd S. Purdum, “Rapper Is Shot to Death in Echo of Killing Six Months Ago,” *New York Times*, March 10, 1997, https://www.nytimes.com/1997/03/10/us/rapper-is-shot-to-death-in-echo-of-killing-6-months-ago.html/.
180　典型的な型〜好む : Whitehead and Rendell, *Cultural Lives*, 84.
180　歌の変化は東に向かって伝わる : Ellen C. Garland et al., “Dynamic Horizontal Cultural Transmission of Humpback Whale Song at the Ocean Basin Scale,” *Current Biology* 21, no. 8 (April 26, 2011), 687–691.
181　「物事を行なう方法」: ヴァレリア・ヴェルガラとのインタビュー、2022年。
181　情報や行動 : Whitehead and Rendell, *Cultural Lives*, 12.
181　韻を踏んでいる : L. N. Guinee and K. B. Payne, “Rhyme-Like Repetitions in Songs of Humpback Whales,” *Ethology* 79, no. 4 (1988), 295–306, https://doi.org/10.1111/j.1439-0310.1988.tb00718.x/.
182　歌は交配のための手段だという説明はわかりやすい : デイヴィッド・メリンガーとのインタビュー、2021年、2022年。

Harengus," *Bioacoustics* 16, no. 1 (2006): 57–74, https://doi.org/10.1080/09524622.2006.9753564; ボルカー・ディークとのインタビュー、2022年。

170 コミュニケーションシステム: "Language," New World Encyclopedia, accessed September 12, 2023, "https://www.newworldencyclopedia.org/entry/Language.

170 言語とは〜人間に特有の: Edward Sapir, "Introductory: Language Defined," Chapter 1 in *Language: An Introduction to the Study of Speech* (New York: Harcourt, Brace & World, 1921), 3–23, https://brocku.ca/MeadProject/Sapir/Sapir_1921/Sapir_1921_01.html/.

170 言語は〜特殊な形態: Forrest G. Wood, *Marine Mammals and Man* (New York: Robert B. Luce Inc., 1973), 101.

171 私の言語の限界は: L. C. Sterling, "The Limits of My Language Mean the Limits of My World," *Medium*, November 1, 2014, https://medium.com/@lcsterling/the-limits-of-my-language-mean-the-limits-of-my-world-68b94fc1d119/.

171 言語ではシンタックス: Interview with Hal Whitehead, 2022: Whitehead and Rendell, *Cultural Lives*, 289.

172 シャチのビットレート: ボルカー・ディークとのインタビュー、2022年。

第7章

173 ザトウクジラは〜移動を繰り返す: Hal Whitehead and Luke Rendell, *The Cultural Lives of Whales and Dolphins* (Chicago: The University of Chicago Press, 2015), 68.

173 14の個体群: "Humpback Whale," NOAA Fisheries, accessed September 12, 2023, https://www.fisheries.noaa.gov/species/humpback-whale/.

174 パリセーズ局: "St. David's Headquarters," SOFAR Bermuda, accessed September 12, 2023, https://sofarbda.org/st-davids-headquarters.html/.

174 くねくねと伸びて: David Rothenberg, *Thousand Mile Song: Whale Music in a Sea of Sound* (New York: Basic Books, 2008), 14.

174 フランク・ワトリントン: D. Graham Burnett, *The Sounding of the Whale* (Chicago: The University of Chicago Press, 2012), 635.

174 誰にも話さなかった: "The Discovery," Ocean Alliance, accessed September 10, 2023, https://whale.org/humpback-song/.

174 若い音響学者で〜スコット・マクヴェイ: Burnett, *Sounding*, 634.

175 鳥の鳴き声を研究する大学のラボ: Burnett, *Sounding*, 636.

175 黒白プリントの〜長い線: 以下の『サイエンス』誌の表紙を参照。Roger S. Payne and Scott McVay, "Songs of Humpback Whales," *Science* 173 (1971): 585–597, https://doi.org/10.1126/science.173.3997.585/.

175 動物の「歌」として認められる: W. B. Broughton, "Methods in Bio-Acoustic Terminology" in *Acoustic Behaviour of Animals*, ed. R. G. Busnel (New York: Elsevier, 1963), 3–24.

176 アルバムをリリースした: Burnett, *Sounding*, 629.

176 セントローレンスのベルーガ: 私はこれがニューベッドフォード捕鯨博物館に展示されているのを偶然見つけた（ここからはSchevill's and William Watkins's work, *The Voices of Marine Mammals*, も出版されているが、そこにも1962年に録音されたアルバム *Whale and Porpoise Voices* が含まれている）.

176 『Sounds of Sea Animals』〈海の動物の鳴き声〉: W. N. Kellogg, *Sounds of Sea Animals: Vol. 2 Florida*, Discogs, accessed September 12, 2023, https://www.discogs.com/release/3662216-W-N-Kellogg-Sounds-Of-Sea-Animals-Vol-2-Florida/.

162　5000頭は北太平洋に生息：ボルカー・ディークとのインタビュー、2022年。
162　シャチは母系家族：Hal Whitehead and Luke Rendell, *The Cultural Lives of Whales and Dolphins* (Chicago: The University of Chicago Press, 2015), 126-127.
162　3つの「エコタイプ」が存在する：NOAA Fisheries, "Killer Whale."
162　オフショアのエコタイプ：“Offshore Killer Whales,” The Georgia Strait Alliance, accessed September 10, 2023, https://georgiastrait.org/work/species-at-risk/orca-protection/killer-whales-pacific-northwest/offshore-killer-whales/.
162　トランジェント：John K. B. Ford, “Vocal Traditions Among Resident Killer Whales (*Orcinus Orca*) in Coastal Waters of British Columbia,” *Canadian Journal of Zoology* 69 (1991).
163　マイケル・ビッグは〜区別できることに気づいた：Michaela Ludwig, “BC's Pioneer of Killer Whale Research,” *British Columbia Magazine*, November 4, 2016, https://www.bcmag.ca/bcs-pioneer-of-killer-whale-research/.
163　研究を〜6年間続いた：JKB Ford, “A Catalogue of Underwater Calls Produced by Killer Whales (Orcinus Orca) in British Columbia,” *Canadian Data Report of Fisheries and Aquatic Sciences* (1987): 633.
164　何十キロメートルも：Interview with Volker Deecke, 2022.
164　ナキウサギや〜当てはまる：Preston Somers, “Dialects in Southern Rocky Mountain Pikas, Ochotona Princeps (Lagomorpha),” *Animal Behaviour* 21, no. 1 (1973): 124–137, https://doi.org/10.1016 S0003-3472(73)80050-8.
164　一部の鳴き鳥：Interview with Volker Deecke, 2022.
165　その結果：Ford, “A Catalogue”; Ford, “Vocal Traditions.”
165　この違いは〜すぐにわかる：Ford, “A Catalogue.”
166　食べる物がまったく異なる：Volker B. Deecke, Peter J. B. Slater, and John K. B. Ford, “Selective Habituation Shapes Acoustic Predator Recognition in Harbour Seals,” *Nature* 420 (November 2002), 171–173.
167　ピーク周波数は〜低く：イルカのクリックのピークは種によって異なるが、およそ100―120ヘルツである。シャチのピーク周波数は12キロヘルツから19キロヘルツのあいだになる。Amanda A. Leu et al., “Echolocation Click Discrimination for Three Killer Whale Ecotypes in the Northeastern Pacific,” *Journal of the Acoustical Society of America* 151 (2002): 3197, https://doi.org/10.1121/10.0010450/.
168　50種類のパルスコール：Interview with Volker Deecke, 2022.
168　パルスコールは時間と共に変化するようだ：Volker B. Deecke, John K. B. Ford, Paul F. Spong, “Dialect Change in Resident Killer Whales: Implications for Vocal Learning and Cultural Transmission,” *Animal Behaviour* 60 (2000): 629–638, https://doi.org/10.1006/anbe.2000.1454/.
168　寿命が長い：NOAA Fisheries, “Species Directory: Killer Whale,” accessed September 11, 2023, https://www.fisheries.noaa.gov/species/killer-whale#:~:text=Lifespan%20%26%20Reproduction,10%20and%2013%20years%20old.
169　北大西洋：Ana Selbmann et al., “A Comparison of Northeast Atlantic Killer Whale (*Orcinus Orca*) Stereotyped Call Repertoires,” *Marine Mammal Science* 37, no. 1 (January 2021): 268–289, https://doi.org/10.1111/mms.12750/.
169　ニシンの群れを集めるために低音域の鳴き声を上げる：Whitehead and Rendell, Cultural Lives, 140; Malene Simon et al., “Icelandic Killer Whales Orcinus Orca Use a Pulsed Call Suitable for Manipulating the Schooling Behavior of Herring Clupea

News, *As It Happens*, July 27, 2018, https://www.cbc.ca/radio/asithappens/as-it-happens-friday-edition-1.4731059/this-orca-mother-has-been-holding-her-dead-calf-afloat-for-days-1.4731063/.

153 どの動物のコールもユニークだ：Laela S. Sayigh et al., "Bottlenose Dolphin Mothers Modify Signature Whistles in the Presence of Their Own Calves," *Proceedings of the National Academy of Sciences* 120, no. 27 (June 26, 2023), https://doi.org/10.1073/pnas.230026212/.

154 研究としては世界最長：ラエラ・セイイとのインタビュー、2022年。"The Sarasota Dolphin Research Program: Our Approach to Helping Dolphins," Sarasota Dolphin Research Program, accessed September 11, 2023, https://sarasotadolphin.org/.

155 レジデント（定住型）のイルカがユニークなホイッスルを発する：Melba C. Caldwell and David K. Caldwell, "The Whistle of the Atlantic Bottlenosed Dolphin (*Tursiops truncatus*)—Ontogeny" in H. E. Winn and B. L. Olla, eds., *Behaviour of Marine Animals* (Boston: Springer, 1979), 369–401.

155 メルバとデイヴィッド・コールドウェル夫妻：Laela S. Sayigh and Vincent M. Janik, "Signature Whistles" in *Encyclopedia of Marine Mammals (Second Edition)*, eds. William F. Perrin, Bernd Würsig, and J.G.M. Thewissen (Cambridge, MA: Academic Press, 2009), 1014–1016, https://doi.org/10.1016/B978-0-12-373553-9.00235-2.

155 90パーセントにまで跳ね上がった：ラエラ・セイイとのインタビュー、2022年。

156 一定のパターンが確認された：ラエラ・セイイとのインタビュー、2022年。

156 イルカはシグネチャーホイッスルを学習によって身に付ける：P. L. Tyack and L. S. Sayigh, "Vocal learning in Cetaceans" in *Social Influences on Vocal Development*, eds. C. T. Snowdon and M. Hausberger (Cambridge, UK: Cambridge University Press, 1997), 208–233; Stephanie L. King and Vincent Janik, "Bottlenose Dolphins Can Use Learned Vocal Labels to Address Each Other," *Proceedings of the National Academy of Sciences* 110, no. 32 (August 2013): 13216–13221, https://doi.org/10.1073/pnas.1304459110; correspondence with Laela Sayligh, 2022. See also V. M. Janik and M. Knörnschild, "Vocal Production Learning in Mammals Revisited," *Philosophical Transactions of the Royal Society of London B: Biological Sciences* 376, no. 1836 (October 20201), https://doi.org/10.1098/rstb.2020.0244.

157 シグネチャーホイッスルを交換し合う：King and Janik, "Bottlenose Dolphins."

158 副産物の識別力：Laela Sayigh et al., "Selection Levels on Vocal Individuality: Strategic Use or Byproduct," *Current Opinion in Behavioral Sciences* 46 (2022), https://doi.org/10.1016/j.cobeha.2022.101140.

159 鳴き声のうち、61パーセントは：Vergara and Mikus, "Contact Call Diversity."

160 やぐらをカムラスカ島に建てた：ジャクリーン・オービンとヴァレリア・ヴェルガラとのインタビュー、2022年。Valeria Vergara, @Marine_Valeria, "2日目。やぐらに少しでも良い場所を確保するため、早く出発した……やがて魔法が起きた。ベルーガが島にやって来たところで風が吹いて、ドローンを飛ばすには良い条件が整った。and great photo ID sessions for @JaclynAubin's exciting PhD study!! #adayontheresearchisland @oceanwise, @GREMM_, @ROMMrdl," X（ツイート）@Marine_Valeria, July 20, 2021.

161 世界中の海に生息している："Killer Whale," NOAA Fisheries, accessed September 10, 2023, https://www.fisheries.noaa.gov/species/killer-whale/.

Evolution 28, no. 7 (August 2017): 7822–7837, https://doi.org/10.1002/ece3.3322.

143 アカボウクジラは～潜ることができる：Peter J. Austler and Les Watling, "Beaked Whale Foraging Areas Inferred by Gouges in the Seafloor," *Marine Mammal Science* 26, no. 1 (January 2010): 226–233, https://doi.org/10.1111/j.1748-7692.2009.00325.x/.

144 入り江：この出来事には当然ながら、私の主観が入っている。結局のところ、相関関係は因果関係ではない。もちろん、潮の流れの変化をきっかけに行動を変えたのかどうか、私がベルーガに尋ねることはできない。このとき私はスマホの時計のスクリーンショットを撮ったが、実際のところ確認する方法はない。

第6章

145 離合集散型の集団：Valeria Vergara and Marie-Ana Mikus, "Contact Call Diversity in Natural Beluga Entrapments in an Arctic Estuary: Preliminary Evidence of Vocal Signatures in Wild Belugas," *Marine Mammal Science* 35, no. 2 (April 2019): 434–465, https://doi.org/10.1111/mms.12538/.

146 斜線陣（集団を斜線状に配置した陣形）：Jeanne Picher-Labrie, "Allocare in Belugas: Still a Mysterious Behaviour," Whales Online, a GREMM project, https://baleinesendirect.org/en/allocare-in-belugas-still-a-mysterious-behaviour/.

147 最大で２年間は母乳で育つ：Cory J. D. Matthews and Steven H. Ferguson, "Weaning Age Variation in Beluga Whales (*Delphinapterus leucas*)," *Journal of Mammalogy* 96, no. 2 (April 2015): 425–437, https://doi.org/10.1093/jmammal/gyv046/.

148 15歳のメスのオーロラ：Valeria Vergara, *Acoustic Communication and Vocal Learning in Belugas (Delphinapterus Leucas)*, PhD dissertation (University of British Columbia, 2011), 21, https://open.library.ubc.ca/media/stream/pdf/24/1.0071602/1.

149 最初の鳴き声を上げた：Valeria Vergara and Lance Barrett-Lennard, "Vocal Development in a Beluga Calf (*Delphinapterus leucas*)," *Aquatic Mammals* 34, no. 1 (January 2008): 123–143, https://doi.org/10.1578/AM.34.1.2008.123/.

149 サル：Vergara and Barrett-Lennard, "Vocal Development."

150 コンタクトコールはクジラに限定されたものではない：Noriko Kondo and Shigeru Watanabe, "Contact Calls: Information and Social Function," *Japanese Psychological Research* 51, no. 3 (2009): 197–208, https://doi.org/10.1111/j.1468-5884.2009.00399.x 2009/.

151 腕白坊主："Young Beluga Whale Dies Unexpectedly at BC Aquarium," *Seattle Times*, https://www.seattletimes.com/seattle-news/young-beluga-whale-dies-unexpectedly-at-bc-aquarium/.

152 お互いに～混じり合った：E. C. Garland, M. Castellote, and C. L. Berchok, "Beluga Whale (Delphinapterus Leucas) Vocalizations and Call Classification from the Eastern Beaufort Sea Population," *Journal of the Acoustical Society of America* 137, no. 6 (June 2015): 3054–3067, https://doi.org/10.1121/1.4919338.

153 1999年に不幸な出来事：Valeria Vergara, Robert Michaud, and Lance Barrett-Lennard, "What Can Captive Whales Tell Us About their Wild Counterparts? Identification, Usage, and Ontogeny of Contact Calls in Belugas (Delphinapterus Leucas)," *International Journal of Comparative Psychology* 23, no. 3. (2010), https://escholarship.org/uc/item/4gt03961.

153 シャチ～バンクーバーの近郊：Sheena Goodyear, with files from CBC News' Roshini Nair, "This Orca Mother Has Been Holding Her Dead Calf Afloat for Days," CBC

accessed September 10, 2023, https://pacmam.org/wp/marine-mammal-highlights-beluga-2/.

137 1300頭のベルーガ : "Recovery Plan for the Cook Inlet Beluga Whale (Delphinapterus Leucas)," United States National Marine Fisheries Service, Alaska Regional Office, Protected Resources Division, December 2016, https://repository.library.noaa.gov/view/noaa/15979/.

138 特別に設計したハイドロフォンのムアリング : M. Castellote et al., "Beluga Whale (*Delphinapterus Leucas*) Acoustic Foraging Behavior and Applications for Long Term Monitoring," *PLoS ONE* 16, no. 11 (2021), https://doi.org/10.1371/journal.pone.0260485/.

138 ベルーガがクリック音やバズ音を利用して : Castellote, "Acoustic Foraging."

140 鯨油は世界を動かしてきた : D. Graham Burnett, The *Sounding of the Whale*, (Chicago: University of Chicago Press, 2012), 80.

140 マッコウクジラは200万頭 : Hal Whitehead and M. Shin, "Current Global Population Size, Post-Whaling Trend and Historical Trajectory of Sperm Whales," *Scientific Reports* 12, no. 19468 (2022), https://doi.org/10.1038/s41598-022-24107-7.

140 かなり変わっている : Eric Wagner, "The Sperm Whale's Deadly Call," *Smithsonian Magazine*, December 2011, https://www.smithsonianmag.com/science-nature/the-sperm-whales-deadly-call-94653/.

140 ハーマン・メルヴィル : Herman Melville, *Moby-Dick* (London: Penguin, 2012). (ハーマン・メルヴィル『白鯨』)

141 トーマス・ビール : Wagner, "Deadly Call."

141 クジラは〜潜ると : Frederick Debell Bennett, *Narrative of a Whaling Voyage round the globe, from the year 1833 to 1836, comprising sketches of polynesia, California, the Indian Archipelago, etc., with an account of the sperm whale fishery, and the natural history of the climes visited* (London: Richard Bentley, New Burlington Street, 1840), https://whalesite.org/anthology/bennettvoyagev2.htm.

141 下から衝撃的なノイズ : L. Worthington and W. Schevill, "Underwater Sounds Heard from Sperm Whales," *Nature* 180, no. 291 (1957), https://doi.org/10.1038/180291a0.

142 マッコウクジラの声〜その詳細 : R. H. Backus and W. E. Schevill, "Physeter Clicks" in *Whales, Dolphins, and Porpoises*, ed. K. S. Norris (Berkeley: University of California Press, 1966).

142 ふたりの鋭い観察によって : Ridgway, *Dolphin Doctor*, 197.

142 獲物のイカは音を出さない : イカの声はまだ録音されていない。

142 大気圧の100倍 : NOAA. How does pressure change with ocean depth? National Ocean Service website, https://oceanservice.noaa.gov/facts/pressure.html. 海水による圧力は、10メートル深くなるごとに1気圧上昇する。1 km=1000m. 1000/10–100.

143 ふたつの器官 : Olga Panagiotopoulou, Panagiotis Spyridis, Hyab Mehari Abraha, David R. Carrier, and Todd C. Pataky, "Architecture of the sperm whale forehead facilitates ramming combat." *Peer J*, 4, e1895 (2016). https://doi.org/10.7717/peerj.1895

143 衛星タグを使ってマッコウクジラの : L. Irvine et al., "Sperm Whale Dive Behavior Characteristics Derived from Intermediate-Duration Archival Tag Data," *Ecology and*

and Which Animals Use It?" *Discover Wildlife Magazine*, May 19, 2022, https://www.discoverwildlife.com/animal-facts/what-is-echolocation/.

128 視力を失った人 : Daniel Kish, "How I Use Sonar to Navigate the World," TED, filmed March 2015, video, https://www.ted.com/talks/daniel_kish_how_i_use_sonar_to_navigate_the_world?language=en/.

128 ニコラス・パイエンソン : ニック（ニコラス）・パイエンソンとのインタビュー、2022 年。

130 クリック音は「ブロードバンド」: Whitlow W.L. Au, *The Sonar of Dolphins* (New York: Springer-Verlag, 1993), 115–120 for an overview of clicks.

130 サルの唇 : ニック・パイエンソンとのインタビュー、2022 年。

130 毒性の高い脂肪酸鎖 : ニック・パイエンソンとのインタビュー、2022 年。

131 最初に頭蓋骨から外れ : ニック・パイエンソンとのインタビュー、2022 年。

131 密度が非常に高く : ニック・パイエンソンとのインタビュー。

132 最初に作成されたイルカの聴力図 : Au, "History of Dolphin Biosonar."

133 あるベルーガは : Whitlow W.L. Au et al., "Demonstration of Adaptation Beluga Whale Signals," *The Journal of the Acoustical Society of America* 77, no. 2 (March 1985): 726–730, https://doi.org/10.1121/1.392341/.

133 スキュラ : Wood, *Marine Mammals*, 75.

133 ドリス : Wood, *Marine Mammals*, 77–78.

134 超音波の周波数は〜異なる : Sarah Catchpoole, "Ultrasound Frequencies," *Radiopaedia*, April 20, 2023, https://radiopaedia.org/articles/ultrasound-frequencies/.

134 聴覚を失った人間の場合 : Liam J. Norman and Lore Thalor, "Retinotopic-Like Maps of Spatial Sound in Primary 'Visual' Cortex of Blind Human Echolocators," *Proceeding of the Royal Society B: Biological Sciences* 286 (2019), https://doi.org/10.1098/rspb.2019.1910/.

135 10 メートル以上と桁外れに大きく : "Tides Today and Tomorrow in Anchorage, AK," US Harbors, accessed September 12, 2023, https://www.usharbors.com/harbor/alaska/anchorage-ak/tides/.

135 4 番目に大きく : "Frequently Asked Questions," National Oceanic and Atmospheric Administration, accessed September 12, 2023, https://tidesandcurrents.noaa.gov/faq.html#08. I'm going here by regions, with the three highest being Bay of Fundy, Ungava Bay, Bristol, and Cook Inlet.

135 H・P・ラヴクラフトの『ダゴン』: H. P. Lovecraft, *Necronomicon: The Best Weird Tales of HP Lovecraft* (London: Gollancz, 2008), 5–6.

136 2 番目に発着便数の多い貨物空港 : "Airport Facts," Alaska Department of Transportation and Public Facilities, Ted Stevens Anchorage International Airport, accessed September 15, 2023, https://dot.alaska.gov/anc/about/facts.shtml/.

136 海のカナリア : Marie P. Fish and William H. Mowbray, "Production of Underwater Sound by the White Whale or Beluga, Delphinapterus Leucas (Pallas)," *Journal of Marine Research* 20, no. 2 (1962), https://elischolar.library.yale.edu/journal_of_marine_research/982/.

137 12 フィート（3・6 メートル）ほど : "Beluga Whale (Delphinapterus Leucas)," Alaska Department of Fish and Game, accessed September 13, 2023, https://www.adfg.alaska.gov/index.cfm?adfg=beluga.main/.

137 18 フィート（5・4 メートル）に達する : "Introduction," Pacific Mammal Research,

122 数種類の鳴き声 : Whitehead and Rendell, *Cultural Lives*.

123 音を「少しずつ」変化させたり組み合わせたり : E. C. Garland, M. Castellote, and C. L. Berchok, "Beluga Whale (Delphinapterus Leucas) Vocalizations and Call Classification from the Eastern Beaufort Sea Population," *Journal of the Acoustical Society of America* 137, no. 6 (June 2015): 3054–3067, https://doi.org/10.1121/1.4919338/.

123 関心を持ち続けた米国海軍 : Sam Ridgway, *The Dolphin Doctor* (Dublin, New Hampshire: Yankee Books, 1987), 40.

123 海軍から資金援助を受けて : In Schevill and Lawrence's "Food Finding" paper, the acknowledgments list support from the Office of Naval Research.

123 ウィンスロップ・ケロッグ : W. N. Kellogg and Robert Kohler, "Reactions of the Porpoise to Ultrasonic Frequencies," *Science* 116 (1952): 250–252. https://doi.org/10.1126/science.116.3010.250/.

123 シェヴィルとローレンスは 1956 年までに〜観察し : Schevill and Lawrence, "Food-Finding."

124 ゴム製の吸着カップ : Au, "History of Dolphin Biosonar."

124 ウィリアム・マクリーン : Ridgway, *Dolphin Doctor*, 39; 人間はイルカとコミュニケーションを交わすようになると彼は書いている。以下を参照。John C. Lilly, MD., *Man and Dolphin* (New York: Doubleday and Co, 1961).

124 ハンドウイルカを数十年にわたって飼育してきた : この時点で、マリンスタジオはオープンしてからおよそ 25 年が経過していた。

124 汗腺が存在しない : "The Dolphins That Joined the Navy," Naval History and Heritage, YouTube video uploaded January 13, 2012, https://www.youtube.com/watch?v=vw0wM2KdZE0&ab_channel=NavalHistoryandHeritage/.

125 骨折する : Forrest G. Wood, *Marine Mammals and Man* (New York: Robert B. Luce Inc., 1973), 37.

125 放り込まれた : Wood, *Marine Mammals*, 41–42.

126 海軍海洋システムセンター Center field station: Au, "History of Dolphin Biosonar."

126 エコーロケーション能力がいつ進化したのか : Nicholas D. Pyenson, "The Ecological Rise of Whales Chronicled by the Fossil Record," *Current Biology 27* (June 5, 2017): 558–564.

126 今日より少なくとも 2、3 度高く : Fengyuan Li and Shuqiang Li, "Paleocene–Eocene and Plio–Pleistocene Sea-Level Changes As 'Species Pumps' in Southeast Asia: Evidence from Althepus Spiders," *Molecular Phylogenetics and Evolution* 127 (2018): 545–555, https://doi.org/10.1016/j.ympev.2018.05.014.

126 150 メートル : Li and Li, "Paleocene–Eocene."

126 ギザの大ピラミッド : "Great Pyramid of Giza," *Encyclopedia Britannica*, last updated June 16, 2023, https://www.britannica.com/place/Great-Pyramid-of-Giza.

126 フロリダ州 : Florence Snyder, "Britton Hill: Florida's Highest Natural Point," Visit Florida, accessed September 13, 2023, https://www.visitflorida.com/travel-ideas/articles/arts-history-britton-hill-highest-point-florida/.

126 現代のクジラやイルカの遠い先祖のひとつ : Pyenson, "Ecological Rise of Whales."

128 蝸牛の長さ : Geoffrey A. Manley and Jennifer Clack, "An Outline of the Evolution of Vertebrate Hearing Organs," in Manley, Popper, and Fay, *Evolution*, 2004, 14.

128 2500 万年前から 3000 万年前 : Pyenson, "Ecological Rise of Whales."

128 トガリネズミやマウス、さらにはアナツバメも : Jo Price, "What Is Echolocation

115　テッポウエビ: Michel Versluis et al., “How Snapping Shrimp Snap: Through Cavitating Bubbles,” *Science* 289 (2000): 2114–2117, https://doi.org/10.1126/science.289.5487.2114/.
115　多毛類: Ryutaro Goto, Isao Hirabayashi, A. Richard Palmer, “Remarkably Loud Snaps During Mouth-Fighting by a Sponge-Dwelling Worm,” *Current Biology* 29, no.13 (2019): 617–618, https://doi.org/10.1016/j.cub.2019.05.047.
115　シオマネキ: “How Do Marine Invertebrates Produce Sound?” DOSITS, accessed September 11, 2023, https://dosits.org/animals/sound-production/how-do-marine-invertebrates-produce-sounds/.
115　オートコミュニケーションと呼ばれるもの: Bradbury and Veherenkarp, *Animal Communication*, 362.

第5章

117　スパランツァーニは問題を抱えていた: Robert Galambos, “The Avoidance of Obstacles by Flying Bats: Spallanzani's Ideas (1794) and Later Theories,” *Isis* 34, no 2. (Autumn, 1942): 132–140.
117　博物学者: Donald Griffin, *Listening in the Dark: The Acoustic Orientation of Bats and Men* (New Haven, CT: Yale University Press, 1958), 58.
118　おそらくきみにも〜思い浮かぶかもしれない: Griffin, *Listening in the Dark*, 60.
119　コウモリ問題は〜解決されなかった: Galambos, “Avoidance,” 1942.
119　ハイラム・マキシム卿は〜考案した: “Sir Hiram Maxim's Plan To Prevent Sea Collisions,” *New York Times*, July 28, 1912, https://timesmachine.nytimes.com/timesmachine/1912/07/28/100589415.html?pageNumber=45/.
119　コウモリが音を利用する仕組みを解明した: Whitlow W.L. Au, “History of Dolphin Biosonar Research,” *Acoustics Today* 11, no. 4 (Fall 2015), https://acousticstoday.org/history-of-dolphin-biosonar-research-by-whitlow-w-l-au/.
120　ギリシャ神話〜ニンフのエコー: Ovid, *Metamorphoses, Book 3*, “She who in others' Words her Silence breaks/ Nor speaks herself but when another speaks . . .”
120　ドップラー効果と呼ばれる: “Doppler effect,” DOSITS, accessed September 15, 2023, https://dosits.org/glossary/doppler-effect/.
121　つぎの音を発する前に: Whitlow W.L. Au, The Sonar of Dolphins (New York: Springer-Verlag, 1993), see Ch. 4.
121　グリフィンは推測した: William Schevill and Barbara Lawrence, “Food-Finding by a Captive Porpoise (Turnips Truncatus),” *Museum of Comparative, Zoology* 53 (April 6, 1956).
121　その年（1938年）のうちに: Schevill and Lawrence, “Food-Finding.”
121　ロナルド・V・(「ロニー」)・カポ: “Sallie O'Hara: Celebrating 75 years of Marineland,” *The St. Augustine Record*, November 17, 2015, https://www.staugustine.com/story/news/2015/11/17/celebrating-75-years-marineland/16233643007/.
121　イルカの捕獲を始めた: William A. Schevill, “Evidence for Echolocation by Cetaceans,” *Deep Sea Research* 3, no. 2 (1953): 153–154, https://doi.org/10.1016/0146-6313(56)90096-X/.
122　この行動を〜思い出した: Schevill, “Evidence for Echolocation.”
122　根本的に異なるふたつの分類群: Hal Whitehead and Luke Rendell, *The Cultural Lives of Whales and Dolphins* (Chicago: The University of Chicago Press, 2015), 47.

ドフィッシュ科の Batrachoididae に所属する。

105 ソコボウズは単一種ではなく：J. G. Nielsen et al., Ophidiiform Fishes of the World (Order Ophidiiformes). An Annotated and Illustrated Catalogue of Pearlfishes, Cusk-Eels, Brotulas and Other Ophidiiform Fishes Known to Date (Food and Agriculture Organization, 1999), 125.

105 声が聞こえてきた：David A. Mann, Jeanette Bowers-Altman, and Rodney A. Rountree, "Sounds Produced by the Striped Cusk-Eel Ophidion Marginatum (Ophidiidae) During Courtship and Spawning," *Copeia* no. 3 (1997): 610–612, https://doi.org/10.2307/1447568.

105 ソコボウズの声が録音された：James M. Moulton, "Influencing the Calling of Sea Robins (Prionotus Spp.) with Sound," *Biological Bulletin* 111, no. 3 (1956): 393–98. https://doi.org/10.2307/1539146.

106 ステルワーゲン・バンク：Rodney A. Rountree and Francis Juanes, "First Attempt to Use a Remotely Operated Vehicle to Observe Soniferous Fish Behavior in the Gulf of Maine, Western Atlantic Ocean," *Current Zoology* 56, no. 1 (2010): 90–99.

109 リバープロジェクト："River Project Legacy," Hudson River Park, accessed September 12, 2023, https://hudsonriverpark.org/river-project-legacy/.

109 生物の声がたくさん：Katie A. Anderson, Rodney A. Rountree, and Francis Juanes, "Soniferous Fishes in the Hudson River," *Transactions of the American Fisheries Society* 137 (2008): 616–626.

110 淡水魚のニベ：Rodney Rountree and Francis Juanes, "Potential of Passive Acoustic Recording for Monitoring Invasive Species: Freshwater Drum Invasion of the Hudson River Via the New York Canal System," *Biological Invasions* 19 no. 7 (2017): 2075–2088.

111 きわめて価値の高い魚：Erik Stokstad, "Massive Collapse of Atlantic cod didn't leave evolutionary scars," *Science* (April 7, 2021) https://www.science.org/content/article/massive-collapse-atlantic-cod-didn-t-leave-evolutionary-scars

111 スコットランド政府はその答えを知るため：トニー・ホーキンスとのインタビュー、2022年。

111 水産研究サービスの責任者："Leading Scientist Retires," IntraFish, updated 11 July 2012, https://www.intrafish.com/fisheries/leading-scientist-retires/1-1-594713/.

112 ブリストル大学を卒業：トニー・ホーキンスとのインタビュー、2022年。Anthony Hawkins and Colin Chapman, "Food for Thought: Studying the Behaviour of Fishes in the Sea at Loch Torridon, Scotland," *ICES Journal of Marine Science* 77, no. 7–8 (2020): 2423–2431, https://doi.org/10.1093/icesjms/fsaa118/.

112 戦時中にソナーのオペレーター：トニー・ホーキンスとのインタビュー、2022年。

112 ハドックの鳴き声の録音に世界で初めて成功：A. D. Hawkins and C. J. Chapman, "Underwater Sounds of the Haddock Melanogrammus Aeglefinus," *Journal of the Marine Biological Association of the United Kingdom* 46 (1966): 241–247.

113 ロッホ・トリドン：Hawkins and Chapman, "Underwater Sounds."

113 魚は春になると〜集団でやって来る：トニー・ホーキンスとのインタビュー、2022年。A. D. Hawkins, C. Chapman, and D. J. Symonds, "Spawning of Haddock in Captivity," *Nature* 215 (1967): 923–925.

114 群れの存在を特定する：Licia Casaretto et al., "Locating Spawning Haddock (Melanogrammus Aeglefinus, Linnaeus, 1758) at Sea by Means Of Sound," *Fisheries Research* 154 (2014): 127–134, https://doi.org/10.1016/j.fishres.2014.02.010.

95　最も簡単に定義する：Jack W. Bradbury and Sandra L. Vehrencamp, *Animal Communication* (Sunderland, MA: Sinauer Associates, 2011).

96　3つの感覚〜解き明かすことにした：Tavolga, "Visual, Chemical and Sound Stimuli."

97　この複雑な行動：Arthur N. Popper, "Behavior of Bathygobius Soporator," May 26, 2020, https://www.youtube.com/watch?v=deyVaAm ZFg8&t=636s&ab_channel=ArthurN.Popper/.

97　BCフィッシュサウンドプロジェクト："BC Fish Sound Project," JASCO Marine Sciences, accessed September 15, 2023, https://www.jasco.com/bc-fish-sound-project. 私はこのとき初めて魚が声を出すのを聞いた。

97　正しい場所と時間：William Halliday et al., "The Plainfin Midshipman's Soundscape at Two Sites Around Vancouver Island, British Columbia," *Marine Ecology Progress Series* (2018), https://doi.org/10.3354/meps12730.

98　求愛する相手を見つけるために低い唸り声を出す：Halliday et al., "Midshipman's Soundscape."

98　声を出すのが夜：Halliday et al., "Midshipman's Soundscape."

98　発光器官が〜連なっている：Cassandra Profita, "Scientists Study 'Singing Fish' for Ways to Improve Human Hearing," OPB, July 8, 2018, https://www.opb.org/news/article/hearing-loss-midshipman-fish-singing-washington-state/.

99　1年を海で過ごし：ジョセフ・シスネロスとのインタビュー、2021年11月。

99　岩の下に出来上がった巣には水が溜まっているので：ジョセフ・シスネロスとのインタビュー、2021年11月。私が訪れた営巣地は、高潮位と低潮位のあいだの荒磯であることが確認された。

99　ボディビルダーのように逞しくなる：See sonic muscle index in J. A. Sisneros et al., "Morphometric Changes Associated with the Reproductive Cycle and Behaviour of the Intertidal-Nesting, Male Plainfin Midshipman Porichthys Notatus," *Journal of Fish Biology* 74 (2009): 18–36, https://doi.org/:10.1111/j.1095-8649.2008.02104.x/.

99　浮袋は〜延長されており：ジョー・シスネロスとのインタビュー、2021年。

100　1980年代半ばの〜夏の夜 Mackenzie B. Woods, "Singing Fish in a Sea of Noise," *Fisheries* 48 (2023): 185–189, https://doi.org/10.1002/fsh.10907/.

100　カリフォルニアを訪れ：D. G. Zeddies et al., "Sound Source Localization by the Plainfin Midshipman Fish, Porichthys Notatus," *Journal of the Acoustical Society of America* 127, no. 5 (May 2010): 3104–3113, https://doi.org/10.1121/1.3365261; PMID: 21117759; Interview with Joe Sisneros, 2021.

101　カットオフ周波数：Robert J. Urick, *Principles of Underwater Sound, 3rd Edition* (New York: McGraw-Hill, 1983), 13–14; interview with Jim Miller.

102　メスの〜高調波を敏感に感じ取るように：J. A. Sisneros and A. H. Bass, "Seasonal Plasticity of Peripheral Auditory Frequency Sensitivity," *The Journal of Neuroscience: The Official Journal of the Society for Neuroscience* 23, no.3 (2003): 1049–1058, https://doi.org/10.1523/JNEUROSCI.23-03-01049.2003, especially see Figure 9.

103　同僚〜論文：Halliday et al., "Midshipman's Soundscape."

104　フィッシュ・リスナーとして知られる："The Fish Listener," *The College Today*, The College of Charleston, November 23, 2020, https://today.cofc.edu/2020/11/23/rodney-rountree-the-fish-listener/.

105　ミッドシップマンの近縁種：厳密に言えば、ミッドシップマンはもっと大きなトー

86　「オーディオ・イクチオトロン」: W. N. Tavolga, “The Audio-Ichthyotron: The Evolution of an Instrument for Testing the Auditory Capacities of Fishes,” *Transactions of the New York Academy of Sciences* 28 (1966): 706–712.

87　ダグ・ウェブスター : “Douglas Barnes Webster,” Legacy.com, accessed September 13, 2023, https://obits.nola.com/us/obituaries/nola/name/douglas-webster-obituary?id=12616345/.

87　「らせん階段をのぼっていくほうが面白い」: アーサー・ポパーとのインタビュー、2022年。

88　ケープフィッシュのオージオグラム : Arthur N. Popper, “Auditory Capacities of the Mexican Blind Cave Fish (Astyanax Jordani) and Its Eyed Ancestor (Astyanax Mexicanus),” *Animal Behaviour* 18, no. 3 (1970): 552–562, https://doi.org/10.1016/0003-3472(70)90052-7/.

88　魚の聴力を研究 : Doug Daniels, “Life As a Goldfish,” *Connecticut College Magazine* (Summer 2018), https://www.conncoll.edu/news/cc-magazine/past-issues/2018-issues/summer-2018/notebook/09-life-as-a-goldfish.html/.

89　シロマス : Arthur N. Popper, “Ultrastructure of the Auditory Regions in the Inner Ear of the Lake Whitefish,” *Science* 192, no. 4243 (June 4, 1976): 1020–1023, https://doi.org/10.1126/science.1273585.

89　魚が揺れる : R. R. Fay, “The Goldfish Ear Codes the Axis of Acoustic Particle Motion in Three Dimensions,” *Science* 225, no. 4665 (1984): 951–954; description based on my visit to the original table in Washington.

90　「頭足類はおそらく『耳が聞こえない』 わけではない理由」: Hanlon and Budelmann, “Why Cephalopods Are Probably Not ‘Deaf.’ ”

90　ジョン・ウォーカーとジェリー・ホイットワース : “The Cold War: History of the SOund SUrveillance System (SOSUS),” DOSITS, accessed September 13, 2023, https://dosits.org/people-and-sound/history-of-underwater-acoustics/the-cold-war-history-of-the-sound-surveillance-system-sosus/.

90　1991年に冷戦が終わると : 様々な場所で様々な日付が語られているが、ソ連は1991年に崩壊した。

91　繊毛を（じっくり）観察した : Interview with Steve Simpson, 2021.

91　基本的な情報 : Jack W. Bradbury and Sandra L. Vehrencamp, *Animal Communication* (Sunderland, MA: Sinauer Associates, 2011), 358–361.

第４章

93　映画スタジオ兼テーマパーク : “Marineland: Where Movie Stars and Marine Life Met,” Governor’s House Library, May 25, 2021, https://governorshouselibrary.wordpress.com/2021/05/25/marineland-where-movie-stars-and-marine-life-met/; William N. Tavolga, “Fish Bioacoustics: A Personal History,” *Bioacoustics* 12, no. 3 (2002): 101–104, https://doi.org/10.1080/09524622.2002.9753662/.

93　妻のマーガレット : “William N. Tavolga,” Legacy.com, accessed September 11, 2023, https://www.legacy.com/us/obituaries/heraldtribune/name/william-tavolga-obituary?id=12442188/.

93　研究対象はハゼの一種フリルフィンゴビー : Tavolga, “Personal History,” 102.

95　海岸の土手道 : the experiment is described in W. N. Tavolga, “Visual, Chemical and Sound Stimuli as Cues in the Sex Discriminatory Behaviour of the Gobiid Fish, Bathygobius Soporator,” *Zoologica* 41 (1956): 49–64.

1963, ed. William N. Tavolga (London: Pergamon Press, 1964), 147–152.
82　シェヴィルが2004年に没すると：W. D. Ian Rolfe, "William Edward Schevill: Palaeontologist, Librarian, Cetologist, Biologist," *Archives of Natural History,* 39, no. 1 (April 2012): 162–164.
82　マリー・ポーランド・フィッシュ：Ben Goldfarb, "Biologist Marie Fish Catalogued the Sounds of the Ocean for the World to Hear," *Smithsonian Magazine*, April 2021, https://www.smithsonianmag.com/science-nature/biologist-marie-fish-catalogued-sounds-ocean-world-hear-180977152/.
82　牛追い棒：William N. Tavolga, "Fish Bioacoustics: A Personal History," *Bioacoustics* 12, no. 3 (2002): 101–104, https://doi.org/10.1080/09524622.2002.9753662/.
82　一部は水中で記録：Marie Poland Fish and William H. Mowbray, *Sounds of Western North Atlantic Fishes, A Reference File of Biological Underwater Sounds* (Baltimore: The Johns Hopkins Press, 1970).
83　発音構造が最も多彩：Friedrich Ladich et al., "Sound-Generating Mechanisms in Fishes: A Unique Diversity in Vertebrates" in F. Ladich, S.P. Collin, P. Moller, and B.G. Kapoor, eds: *Communication in Fishes*, Vol. 1 (Enfield, NH: Science Publishers, 2006): 3–43.
83　カジカ：Michael Fine and Eric Parmentier, "Mechanisms of Fish Sound Production" in *Sound Communication in Fishes*, ed. F. Ladich (New York: Springer, 2015), 10.1007/978-3-7091-1846-7_3.
83　フグ：Michael L. Fine, "Sexual Dimorphism of the Growth Rate of the Swimbladder of the Toadfish Opsanus Tau," *Copeia*, no. 3 (1975): 483–490, https://doi.org/10.2307/1443646.
83　イットウダイ：Howard E. Winn and Joseph A. Marshall, "Sound-Producing Organ of the Squirrelfish, Holocentrus Rufus," *Physiological Zoology* 36, no. 1 (1963): 34–44, http://www.jstor.org/stable/30152736.
83　ニシンはおならの常習犯："Fish 'Farts' a Form of Communication?" CBC News, November 6, 2003, https://www.cbc.ca/news/science/fish-farts-a-form-of-communication-1.376991/.
83　アリストテレスが行なった魚の描写：Aristotle, *Historia Animalium* Book 4, Part 9.
83　ほとんどが秘密にされた：William J. Broad, "Scientists Fight Navy Plan to Shut Far-Flung Undersea Spy System," *New York Times*, June 12, 1994, https://www.nytimes.com/1994/06/12/us/scientists-fight-navy-plan-to-shut-far-flung-undersea-spy-system.html/.
84　1961年にノーベル賞を受賞：Georg von Békésy, "Concerning the Pleasures of Observing, and the Mechanics of the Inner Ear," Nobel Lecture, December 11, 1961, https://www.nobelprize.org/uploads/2018/06/bekesy-lecture.pdf/.
84　180ヘルツの低音：Hanlon and Budelmann, "Why Cephalopods Are Probably Not 'Deaf.' "
85　まもなくそうした状況に変化が訪れる〜1963年に入って：Tavolga, *Marine Bio-Acoustics*, 147–152.
85　魚の聴力をテストした：William Tavolga and Jerome Wodinsky, "Auditory Capacities in Fishes: Pure Tone Thresholds in Nine Species of Marine Teleosts," *Bulletin of the AMNH* 126, no. 2 (1963): 179–239.
86　魚は〜音を最も鮮明に聞きとり：Tavolga and Wodinsky, "Auditory Capacities."
86　ビーフィーターージン：アーサー・ポパーとのインタビュー、2022年。

“Underwater Noise Due to Marine Life,” *Journal of the Acoustical Society of America* 18 (1946), 446–449, https://doi.org/10.1121/1.1916386; Winthrop Kellogg, *Porpoises and Sonar* (Chicago: The University of Chicago Press, 1961), 33–34.

78　「大工のノイズ」: Sam H. Ridgway, “Revealing the ‘Carpenter Fish’ and Setting the Hook for Bioacoustics in the U.S. Navy: Personal Reflections on Schevill and Watkins,” in *Voices of Marine Mammals: William E. Schevill and William A. Watkins: Pioneers in Bioacoustics*, ed. Christina Connett Brophy (New Bedford, MA: The New Bedford Whaling Museum/Old Dartmouth Historical Society, 2019), 83–89.

78　20ヘルツの鼓動 : B. Patterson and G. R. Hamilton, “Repetitive 20 Cycle Per Second Biological Hydroacoustic Signals at Bermuda,” *in Marine Bioacoustics, vol. 1*, ed. W. N. Tavolga (Oxford: Pergamon Press, 1964), 225–245.

78　パチパチ音 : たとえば、以下を参照。Martin Johnson, “A Survey of Biological Underwater Noises Off the Coast of California and in Upper Puget Sound,” *UCDWR* No. U100 (September 10, 1943).

78　「疑似海底」: David Levin, “The Mysterious False Bottom of the Twilight Zone,” Woods Hole Oceanographic Institution, April 26, 2022, https://twilightzone.whoi.edu/the-mysterious-false-bottom-of-the-twilight-zone/.

79　マーティン・ジョンソン : Schlee, *Unfamiliar World*, 299–301.

79　テッポウエビ : Michel Versluis et al., “How Snapping Shrimp Snap: Through Cavitating Bubbles,” *Science* 289 (2000): 2114–2117, https://doi.org/10.1126/science.289.5487.2114/.

80　海は長いあいだ〜と見なされてきた : Martin W. Johnson, F. Alton Everest, and Robert W. Young, “The Role of Snapping Shrimp (Crangon and Synalpheus) in the Production of Underwater Noise in the Sea,” *Biological Bulletin* 93, no. 2 (1947): 122–138, https://doi.org/10.2307/1538284.

80　ウィリアム・シェヴィル : Christina Connett Brophy, “Introduction,” in *The Voices of Marine Mammals: William E. Schevill and William A. Watkins: Pioneers in Bioacoustics* (New Bedford, MA: The New Bedford Whaling Museum, 2019), 8.

80　バーバラ・ローレンス : Maria Rutzmoser, “Obituary: Barbara Lawrence Schevill: 1909–1997,” *Journal of Mammalogy* 80, no. 3 (August 1999).

80　確認されている場所に足を運ぶ : William E. Schevill and Barbara Lawrence, “A Phonograph Record of the Underwater Calls of Delphinapterus Leucas,” Woods Hole Oceanographic Institution, January 1950.

80　遺伝的に異なる個体群が〜とどまっており : Fisheries and Oceans Canada (DFO), “Recovery Strategy for the Beluga (Delphinapterus Leucas) St. Lawrence Estuary Population in Canada” [Proposed], Species at Risk Act, Recovery Strategy Series, Fisheries and Oceans Canada, Ottawa, 2011.

81　ふたりのタドゥサック住民 : William E. Schevill Barbara Lawrence, “Underwater Listening to the White Porpoise (Delphinapterus leucas),” *Science* 109 (1949): 143–144, https://doi.org/10.1126/science.109.2824.143/.

81　シェヴィルにはいくつかの手がかりがあった : L. Worthington and W. Schevill, “Underwater Sounds Heard from Sperm Whales,” *Nature* 180 (1957): 291, https://doi.org/10.1038/180291a0/.

81　鳴り響く低音 : W. E. Schevill, W. A. Watkins, and R. H. Backus, “The 20-Cycle Signals and Balaenoptera (Fin whales),” in *Marine Bio-Acoustics: Proceedings of a Symposium Held at the Lerner Marine Laboratory, Bimini, Bahamas, April 11–13,*

Active Sonar," *Aquatic Mammals* 35, no. 4 (2009): 426–434, see Table 1.

71 当時のUボートは全長がおよそ60メートル : "Germans Unleash U-Boats," history.com, last updated January 28, 2021, https://www.history.com/this-day-in-history/germans-unleash-u-boats. この寸法は、第一次世界大戦のときのもの。将来の潜水艦の寸法は、言うまでもなく変化する。

71 フランスの物理学者ポール・ランジュバン : Francis Duck, "Paul Langevin, U-boats, and Ultrasonics," *Physics Today* 175, no. 11 (November 2022): 42–48, https://doi.org/10.1063/PT.3.5122.

72 石英の結晶の在庫 : Duck, "Langevin."

72 8キロメートル離れた場所まで音の信号を送り : David Zimmerman, "Paul Langevin and the Discovery of Active Sonar or Asdic," *The Northern Mariner/Le marin du nord* 12, no. 1 (January 2002): 39–52, https://www.cnrs-scrn.org/northern_mariner/vol12/tnm_12_1_39-52.pdf/.

72 ASDICS: Robert W. Morse, "Acoustics and Submarine Warfare," *Oceanus* 20, no. 2 (Spring 1977): 69.

72 SSCは音響測深用の「測深機」を販売 : Hersey, "Man's Use of Ocean Acoustics," 13.

73 最初の海底ケーブル : Schlee, *Unfamiliar World*, 250–251.

73 「午後の問題」: Columbus O'Donnell Iselin and A. H. Woodcock, "Preliminary Report on the Prediction of 'Afternoon Effect,' " Woods Hole Oceanographic Institution, July 25, 1942, https://darchive.mblwhoilibrary.org/entities/publication/0866ee5b-afe1-5161-857b-d92b7565f2f0/.

73 海軍作戦本部長 : (ウッズホールの保管資料)

73 午前と午後で伝わり方に違いが生じた : Hersey, "Man's Use of Ocean Acoustics," 13–14.

74 音は屈折する : ジム・ミラーとのインタビュー、2021年。"How Does sound Move? Refraction," DOSITS, accessed September 14, 2023, https://dosits.org/science/movement/how-does-sound-move/refraction/.

74 海水の密度には3つの要因が影響をおよぼす : "Sound Transmission in the Ocean," *The Water Encyclopedia*, accessed September 13, 2023, http://www.waterencyclopedia.com/Re-St/Sound-Transmission-in-the-Ocean.html/.

75 レイ(光線)トレーシング : Urick, *Principles*, 159–160.

75 中緯度の深海 : W. Munk, P. Worcester, and C. Wunsch, *Ocean Acoustic Tomography* (Cambridge, UK: Cambridge University Press, 1995). 熱帯の緯度では、およそ1キロメートルで最低速度に達する。温帯の緯度ではもっと浅いところになる。

76 北極海 : Urick, *Principles*, 169.

76 数千キロメートル : Maurice W. Ewing and J. Lamar Worzel, "Long Range Sound Transmission: Interim Report No. 1, March 1, 1944—January 20, 1945," Woods Hole Oceanographic Institution, https://darchive.mblwhoilibrary.org/entities/publication/976cacef-a9ef-5db4-b3b4-e15232e4a267/.

76 1945年にこの理論の正しさを試した : Hersey, "Man's Use of Ocean Acoustics," 14.

76 SOFARチャネル : Urick, *Principles*, 169.

76 1946年 : Gary E. Weir, "The American Sound Surveillance System: Using the Ocean to Hunt Soviet Submarines, 1950–1961," *International Journal of Naval History* 5, no. 2 (August 2006); https://www.usni.org/magazines/naval-history-magazine/2021/february/66-years-undersea-surveillance/.

77 敵の潜水艦〜聞き逃さないように : Donald P. Loye and Don A. Proudfoot,

66　短時間でエネルギーを失わない : G. Scowcroft et al., *Discovery of Sound in the Sea* (Kingston, RI: University of Rhode Island, 2018), 3.
66　反響音を利用 : Fischer, "Colladon."
67　商業は活況を呈した : Susan Schlee, *The Edge of an Unfamiliar World* (New York: E.P. Dutton & Co, 1973), 13–15.
67　キャプテン・クック : Rebecca J. Rosen, "For Scientists of the 18th Century, the Transit of Venus Was Their Final Chance to Measure the Solar System," *The Atlantic*, June 5, 2012, https://www.theatlantic.com/technology/archive/2012/06/for-scientists-of-the-18th-century-the-transit-of-venus-was-their-final-chance-to-measure-the-solar-system/258013/.
67　地図が必要だった : Schlee, *Unfamiliar World*, 23.
67　沿岸測量部 : Schlee, *Unfamiliar World*, 24.
67　海図装備兵站部 : Schlee, *Unfamiliar World*, 26.
67　測鉛線だけを頼りに : Schlee, *Unfamiliar World*, 43–44.
67　3年半におよぶ航海 : Schlee, *Unfamiliar World*, 251.
67　反響音 : "Proceedings of the American Philosophical Society, Progress of Physical Science," *Journal of the Franklin Institute of the State of Pennsylvania and Mechanics' Register* 24 (July 1839): 351–352.
68　ボニーキャッスルとパターソンの実験を繰り返した : "The First Studies of Underwater Acoustics: The 1800s," DOSITS, accessed September 13, 2023, https://dosits.org/people-and-sound/history-of-underwater-acoustics/the-first-studies-of-underwater-acoustics-the-1800s/.
68　海底通信ケーブルが初めて敷設された : Schlee, *Unfamiliar World*, 89.
68　技師のアーサー・マンディ : Transmission of Sound, United States Patent Office, No. 636519, Filed April 14, 1899, issued November 7, 1899, accessed September 12, 2023, https://patents.google.com/patent/US63 65 19A/en.
68　サブマリン・シグナル・カンパニー : Hersey, "Man's Use of Ocean Acoustics," 11
68　水槽のなかに沈められた : C. Borbach, "An Interlude in Navigation: Submarine Signaling as a Sonic Geomedia Infrastructure," *New Media & Society* 24, no. 11 (2022): 2493–2513, https://doi.org/10.1177/14614448221122240/.
69　1914年4月のある肌寒い日 : R. F. Blake, "Submarine Signaling: The Protection of Shipping by a Wall of Sound and Other Uses of the Submarine Telegraph Oscillator," *Transactions of the American Institute of Electrical Engineers Vol. XXXIII, Part II: 1549–1561* (American Institute of Electrical Engineers, 1914).
69　ハイラム・マキシム卿 : "Sir Hiram Maxim's Plan to Prevent Sea Collisions," *New York Times*, July 28, 1912, https://timesmachine.nytimes.com/timesmachine/1912/07/28/100589415.html?pageNumber=45/.
69　フェッセンデンはプロトタイプを製作すると : Blake, "Submarine Signaling."
69　フェッセンデンは〜眠ることができなかった : Helen Fessenden, *Fessenden: Builder of Tomorrows* (New York: Coward-McCann, 1940), 220.
70　反響音 : Blake, "Submarine Signaling."
70　結核の治療を受けながら : Schlee, *Unfamiliar World*, 247–249; Urick, *Principles*, 3.
71　イギリスの船にはハイドロフォンが装備されていた : Schlee, *Unfamiliar World*, 248.
71　高周波の音 : ジム・ミラーとのインタビュー、2021年。
71　既存のオシレーター : Angela D'Amico and Richard Pittinger, "A Brief History of

59　ベーコンは～言及 : Francis Bacon, *The Works of Francis Bacon, Baron of Verulam, Viscount St. Alban, and Lord High Chancellor of England, in Five Volumes* (A. Millar in the Strand, 1765), 296–297.（フランシス・ベーコン『フランシス・ベーコン著作集』第５巻）

59　決して誇張ではない : Hawking, “Nicolaus Copernicus,” 1–6.

60　カール・リンネが～考案した : “Carolus Linnaeus summary,” *Encyclopedia Britannica*, May 2, 2020, https://www.britannica.com/summary/Carolus-Linnaeus.

60　『種の起源』: Charles Darwin and Leonard Kebler, *On the origin of species by means of natural selection, or, The preservation of favoured races in the struggle for life* (London: J. Murray, 1859)（チャールズ・ダーウィン、レオナルド・ケブラー『種の起源』), https://www.loc.gov/item/06017473/.

60　しかし魚は謎だった : この論争に関しては以下をはじめ、様々な記述で取り上げられている。John Hunter, “Account of the Organ of Hearing in Fish. By John Hunter, Esq. F. R. S,” *Philosophical Transactions of the Royal Society of London* 72 (1782): 379–83, http://www.jstor.org/stable/106467; https://royalsocietypublishing.org/doi/pdf/10.1098/rstl.1782.0025/.

60　『釣魚大全』: Isaak Walton, *The Complete Angler*（アイザック・ウォルトン『釣魚大全』）以下で引用。G. H. Parker, “A Critical Survey of the Sense of Hearing in Fishes,” *Proceedings of the American Philosophical Society* 57, no. 2 (1918): 69–98.

60　養魚池のまわりを散歩していた : Hunter, “Organ of Hearing in Fish,” 379–383.

61　銃を一度発砲 : Parker, “A Critical Survey,” 69–98.

62　ドイツの動物行動学者カール・フォン・フリッシュ : Karl von Frisch, *A Biologist Remembers*, trans. Lisbeth Gombrich (New York: Pergamon, 1967).

63　博物学者は～推測した : Roger Hanlon, Roger Budelmann, and Bernd Budelmann, “Why Cephalopods Are Probably Not ‘Deaf,’ ” *American Naturalist* 129 (1987), https://doi.org/10.1086/284637.

64　ラプラス侯爵 : Bernard S. Finn, “Laplace and the Speed of Sound,” *ISIS* 55, no. 179 (1964): 7–19, https://www3.nd.edu/~powers/ame.20231/finn1964.pdf/.

64　ジャン＝フランソワ・ノレ : L’Abbe Nollet, “Sur l’Ouïe des Poissons, & sur la transmission des sons dans l’eau,” *Histoire de l’Académie royale des sciences* (1743), http://visualiseur.bnf.fr/Cadres Fenetre?O=NUMM-3541&M=tdm/.

64　アレクサンダー・モンロー２世 : J. B. Hersey, “A Chronicle of Man’s Use of Ocean Acoustics,” *Oceanus* 20, no. 2 (Spring 1977): 8–21.

65　フランソワ・シュルピス・ビューダン : F. S. Beudant, *Essai d’un Cours Elementaire et General des Sciences Physiques: Partie Physique* (Verdiere, Paris, 1824). さらにハーシーによれば、彼らは自分たちの結論のなかでビューダンの数字について報告している。Hersey, “Man’s Use of Ocean Acoustics.”

65　実験の場所に選んだ : Stéphane Fischer, “Jean-Daniel Colladon, Geneva Scholar and Industrialist,” Musée d’histoire des sciences, Ville de Genève, http://institutions.ville-geneve.ch/fileadmin/user_upload/mhn/documents/Musee_histoire_des_sciences/8_Colladon_Angl_2.pdf/.

66　水中で音が伝わる速さは～報告した : J. D. Colladon and C. F. Sturm, “Memoire sur la compression des liquides: I. Introduction,” *Annales de chimie.et de physique* 36 (1827): 113–159.

66　空気中 : “Speed of Sound,” Simon Fraser University, accessed September 14, 2023, https://www.sfu.ca/sonic-studio-webdav/handbook/Speed_Of_Sound.html/.

Thresholds," *Aviation, Space, and Environmental Medicine* 75, no. 5 (May 2004): 397-404, PMID: 15152891.

第３章

57　ギリシャの哲学者アリストテレス : Christopher Shields, "Aristotle," in *The Stanford Encyclopedia of Philosophy* (Spring 2022 Edition), ed. Edward N. Zalta, https://plato.stanford.edu/archives/spr2022/entries/aristotle/.

57　音は〜聞こえる : Aristotle, *De Anima, Part 2, Book 8*, trans. J. A. Smith, MIT Classics, http://classics.mit.edu/Aristotle/soul.2.ii.html.

57　リラやホウボウ : Aristotle, *Historium Animalium Book 4, Part 9*, trans.（アリストテレス『動物誌』第４巻、第９章）ダーシー・ウェントワース・トムソン訳（紀元前350年）, The Internet Classic Archive, http://classics.mit.edu/Aristotle/history_anim.mb.txt/.

58　腹部のあたりで、体内の : Aristotle, *Historium Animalium*.（アリストテレス『動物誌』）

58　アザラシは : Aristotle, *Historium Animalium, Book 4, Part 11*.（アリストテレス『動物誌』第４巻、第11章）

58　ピシーナ : James Arnold Higginbotham, *Piscinae: Artificial Fishponds in Roman Italy* (Chapel Hill, NC: University of North Carolina Press, 1997).

58　皇帝の養魚池 : Pliny the Elder, *Natural History, Volume III*: Books 8–11. Translated by H. Rackham.（大プリニウス『プリニウスの博物誌』H・ラッカム訳）Loeb Classical Library 353: 415-416, https://www.loebclassics.com/view/pliny_elder-natural_history/1938/pb_LCL353.415.xml?readMode=recto.

58　マルクス・リキニウス・クラッスス : "Marcus Licinius Crassus," *Encyclopedia Britannica* (August 29, 2023), https://www.britannica.com/biography/Marcus-Licinius-Crassus.

58　ウナギを宝石で飾った : Higginbothem, Higginbotham, *Piscinae*, 63.

59　レオナルド・ダ・ヴィンチは、つぎのように考えた : Robert J. Urick, *Principles of Underwater Sound, 3rd Edition* (New York: McGraw-Hill, 1983), 2.

59　解剖学者のバルトロマーウス・エウスタキウス : A. H. Gitter, "Eine kurze Geschichte der Hörforschung" (A short history of hearing research), *Laryngorhinootologie* 69, no. 9 (September 1990): 495–500, https://doi.org/10.1055/s-2007-998239, PMID: 2242190; T. R. De Water, "Historical Aspects of Inner Ear Anatomy and Biology that Underlie the Design of Hearing and Balance Prosthetic Devices," *The Anatomical Record*, 295 (2012): 1741–1759, https://doi.org/10.1002/ar.22598/.

59　豪華な挿絵 : Giulio Casserio, "De vocis auditusque organis historia anatomica, singulari fide, methodo ac industria concinnata, tractatibus duobus explicata ac variis iconibus aere excusis illustrata," https://gallica.bnf.fr/ark:/12148/bpt6k850342w/f6.item; たとえば以下を参照。https://commons.wikimedia.org/wiki/File:Casserius,_De_Vocis_Auditusque_Organis_Historia_Anatomica._Wellcome_L0007973.jpg/.

59　コペルニクス〜明言 : Stephen Hawking, "Nicolaus Copernicus (1473–1543) His Life and Work," in *On the Shoulders of Giants*, ed. Stephen Hawking (Philadelphia: Running Press, 2002), 1–6.

59　『ノヴム・オルガヌム』: Francis Bacon, *The New Organon* (New York: Jonathan Bennett, 2017), https://www.earlymoderntexts.com/assets/pdfs/bacon1620.pdf.

46　現代の無脊椎動物は〜最も敏感に反応することが多い：Pumphrey, "Hearing," 10–11.

46　離れた場所での何らかの接触：Sven Dijkgraaf, "Spallanzani's Unpublished Experiments on the Sensory Basis of Object Perception in Bats," *Isis* 51, no. 9–20 (March 1960), https://doi.org/10.1086/348834; PMID: 13816753.

47　体に繊毛が生えている : Vermeij, "Coral Larvae Move Toward Reef Sounds."

48　側線 : Sheryl Coombs et al., eds., *The Springer Handbook of Auditory Research: The Lateral Line* (New York: Springer, 2014), Preface.

48　魚の先祖の頭のなか : Fred Ladich and Arthur N. Popper, "Parallel Evolution in Fish Hearing Organs," in Manley, Popper, and Fay, *Evolution of the Vertebrate Auditory System*, 97.

48　魚の内耳 : Geoffrey A. Manley, Arthur N. Popper, Richard A. Fay, eds., *Evolution of the Vertebrate Auditory System* (New York: Springer, 2004), x.

50　これらの石を貴重なデータとして利用：Interview with Luke Tornabene and Katherine Maslenikov; "Two Million Fish Ear Bones Contain New Environments Insights," Burke Museum, updated October 24, 2012, https://www. burkemuseum.org/news/two-million-fish-ear-bones-contain-new-environmental-insights/.

51　かねてより主張してきた : "The Importance of Sound to Fishes—Arthur Popper and Tony Hawkins | ABC 2020," Sea Search Research and Conservation, https://www.youtube.com/watch?v=hJGuk4JVXuU&ab_channel=SeaSearchResearch%26Conservation/.

51　空気の詰まった袋：Tanja Schulz-Mirbach, Brian Metscher, and Friedrich Ladich, "Relationship Between Swim Bladder Morphology and Hearing Abilities: A Case Study on Asian and African Cichlids," *PLOSOne7*, no. 8 (August 7, 2012), https://doi.org/10.1371/journal.pone.0042292/.

51　聴覚のスペシャリスト：Arthur N. Popper, Anthony D. Hawkins, and Joseph A. Sisneros, "Fish Hearing 'Specialization'—A Re-Evaluation," *Hearing Research* 425 (2022), https://doi.org/10.1016/j.heares.2021.108393; アーサー・ポパーとのインタビュー ; Friedrich Ladich and Lidia Eva Wysocki, "How Does Tripus Extirpation Affect Auditory Sensitivity in Goldfish?" *Hearing Research* 182, no. 1–2 (2003): 119–129, https://doi.org/10.1016/S0378-5955(03)00188-6.

52　4 億年前 : Gemma Tarlach, "How Life First Left Water and Walked Ashore," *Discover Magazine*, June 12, 2017, https://www.discovermagazine.com/planet-earth/how-life-first-left-water-and-walked-ashore/.

52　生命の化学的性質は、水の化学的性質 : Godfrey-Smith, *Other Minds*, 19.

52　インピーダンス : ジム・ミラーとのインタビュー、2021 年。

52　1 億年 : Geoffrey A. Manley, "Advances and Perspectives in the Study of the Evolution of the Vertebrate Auditory System," in Manley, Popper, and Fay, *Evolution*, 366.

53　振動を増幅して〜複数の小さな骨：Jennifer A. Clack and Edward Allin, "The Evolution of Single-and Multiple-Ossicle Ears in Fishes and Tetrapods," in Manley, Popper, and Fay, *Evolution*, 146.

53　両生類：Geoffrey A. Manley and Jennifer Clack, "An Outline of the Evolution of Vertebrate Hearing Organs," in Manley, Popper, and Fay, *Evolution*, 1-4. Note that the line wasn't direct.

54　ネオプレンフードで頭をすっぽり隠したダイバー : D. M. Fothergill, J. R. Sims, and M. D. Curley, "Neoprene Wet-Suit Hood Affects Low-Frequency Underwater Hearing

42　およそ90パーセント：Emily Yi-Shuyuan Chen, "Often Overlooked: Understanding and Meeting the Current Challenges of Marine Invertebrate Conservation," *Frontiers of Marine Science* 8, https://doi.org/10.3389/fmars.2021.690704/.

43　ほとんどの動物門は〜特殊な構造を発達させた：Allison Coffin et al., "Evolution of Sensory Hair Cells," in *Evolution of the Vertebrate Auditory System*, eds. Geoffrey A. Manley, Arthur N. Popper, and Richard A. Fay (New York: Springer, 2004), 55–94, especially 58.

43　有毛細胞が〜いつ進化したのか：Jeremy S. Duncan and Bernd Fritzsch, "Evolution of Sound and Balance Perception: Innovations that Aggregate Single Hair Cells into the Ear and Transform a Gravistatic Sensor into the Organ of Corti," *The Anatomical Record* 295, no. 11 (November 2022): 1760–1774, https://doi.org/10.1002/ar.22573/.

43　刺胞動物：Ethan Ozment et al., "Cnidarian Hair Cell Development Illuminates an Ancient Role for the Class IV POU Transcription Factor in Defining Mechanoreceptor Identity," *eLife* 10 (2021): e74336, https://doi.org/10.7554/eLife.74336/.

43　平衡胞：Coffin, "Sensory Hair Cells," 79.

43　一部の音を感じ取る：R. J. Pumphrey, "Hearing," *Symposia for the Society of Experimental Biology* 4 (1950): 3–18.

44　圧力〜波：ジム・ミラーとのインタビュー、2021年。"it's a pressure wave." Also David L. Bradley and Richard Stern, "Underwater Sound and the Marine Mammal Acoustic Environment: A Guide to Fundamental Principles," prepared for the U.S. Marine Mammal Commission, 2008, page 1.

44　干渉やバリエーション：*Merriam-Webster Dictionary*, s.v. "wave," accessed September 15, 2023, https://www.merriam-webster.com/dictionary/wave.

44　縦波："What Is Sound?" DOSITS, accessed September 15, https://dosits.org/science/sound/what-is-sound/.

44　振幅："Amplitude," DOSITS, accessed September 15, https://dosits.org/glossary/amplitude/.

45　周波数："Frequency," DOSITS, accessed September 15, https://dosits.org/glossary/frequency/; Bradley and Stern, "Underwater Sound," 7.

45　耳の良い若者："The Audible Spectrum," in *Neuroscience, 2nd Edition*, eds. D. Purves et al. (Sunderland, MA: Sinauer Associates; 2001). Available from https://www.ncbi.nlm.nih.gov/books/NBK10924/.

45　体密度が水に非常に近い：Manley, Popper, and Fay, *Evolution of the Vertebrate Auditory System*, x.

46　音が聞こえない：Pumphrey, "Hearing," 14.

46　腹感覚器官：Jeroen Hubert et al., "Responsiveness and Habituation to Repeated Sound Exposures and Pulse Trains in Blue Mussels," *Journal of Experimental Marine Biology and Ecology* 547 (February 2022), https://doi.org/10.1016/j.jembe.2021.151668/.

46　有毛細胞がびっしり生えたポケット：ジェイソン・セメンスとのインタビュー、2021年。

46　関節の構造：Arthur N. Popper, Michael Salmon, and K. W. Horch, "Acoustic Detection and Communication by Decapod Crustaceans," *Journal of Comparative Physiology A-Neuroethology Sensory Neural and Behavioral Physiology* 187 (2021): 83–89.

のは、おそらく偶然ではない。

38 仔魚〜突き止めた : Jeffrey M. Leis, Brooke M. Carson-Ewart, and Douglas H. Cato, "Sound Detection In Situ by the Larvae of a Coral-Reef Damselfish (Pomacentridae)," *Marine Ecology Progress Series* 232 (2002): 259–268. このデータは1998年から集められた。

39 仔魚を引き寄せた : N. Tolimeri, A. Jeffs, and J. C. Montgomery, "Ambient Sound As a Cue for Navigation by Pelagic Larvae of Reef Fishes," *Marine Ecology Progress Series* 207 (2000): 219–224.

39 音の道しるべ : Stephen D. Simpson et al., "Homeward Sound," *Science* 308 (April 2005): 221, https://doi.org/10.1126/science.1107406/.

39 脳も〜持たない : スティーブ・シンプソンとのインタビュー、2022年。サンゴの基本的な生物構造に耳は含まれない。

40 浮いたり沈んだり : スティーブ・シンプソンとのインタビュー、2022年。; Mark J. A. Vermeij et al., "Coral Larvae Move Toward Reef Sounds," *PLOSOne* 5, no. 5 (2010), https://doi.org/10.1371/journal.pone.0010660/.

40 音に向かって移動した : Vermeij, "Coral Larvae Move Toward Reef Sounds."

40 変態して成体になる : Jenni A. Stanley et al., "Induction of Settlement in Crab Megalopae by Ambient Underwater Reef Sound," *Behavioral Ecology* 21, no. 1 (January–February 2010): 113–120, https://doi.org/10.1093/beheco/arp159/.

41 最古の単細胞 : Peter Godfrey-Smith, *Other Minds* (New York: Farrar, Strauss and Giroux, 2016), 15. 実際のところ、最も一般的な数字は38億年前である。そうなると35億年前という数字の信憑性はかなりあやしい。

41 初めて手に入れた「感覚」: Godfrey-Smith, *Other Minds*, 17.

41 20億年かけて : Ben Warren and Manuela Nowotny, "Bridging the Gap Between Mammal and Insect Ears: A Comparative and Evolutionary View of Sound-Reception," *Frontiers in Ecology and Evolution* 9 (2021), https://doi.org/10.3389/fevo.2021.667218/.

41 複数の感覚器官 : Godfrey-Smith, *Other Minds*, 18; Warren and Nowotny, "Bridging the Gap."

41 硬い部位はなかった : T. Fridtjof Flannery, "Cambrian Explosion," *Encyclopedia Britannica*, accessed September 12, 2023, https://www.britannica.com/science/Cambrian-explosion.

41 繊毛のような特殊な構造を使って移動 : Warren and Nowotny, "Bridging the Gap."

42 カンブリア爆発 : Warren and Nowotny, "Bridging the Gap."

42 6つの界 : T. Cavalier-Smith, "Only six kingdoms of life," *Proceedings of the Royal Society of London. Series B*: Biological Sciences 271 (2004): 1251–1262.

42 脊索動物門 : 厳密に言えば、すべての脊椎動物は脊索動物である。ただし、脊椎動物を決定づける特徴である背骨を、すべての脊索動物が持っているわけではない。しかし「脊椎動物」という単語は通常、脊索動物全般を対象にして使われる。

42 遺伝子の類似点 : アリソン・コフィンとのインタビュー、2022年。

42 地球上のほとんどの動物 : "What Is an Invertebrate?" Exploring Our Fluid Earth, University of Hawaii at Manoa, accessed September 2023, https://manoa.hawaii.edu/exploringourfluidearth/biological/invertebrates/what-invertebrate; also the IUCN's species list, "IUCN Red List," version 2014.3, Table 1, last updated November 13, 2014, http://cmsdocs.s3.amazonaws.com/summarystats/2014_3_Summary_Stats_Page_Documents/2014_3_RL_Stats_Table_1.pdf/.

36　水中で〜音を聞きとるための極秘のネットワーク：“Origins of SOSUS,” COMSUBPAC, https://www.csp.navy.mil/cus/About-IUSS/Origins-of-SOSUS/.

36　聞くチャンスがようやく与えられた：William A. Watkins and Mary Anne Daher, “Twelve Years of Tracking 52-Hz Whale Calls from a Unique Source in the North Pacific,” *Deep Sea Research Part 1*, 51 (2004) 1889–1901, https://doi.org/10.1016/j.dsr.2004.08.006.「SOSUSは、十分にテストされた正確で使いやすい音響追跡の記録を提供していた。ところがそのあと40年間、こうした海軍の機密データは、生物学の研究のために提供されないのが普通になった。やがて1992年になると、アメリカ海軍の統合監視システムのデータは、SOSUSも含めて一部が機密解除された……」。これもスティーブ・シンプソンとのインタビューで語られた。以下の点は指摘しておきたい。ウィリアム・ワトキンスなど一部の音響学者はSOSUSが機密解除される前からこれに関わっていたが、シンプソンをはじめ研究コミュニティに所属する学者の多くは、ネットワークについての知識がゼロに等しかったと述べている。

36　地球が地震で揺さぶられるとき：Carlos M. Duarte et al., “The Soundscape of the Anthropocene Ocean,” *Science* 371, no. 6529 (February 2021): 1 of 10, https://doi.org/10.1126/science.aba4658; Gordon M. Wenz, “Acoustic Ambient Noise in the Ocean: Spectra and Sources,” *Journal of the Acoustical Society of America* 34, no. 12 (December 1962): 1936–1956.

37　ものすごい轟音：“Underwater Microphone Captures Honshu, Japan Earthquake,” NOAAPMEL, uploaded to YouTube April 12, 2011, https://www.youtube.com/watch?v=4rWDrZIucAQ&ab_channel=NOAAPMEL/.

37　風や波の音：Wenz, “Acoustic Ambient Noise.”

37　雨が激しくなれば：J. A. Nystuen and D. M. Farmer, “The Influence of Wind on the Underwater Sound Generated by Light Rain,”*Journal of the Acoustical Society of America* 82 (1987): 270–274, https://doi.org/10.1121/1.395563/.

37　雪が降り注ぐ音：J. Scrimger, “Underwater Noise Caused by Precipitation,” *Nature* 318 (1985): 647–649, https://doi.org/10.1038/318647a0/.

37　絶えず鳴り響く：これは、私が深海でのあらゆる音の録音を聞いたときの解釈である。

37　海氷に亀裂が生じるとき：ウィリアム・ハリデーとのインタビュー、2021年。

37　「ブループ」と名付けて有名に：“What Is the Bloop?” NOAA, National Ocean Service website, last updated January 18, 2023, https://oceanservice.noaa.gov/facts/bloop.html/.

38　低い音：R. P. Dziak et al., “Life and Death Sounds of Iceberg A53a,” *Oceanography* 26, no. 2 (2013): 10–12, https://doi.org/10.5670/oceanog.2013.20.

38　「コーラス」：Douglas H. Cato, “Marine Biological Choruses Observed in Tropical Waters Near Australia,” *Journal of the Acoustical Society of America* 64 (1978): 736–743, https://doi.org/10.1121/1.382038/.

38　警告〜聴覚は大いに役に立つ：Seth Horowitz, *The Universal Sense* (New York: Bloomsbury, 2012), 108–109; T. Götz and V. M. Janik, “Repeated Elicitation of the Acoustic Startle Reflex Leads to Sensitisation in Subsequent Avoidance Behaviour and Induces Fear Conditioning,” *BMC Neuroscience* 12, no. 30 (2011), https://doi.org/10.1186/1471-2202-12-30. 後者は、哺乳類の驚愕反応は感触と重力と音によって誘発されると述べている。そのなかでは、音だけが「距離」感に関わっている。このあと取り上げるが、感触と重力と音のあいだに感覚としての密接な関係がある

Roberts et al., "Sensitivity of the Mussel *Mytilus Edulis* to Substrate Borne Vibration in Relation to Anthropogenically Generated Noise," *Marine Ecology Progress Series* 538 (2015): 185–195, https://doi.org/10.3354/meps11468. さらに、以下のようなザリガニの感覚毛に関する研究もある。J. Tautz and D. C. Sandeman, "The Detection of Waterborne Vibration by Sensory Hairs on the Chelae of the Crayfish," *Journal of Experimental Biology* 88, no. 1 (1980): 351–356, https://doi.org/10.1242/jeb.88.1.351. Longfin squid: T. A. Mooney et al., "Sound Detection by the Longfin Squid (*Loligo Pealeii*) Studied with Auditory Evoked Potentials: Sensitivity to Low-Frequency Particle Motion and Not Pressure," *Journal of Experimental Biology* 213, no. 21 (2010): 3748–3759, https://doi.org/10.1242/jeb.048348/.

32 粒子運動 : Arthur D. Popper and Anthony D. Hawkins, "The Importance of Particle Motion to Fishes and Invertebrates," *Journal of the Acoustical Society of America* 143, no. 1 (January 2018): 470–488, https://doi.org/10.1121/1.5021594/.

33 音は異なる : Robert J. Urick, *Principles of Underwater Sound, 3rd Edition* (McGraw-Hill, 1983): shallow water vs. deep, 209; bouncing and bending, 159; shadow zones, 135; channels and ducts, Chapter 6.

33 遠くまで速く伝わり : G. Scowcroft et al., *Discovery of Sound in the Sea* (Kingston, RI: University of Rhode Island, 2018), 5.

第2章

34 夥しい数の生物種 : "Great Barrier Reef," UNESCO, accessed September 2023, https://whc.unesco.org/en/list/154/; "Basic Information About Coral Reefs," United States Environmental Protection Agency, accessed September 2023, https://www.epa.gov/coral-reefs/basic-information-about-coral-reefs/.

34 配偶子を体内から水中に放出 : "How Do Corals Reproduce?" NOAA, accessed September 2023, https://oceanservice.noaa.gov/education/tutorial_corals/coral06_reproduction.html/.

35 11月の新月 : S. D. Simpson et al., "Attraction of Settlement-Stage Coral Reef Fishes to Reef Noise," *Marine Ecology Progress Series* 276 (August 2004): 263–268, https://doi.org/10.3354/meps276263/.

35 まったくの謎 : 以下を参照。G. P. Jones et al., "Self-Recruitment in a Coral Reef Fish Population," *Nature* 402 (1999): 802–804; S. E. Swearer et al., "Larval Retention and Recruitment in an Island Population of a Coral-Reef Fish," *Nature* 402 (1999): 799–802.

35 ふたつの研究が彼の発想を根底から覆した : Jones, "Self-Recruitment"; Swearer, "Larval Retention."

35 仔魚には目がついている : Michael J. Kingsford et al., "Sensory Environments, Larval Abilities, and Local Self-Recruitment," *Bulletin of Marine Science*, Supplement 70, no.1 (2002): 309–340.

36 回帰が月の相と同調している : Simpson et al., "Attraction."

36 （1950年代頃から行なわれてきた） 報告 : たとえば以下を参照。Martin W. Johnson, "A Survey of Biological Underwater Noises Off the Coast of California and in Upper Puget Sound," University of California Division of War Research, U.S. Navy Radio and Sound Laboratory, San Diego, California (1943), which describes water *noise* surveys along the West Coast.

24 メバル: "Sebastes melanops Girard, 1856: Black rockfish," FishBase, accessed September 8, 2023, https://www.fishbase.se/summary/sebastes-melanops.

27 1972年に活動を始め: "History," Bamfield Marine Science Centre, accessed September 10, 2023, https://bamfieldmsc.com/bmsc-overview/history/.

27 長い針金の「測鉛線」: Susan Schlee, *The Edge of an Unfamiliar World* (New York: E.P. Dutton & Co, 1973), 44.

28 他の動物よりも詳しく:ほとんどの研究や規制は海洋哺乳類を対象にしているが、魚や無脊椎動物に音がおよぼす影響についての研究は、以下のものなど僅かしかない。Hawkins and Popper, "Sound Approach."

29 ケルプの地図の作成と調査:たとえば以下に要約されている。Louis D. Druehl, "The Distribution of *Macrocystis integrifolia* in British Columbia as Related to Environmental Parameters," *Canadian Journal of Botany* 56 (1978): 69–79.

29 小さくなっているところのほうが多い: Samuel Starko et al., "Microclimate Predicts Kelp Forest Extinction in the Face of Direct and Indirect Marine Heatwave Effects," *Ecological Applications* 32, no. 7 (2022), https://doi.org/10.1002/eap.2673/.

29 西暦2100年までに数度: "Regional Fact Sheet: Ocean," IPCC, *Sixth Assessment Report*, https://www.ipcc.ch/report/ar6/wg1/downloads/factsheets/IPCC_AR6_WGI_Regional_Fact_Sheet_Ocean.pdf/.

30 もともと2度ほど高い:キーラン・コックスとのインタビュー、2022年。

30 生態系サービス: "Ecosystem Services," The National Wildlife Federation, accessed September 14, 2023, https://www.nwf.org/Educational-Resources/Wildlife-Guide/Understanding-Conservation/Ecosystem-Services/.

30 高潮や波から海岸を守り: M. Spalding et al., "Mangroves for Coastal Defence. Guidelines for Coastal Managers & Policy Makers," Wetlands International and the Nature Conservancy (2014), 8, https://www.nature.org/media/oceansandcoasts/mangroves-for-coastal-defence.pdf/.

30 森は空気を浄化: N. Balloffet et al., "Ecosystem Services and Climate Change," U.S. Department of Agriculture, Forest Service, Climate Change Resource Center (February 4, 2012), www.fs.usda.gov/ccrc/topics/ecosystem-services/.

30 ケルプの森も多くの貢献をしている: Aaron M. Eger et al., "The Value of Ecosystem Services in Global Marine Kelp Forests," *Nature Communications* 14, no. 1894 (May 2023), https://doi.org/0.1038/s41467-023-37385-0/.

31 船舶が引き起こすノイズに関するガイドラインをアップデート: "Addressing Underwater Noise From Ships—Draft Revised Guidelines Agreed," International Maritime Organization, January 30, 2023, https://www.imo.org/en/MediaCentre/Pages/WhatsNew-1818.aspx/.

31 船の設計を見直し、費用対効果の改善: Vanessa ZoBell et al., "Retrofit-Induced Changes in the Radiated Noise and Monopole Source Levels of Container Ships," *PLoS ONE* 18, no. 3 (2023), https://doi.org/10.1371/journal.pone.0282677/.

31 水中ノイズの計測に関するガイドライン: International Organization for Standardization, "Standards by ISO/TC 43/SC 3, Underwater Acoustics," accessed September 2023, https://www.iso.org/committee/653046/x/catalogue/p/0/u/1/w/0/d/0/.

31 影響が変化する様子を示す同心円: Hawkins and Popper, "Sound Approach."

32 器官のひとつにすぎない:耳のほかに音を検知すると思われるメカニズムには、感覚毛、平衡胞、弦音器官などがある。たとえば以下を参照。mussels: Louise

す影響に関する会議の議事録に目を通してほしい。たとえば最近ベルリンで開催された会議では、海藻の茎から掘削船やイカの聴覚まで、話題は多岐にわたった。

16 特に沿岸部：Nathan D. Merchant et al., "Monitoring Ship Noise to Assess the Impact of Coastal Developments on Marine Mammals," *Marine Pollution Bulletin* 78 (2014): 85–95, https://doi.org/10.1016/j.marpolbul.2013.10.058/.

17 スキューバダイビングの安全を保つ：ダイバーは、ダイブコンピュータや初歩的なリクリエーショナル・ダイブプランナーを使う。たとえば以下を参照。（https://www.a1scubadiving.com/wp-content/uploads/2018/06/PADI-Recreational-Dive-Table-Planner.pdf）これは、一定の深度で過ごす時間と、そこから海面に浮上するために必要な時間に基づいている。他にもダイバーは、飛行機のフライトや最後に潜ってからの経過時間などの変数について考慮する必要がある。

19 海上交通路："British Columbia Marine Transportation," (map) https://cmscontent.nrs.gov.bc.ca/geoscience/MapPlace1/Offshore/Coastal_Ports_Medium.pdf/.

20 速度を増すにつれて大きくなる：Christine Erbe et al., "The Effects of Ship Noise on Marine Mammals—A Review," *Frontiers in Marine Science* 6, no. 606 (October 2019): 3 of 21, https://doi.org/10.3389/fmars.2019.00606/.

21 場所によっては合唱する：たとえば以下を参照。Craig A. Radford et al., "Temporal Patterns of Ambient Noise of Biological Origin from a Shallow Water Temperate Reef," *Oecologica*, 156, no. 4 (July 2008), 921–929, http://www.jstor.org/stable/40309581. しかし、海の音に耳を傾けている科学者は、早くも1960年代には「夜の合唱」に注目していた。たとえば以下を参照。R. I. Tait, "The Evening Chorus: A Biological Noise Investigation," Naval Research Laboratory, HMNZ Dockyard, Auckland (1962).

22 小さな植物性プランクトン：Rebecca Lindsey and Michon Scott, "What Are Phytoplankton?" NASA Earth Observatory, accessed September 11, 2023, https://earthobservatory.nasa.gov/features/Phytoplankton/.

23 水は大気よりも速く光を吸収：Scowcroft, *Discovery*, 3.

24 海が化学物質を伝える：Scowcroft, *Discovery*, 3.

24 音があふれている：Scowcroft, *Discovery*, 3; also Wenz, "Acoustic Ambient Noise."

24 ウニは〜ケルプをバリバリかみ砕く：Kelly Fretwell and Brian Starzomski, "Biodiversity of the Central Coast: Purple Sea Urchin," Central Coast Biodiversity, accessed September 12, 2023, https://www.centralcoastbiodiversity.org/purple-sea-urchin-bull-strongylocentrotus-purpuratus.html. The urchin's clicking and crunching was audible to me underwater.

24 かぎ爪を叩きつける：Barbara Schmitz, "Sound Production in Crustacea with Special Reference to the Alpheidae," in *The Crustacean Nervous System*, ed., K. Wiese (Berlin, Heidelberg: Springer, 2002), 1, https://doi.org/10.1007/978-3-662-04843-6_40/.

24 ワームは顎を鳴らし：Ryutaro Goto, Isao Hirabayashi, A. Richard Palmer, "Remarkably Loud Snaps During Mouth-Fighting by a Sponge-Dwelling Worm," *Current Biology* 29, no.13 (2019): 617–618, https://doi.org/10.1016/j.cub.2019.05.047. こうした蠕虫は、一種の「口喧嘩」を行なっている。顎を動かし、非常に大きな音を出す。軟体動物である蠕虫がそんな大きな音を出すとは、何年ものあいだ誰も考えなかった。そのメカニズムは、非常に強力な咽頭筋に支えられているようだ。

24 カジカ："Grunt Sculpin," Aquarium of the Pacific, accessed September 11, 2023, https://www.aquariumofpacific.org/online learning center/species/grunt_sculpin/.

Invertebrates," *ICES Journal of Marine Science* 74, no. 3 (March–April 2017): 635–651, https://doi.org/10.1093/icesjms/fsw205/.

7　船舶が世界の海で引き起こすノイズ～倍増：Mark A. McDonald, John A. Hildebrand, and Sean M. Wiggins, "Increases in Deep Ocean Ambient Noise in the Northeast Pacific West of San Nicolas Island California," *The Journal of the Acoustical Society of America* 230, no. 120(2) (August 2006): 711–718, https://doi.org/10.1121/1.2216565/.

7　海洋哺乳類に焦点：United States Congress, "Marine Mammal Protection Act of 1972," U.S. Government Publishing Office, December 26, 2022, https://www.govinfo.gov/app/details/COMPS-1679.

8　魚、カニ：Arthur N. Popper and Anthony D. Hawkins, "The Importance of Particle Motion to Fishes and Invertebrates," *Journal of the Acoustical. Society of America* 143, no. 1 (January 2018): 470–488, https://doi.org/10.1121/1.5021594/.

8　ホタテ貝：Natacha Aguilar de Soto et al., "Anthropogenic Noise Causes Body Malformations and Delays Development in Marine Larvae," *Scientific Reports* 3, no. 2831 (October 2013), https://doi.org/10.1038/srep02831.

8　海藻：Marta Sole et al., "Seagrass *Posidonia* Is Impaired by Human-Generated Noise," *Communications Biology* 4, no. 743 (2021), https://doi.org/10.1038/s42003-021-02165-3/.

9　興味深い研究：Rodney A. Rountree and Francis Juanes, "Potential for Use of Passive Acoustic Monitoring of Piranhas in the Pacaya—Samiria National Reserve in Peru," *Freshwater Biology* 65, no. 1 (January 2020), 55–65, https://doi.org/10.1111/fwb.13185; J. Miguel Simoes et al., "Courtship and Agonistic Sounds by the Cichlid Fish Pseudotropheus Zebra," *Journal of the Acoustical Society of America* 124, no. 2 (January 2020), 1332–1338, https://doi.org/10.1121/1.2945712.

第１章

15　バムフィールド海洋科学センター：以下を参照。https://bamfieldmsc.com/; このセンターは、最先端の海洋研究の受け皿としてこの地域では有名だ。

15　20カ所の調査現場：キーラン・コックスとのインタビュー、2022年9月。

15　大きな茶色の海藻：Maycira Costa et al., "Historical Distribution of Kelp Forests on the Coast of British Columbia: 1858–1956," *Applied Geography* 120 (June 2020), https://doi.org/10.1016/j.apgeog.2020.102230/.

16　世界の海岸の３分の１以上：Rochelle Baker, "The Ocean's Kelp Forest Are Worth Serious Coin: Report," *The Vancouver Sun*, April 21, 2023, online at https://vancouversun.com/news/local-news/the-oceans-kelp-forests-are-worth-serious-coin-report; 以下も参照。Aaron M. Eger et al., "The Value of Ecosystem Services in Global Marine Kelp Forests," *Nature Communications* 14, no. 1894 (May 2023), https://doi.org/0.1038/s41467-023-37385-0/.

16　ブリティッシュコロンビア州ではほとんど：Costa et al., "Historical Distribution."

16　音は～重要：G. Scowcroft et al., *Discovery of Sound in the Sea* (Kingston, RI: University of Rhode Island, 2018), 3.

16　海洋では～場所が多くなり：Carlos M. Duarte et al., "The Soundscape of the Anthropocene Ocean," *Science* 371, no. 6529 (February 2021), 1 of 10, https://doi.org/10.1126/science.aba4658/. この記事では、高度な事例がいくつか紹介されている。研究の状況についてもっと詳しく知るためには、ノイズが水生生物におよぼ

注釈

はじめに

4　『沈黙の世界』: Jacques-Yves Cousteau and Louis Malle, dirs., *Le Monde du Silence* (The Silent World), 1956, 1:24:22 to 1:24:37. ジャック＝イヴ・クストー、ルイ・マル監督『沈黙の世界』1956年

4　第二次世界大戦中 : "Jacques Cousteau," *Encyclopedia Britannica*, August 11, 2023, https://www.britannica.com/biography/Jacques-Cousteau/.

4　海の表面を観察するだけ : クストー『沈黙の世界』

5　19世紀から20世紀にかけて : J. B. Hersey, "A Chronicle of Man's Use of Ocean Acoustics," *Oceanus* 20, no. 2 (Spring 1977): 8–21. この記事は、本当の内部関係者による概説が秀逸だ。ハーシーは20世紀半ば、海洋音響学ならびに地震探査の開発の最前線にいた。

5　社会性が高いクジラ : Hal Whitehead and Luke Rendell, *The Cultural Lives of Whales and Dolphins* (Chicago: University of Chicago Press, 2015), 135, 209.

5　筋肉を収縮させるスピードは動物界でもトップクラス : Michael L. Fine, Barbara Bernard, and Thomas M. Harris, "Functional Morphology of Toadfish Sonic Muscle Fibers: Relationship to Possible Fiber Division," *Canadian Journal of Zoology* 71, no 11 (November 1993): 2262, https://www.researchgate.net/publication/238031009_Functional_morphology_of_toadfish_sonic_muscle_fibers_Relationship_to_possible_fiber_division.

5　最近になって明らかになった : Carlos M. Duarte et al., "The Soundscape of the Anthropocene Ocean," Science 371, no. 6529 (February 2021): 1 of 10, https://doi.org/10.1126/science.aba4658.

5　幼生も例外ではない : S. D. Simpson et al., "Attraction of Settlement-Stage Coral Reefs Fishes to Ambient Reef Noise," *Marine Ecology Progress Series*, 276 (August 2004): 263.

6　地震を感知するための装置 : Alexandre P. Plourde and Mladen R. Nedimovic, "Monitoring Fin and Blue Whales in the Lower St. Lawrence Seaway with Onshore Seismometers," *Remote Sensing in Ecology and Conservation* 8, no. 4 (August 2022): 551.

6　ハクジラ亜目 : Whitehead and Rendell, *Cultural Lives*, 47.

6　海軍の水中音波探知機でも : Haley Cohen Gilliland, "A Brief History of the US Navy's Dolphins," *MIT Technology Review*, October 24, 2019, https://www.technologyreview.com/2019/10/24/306/dolphin-echolocation-us-navy-war/.

6　情報の移動 : Whitehead and Rendell, *Cultural Lives*, 3.

6　クストー自身 : Phillippe Cousteau and Patrick Watson, dirs., *Savage World of the Coral Jungle: The Undersea World of Jacques Cousteau*, YouTube video, 23:38–24:12, https://www.youtube.com/watch?v=iFjML 77 T 6VY&ab_channel=Adventure-People/.

7　海のなかでも自分の声が聞こえる : Duarte et al., "Soundscape."

7　「ノイズ」は専門用語 : Anthony D. Hawkins and Arthur N. Popper, "A Sound Approach to Assessing the Impact of Underwater Noise on Marine Fishes and

【さ】

【た】

索引

著者紹介
アモリナ・キングドン（Amorina Kingdon）
サイエンス・ライター。作品は『ベスト・カナディアン・エッセーズ』に収録され、デジタル・パブリッシング賞、ジャック・ウェブスター賞、ナショナル・マガジン・アワードの最優秀新人マガジン・ライター賞などを受賞している。以前は『Hakai Magazine』のスタッフライター、ビクトリア大学およびカナダサイエンスメディアセンターのサイエンス・ライターを務めた。カナダ、ブリティッシュコロンビア州ビクトリア在住。

訳者紹介
小坂恵理（こさか　えり）
翻訳家。訳書に、ジェームズ・ヴィンセント『計測の科学』（築地書館）、ダイアン・コイル『経済学オンチのための現代経済学講義』（筑摩書房）、クリス・ジョーンズ『観察の力』（早川書房）、ジャレド・ダイアモンド＋ジェイムズ・A・ロビンソン『歴史は実験できるのか』（慶應義塾大学出版会）、デヴィッド・ウォルシュ『ポール・ローマーと経済成長の謎』（日経BP）、ウィリアム・ダルリンプル『略奪の帝国』、ガイア・ヴィンス『気候崩壊後の人類大移動』（以上、河出書房新社）など多数。

魚の耳で海を聴く
海洋生物音響学の世界——歌うアンコウから、シャチの方言、海中騒音まで

2025年5月9日　初版発行

著者　アモリナ・キングドン
訳者　小坂恵理
発行者　土井二郎
発行所　築地書館株式会社
〒104-0045 東京都中央区築地 7-4-4-201
TEL.03-3542-3731　FAX.03-3541-5799
https://www.tsukiji-shokan.co.jp/
印刷・製本　中央精版印刷株式会社
装丁　秋山香代子

　ISBN978-4-8067-1683-9